Pöltner/Horak/Michels (Hrsg)

Crowdfunding und Crowdinvesting

Crowdfunding und Crowdinvesting

Neue Wege der Unternehmensfinanzierung für Start-ups sowie Klein- und Mittelunternehmen

herausgegeben von

Dipl.-Ing. MMag. Paul Pöltner
Co-Gründer und Geschäftsführer der CONDA AG

Ing. Daniel Horak
Co-Gründer und Geschäftsführer der CONDA AG

Robert Michels
Office Managing Partner von Dentons

Linde

Zitiervorschlag: *Pöltner/Horak/Michels* (Hrsg), Crowdfunding und Crowdinvesting (2019) Seite

Bibliografische Information der Deutschen Nationalbibliothek

Die Deutsche Nationalbibliothek verzeichnet diese Publikation in der Deutschen Nationalbibliografie; detaillierte bibliografische Daten sind im Internet über http://dnb.d-nb.de abrufbar.

Hinweis: Aus Gründen der leichteren Lesbarkeit wird auf eine geschlechtsspezifische Differenzierung verzichtet. Entsprechende Begriffe gelten im Sinne der Gleichbehandlung für beide Geschlechter.

ISBN 978-3-7143-0303-2 (Print)
ISBN 978-3-7094-7094-0931-2 (E-Book-PDF)
ISBN 978-3-7094-7094-0930-5 (E-Book-ePub)

1210 Wien, Scheydgasse 24, Tel.: 01/24 630
www.lindeverlag.at

Druck: Hans Jentzsch & Co GmbH
1210 Wien, Scheydgasse 31
Dieses Buch wurde in Österreich hergestellt.

PEFC PEFC/06-39-15

PEFC zertifiziert
Dieses Produkt stammt aus nachhaltig bewirtschafteten Wäldern und kontrollierten Quellen
www.pefc.at

Gedruckt nach der Richtlinie „Druckerzeugnisse" des Österreichischen Umweltzeichens, Druckerei Hans Jentzsch & Co GmbH, UW Nr. 790

mit biologischen Druckfarben Jentzsch

Vorwort

Es ist mir als Geschäftsführer des Fachverbands Finanzdienstleister Ehre und Privileg zugleich, für dieses umfassende Werk zum Thema „Crowdfunding und Crowdinvesting" einleitende Worte spenden zu dürfen.

Als Fachverband Finanzdienstleister – damit als gesetzliche Interessenvertretung für Crowdinvesting-Plattformen – beschäftigen wir uns seit mehreren Jahren mit dem rechtlichen Rahmen für Crowdfunding bzw Crowdinvesting in Österreich.

Ein erster großer interessenpolitischer Durchbruch gelang 2015 mit der Einführung des Alternativfinanzierungsgesetzes mit tatkräftiger Unterstützung des damaligen Staatssekretärs im Bundesministerium für Wissenschaft, Forschung und Wirtschaft und heutigen Präsidenten der Wirtschaftskammer Österreich, *Harald Mahrer*. Dadurch wurde es möglich, der alternativen Finanzierung insbesondere von KMU durch Crowdinvesting-Plattformen einen Schub zu verleihen. Dies belegen auch die vom Fachverband erhobenen Zahlen zu den Volumina der über die Plattformen eingesammelten Gelder (2014: rund 2,4 Mio Euro; 2015: rund 8,7 Mio Euro).

Diesem regelrechten Crowdinvesting-Boom Rechnung tragend, implementierten wir im Fachverband eine ständige Arbeitsgruppe, einen sogenannten Fachausschuss für Crowdinvesting-Plattformen. Unter dem Vorsitz von DI MMag. *Paul Pöltner* laden wir seit 2015 alle Branchenvertreter regelmäßig zu Treffen in die Wirtschaftskammer, um aktuelle Entwicklungen am Markt zu analysieren, über neue rechtliche Rahmenbedingungen zu informieren und den regelmäßigen Austausch mit Fachexperten und Konsumentenschützern zu pflegen. Im Rahmen dieser Treffen wurden auch gemeinsam mit den österreichischen Crowdinvesting-Plattformen sogenannte Standes- und Ausübungsregeln entwickelt. Dabei verpflichten sich Crowdinvesting-Plattformen freiwillig zur Einhaltung strenger Ausübungs- und Transparenzvorschriften.

Im vergangenen Jahr, 2018, folgte mit der ersten umfassenden Novelle des Alternativfinanzierungsgesetzes seit dessen Inkrafttreten 2015 der nächste Schritt zur Etablierung des Crowdinvesting als wichtige alternative Finanzierungsform. Im Zuge der Umsetzung der europäischen Prospekt-Verordnung beseitigte der Gesetzgeber unnötige bürokratische Doppelgleisigkeiten und schuf Klarheit bei Begrifflichkeiten bzw dem Anwendungsbereich des Gesetzes. Gleichzeitig wurden die für Konsumentinnen und Konsumenten wichtigen Informationspflichten (zB Hinweis auf Totalverlustrisiko) und Schutzvorschriften (zB Investitionsgrenze von 5.000 Euro) beibehalten.

Der Konsumentenschutz ist sämtlichen Branchenvertretern und uns als Interessenvertretung ein besonderes Anliegen. Schlüssel hierfür ist eine umfangreiche Kundeninformation, insbesondere die Aufklärung der Konsumentinnen und Konsumenten über die Art und Risiken der Investition sowie die rechtlichen Rahmenbedingungen. Dieses Buch leistet in diesem Sinne einen wertvollen Beitrag, indem es interessierten Personen eine gute Grundlage und Übersicht über sämtliche Facetten des Crowdinvesting bietet.

Wien, Mai 2019

Mag. *Thomas Moth*
Geschäftsführer des Fachverbands Finanzdienstleister

Vorwort

Oft werde ich gefragt, was eigentlich das Neue an Crowdinvesting ist. Meine Antwort lautet dann: „Eigentlich ist es nichts Neues.“ Finanzierungsmodelle gibt es schon seit Langem, ebenso Publikumsbeteiligungsmodelle, und seit geraumer Zeit auch Plattformen in der einen oder anderen Form. Und die Börse ermöglicht es, sehr effizient Kapital für Unternehmen bereitzustellen.

Aber einen kleinen Unterschied gibt es dann doch …

Erst Crowdinvesting ermöglicht es, dass Unternehmensfinanzierungen mit unter 1,5 Mio € Finanzierungssumme pro Unternehmen umgesetzt werden können. Bestehende Finanzierungsquellen fangen meist weit darüber an. Die Herausforderung besteht daher nicht in der Form der Finanzierung, sondern in der Standardisierung der Prozesse und Abläufe bei der Zielsetzung, größtmögliche Transparenz für Investoren zu schaffen. Was wir mit Crowdinvesting neu machen, ist, die Prozesse zu automatisieren und eine Transparenz zu schaffen, unter der sich jeder überlegen kann zu investieren; und das bereits mit kleinen Beträgen. Dadurch kann sich jeder mit dem Thema Investieren in Unternehmen beschäftigen.

Vor kurzem habe ich mit *Martin Buchegger* – einem engen Partner der CONDA AG und Experten, wenn es um Unternehmensbewertung und Sanierung geht – über die Vorteile und Herausforderungen gesprochen. Dabei hat er ein sehr interessantes Beispiel aufgebracht, um das Thema Risiko zu veranschaulichen. Er hat mich gefragt, ob ich bei folgender Wetten einsteigen würde: Er wirft eine Münze und wenn diese mit der Zahl nach oben zu liegen kommt, erhalte ich bei einem Einsatz von 2 € 10 € zurück. Ich habe sofort gesagt, dass ich mitmache. Jetzt hat er den Einsatz auf 20 € bei einem möglichen Gewinn von 100 € erhöht. Dabei bin ich auch noch mitgegangen. Bei einem Einsatz von 2.000 € mit einem möglichen Gewinn von 10.000 € musste ich jedoch bereits überlegen. Ich stellte mir die Frage, ab wann mir das Risiko zu hoch ist, und zwar nicht aufgrund des Einzelrisikos (das war immer 50 %), sondern aufgrund der Investitionshöhe.

Beim Crowdinvesting geht es genauso um das Risiko und die Einschätzung einer möglichen Rückzahlung. Crowdinvesting vereint zwei Vorteile in einem Modell: Durch frühe Investitionen in Unternehmen können wesentlich höhere Renditen als bei anderen Finanzinstrumenten erzielt werden. Die potentiell höheren Renditen bekommt der Investor aber nur deshalb, weil er auch ein entsprechend höheres Risiko eingehen muss. Durch das Verhältnis zwischen höheren Renditen und höherem Risiko ergibt sich insgesamt ein faires Zusammenspiel für Investoren und Unternehmen. Der dadurch ermöglichte zweite Vorteil von Crowdinvesting ist, dass der Investor – wie im obigen Beispiel dargestellt – aufgrund der kleineren Investitionsbeträge erst diese tendenziell höheren Risiken eingehen kann. Diese höheren Risiken werden in den erwarteten Renditen eingepreist. Durch diese kleinen Investitionsbeträge kann der Investor gleichzeitig in mehrere Projekte investieren und so sein Risiko streuen. Durch dieses Zusammenspiel von Risikostreuung, höheren Renditen und höherem Risiko entsteht ein völlig neues Investitions- (für Investoren) und Finanzierungsinstrument (für Unternehmen), welches das Potential hat, die Engpässe in der Unternehmensfinanzierung zu mindern.

Was muss ich tun, um zu investieren? Was bekomme ich zurück? Was ist mein Risiko? Wie setze ich Crowdinvesting im Unternehmen ein? Diese sowie weitere Fragen werden in diesem Buch beantwortet. Alle Autoren haben in den letzten drei Jahren mit sehr viel Einsatz an der Umsetzung von Crowdinvesting in Österreich gearbeitet und gezeigt, wie es funktionieren kann. Im vorliegenden Buch werden sowohl die Möglichkeiten für Investoren als auch für Unternehmer dargestellt und anhand von Beispielen erklärt.

In diesem Zusammenhang darf ich mich bei den Autoren und auch den Geschäftsführern der Crowdinvesting-Unternehmen nicht nur für ihren Buchbeitrag, sondern für alle Leistungen und die Zusammenarbeit in den letzten Jahren bedanken und wünsche Ihnen viel Vergnügen beim Lesen – und Investieren.

Wien, Dezember 2015 *Paul Pöltner*

Inhaltsverzeichnis

Autorenverzeichnis

Mag. Peter Baumgartner ist Senior Consultant bei der m27 Finance GmbH. Am Beginn seiner Karriere arbeitete er für SOS-Kinderdorf International, im Anschluss führten ihn seine Wege über ein österreichisches Familienunternehmen in die Pharmaindustrie. Sein Fokus liegt auf Projekt- und Unternehmensfinanzierungen sowie Innovationsmanagement.

Ing. Daniel Horak, MSc. MA ist Managing Partner für Sales und Marketing, Co-Gründer und Geschäftsführer der CONDA AG. Bereits mit seinem 2007 gegründeten Start-up Spoken Language System sammelte er Erfahrungen im Bereich der Unternehmensgründung, darüber hinaus war er mehrere Jahre als IT-Consultant und Unternehmensberater tätig. Seit 2014 ist er Vorstandsmitglied der Austrian Startups – einer Organisation zur Förderung von Start-ups und Entrepreneurship in Österreich.

Dr. Thomas Kulnigg ist Partner bei der Schönherr Rechtsanwälte GmbH für Gesellschaftsrecht, M&A und Venture Capital/Start-Ups sowie Leiter der Fokusgruppe „Technologie & Digitalisierung" bei Schönherr. Er berät regelmäßig Mandanten bei Transaktionen und Projekten in diesen Bereichen. So hat Thomas Kulnigg zB CONDA bei der Digitalisierung der Aktien der CONDA AG beraten.

Robert Michels ist Office Managing Partner im Frankfurter Büro von Dentons und leitet dort die Europäische und Globale Kapitalmarktpraxis. Er ist auf Kapitalmarkt-, Banken- und Wertpapierrecht spezialisiert und berät nationale und internationale Mandanten im Zusammenhang mit Listings/IPOs/SPOs an europäischen Börsen sowie bei Unternehmensanleihen. Darüber hinaus berät er Emittenten von strukturierten Produkten (Optionsscheinen, Zertifikaten und Anleihen) sowie bei Compliance-Themen und Zulassungsfolgepflichten. Er berät mehrere Wertpapierhandelsbanken und Broker bezüglich Trading Compliance. Ein weiterer Schwerpunkt der Beratung ist alternative Finanzierung, insbesondere Crowdinvesting sowie ICOs, STOs und allgemeine Fragen zu DLT und Krypto-Compliance. In diesem Zusammenhang vertritt Robert mehrere Crowdinvesting- und Crowdlending-Plattformen sowie FinTechs und Start-ups.

DI MMag. Paul Pöltner ist seit 2013 Co-Gründer und Geschäftsführer der CONDA AG. Davor war er bis 2008 Geschäftsführer eines IT-Dienstleistungsunternehmens und wechselte danach in die Steuerberatung bei TPA Horwath. Seit 2012 beschäftigt er sich intensiv mit dem Thema Crowdinvesting und arbeitet international an der Entwicklung von alternativen Finanzierungsinstrumenten in Europa mit. Seit 2015 ist er Vorsitzender des Fachausschusses der Crowdinvesting-Plattformen in der Wirtschaftskammer Österreich.

Mag. Andreas Reinthaler ist Gründer und geschäftsführender Gesellschafter der m27 Finance GmbH und in Form von Fachvorträgen und Lehraufträgen an Fachhochschulen und Managementinstituten zum Thema Unternehmensfinanzierung tätig. Davor arbeitete er als technischer Leiter einer deutschen Spezialentwicklungsfirma für die Verpackungsindustrie und bekleidete Geschäftsführungs- bzw Vorstandspositionen im CAD/CAM- und High-Tech-Produktionssektor. 1994 gründete er die Firma RWR und brachte diese Firma 2006 in die m27 Gruppe ein.

Mag. Karin Turki, eMBA ist bei der CONDA AG für den Bereich Marketing verantwortlich. Zuvor war sie für nationale und internationale Konzerne in der Schweiz, Singapur sowie auf den Philippinen im Bereich Marketing tätig.

Mag. Yasmin Wagner, LL.M. ist Partnerin bei TPA Steuerberatung GmbH, Steuerberaterin und Lektorin für internationales Steuerrecht an der FH Wien. Sie ist Spezialistin für nationale und internationale steuerliche Strukturierungen und Konzernsteuerrecht.

Abkürzungsverzeichnis

Abb	Abbildung
AbgÄG	Abgabenänderungsgesetz
ABGB	Allgemeines bürgerliches Gesetzbuch
AGB	Allgemeine Geschäftsbedingungen
AIFMG	Alternative Investmentfonds Manager-Gesetz
AK	anteilige Abwicklungskosten
AltFG	Alternativfinanzierungsgesetz
AltFG-InfoV	Alternativfinanzierungs-Informationsverordnung
AVCO	Austrian Private Equity und Venture Capital Organisation
B2B	Business-to-Business (Geschäftsbeziehung zwischen Unternehmen)
B2C	Business-to-Consumer (Geschäftsbeziehung zwischen Unternehmen und Konsumenten)
BA	Beteiligungsanteil
BAO	Bundesabgabenordnung
BIP	Bruttoinlandsprodukt
BMF	Bundesminister(ium) für Finanzen
BMWFW	Bundesminister(ium) für Wissenschaft, Forschung und Wirtschaft
Bsp	Beispiel
bspw	beispielsweise
BWG	Bankwesengesetz
CEE	Central and Eastern Europe (Zentral- und Osteuropa)
CEO	Chief Executive Officer (Hauptgeschäftsführer)
CET	Central European Time (mitteleuropäische Zeit)
COO	Chief Operating Officer (leitender Geschäftsführer)
DB	eigener Darlehensbetrag
DBA	Doppelbesteuerungsabkommen
DCF	Discounted Cash Flow (abgezinster Cashflow)
DMC	Debt Mezzanine Capital (fremdkapitalnahes Kapital)
DSG	Datenschutzgesetz
EBIT	Earnings before Interest and Taxes (Gewinn vor Zinsen und Steuern)
EBITDA	Earnings before Interest, Taxes, Depreciation and Amortisation (Gewinn vor Zinsen, Steuern und Abschreibungen)

ECG	E-Commerce-Gesetz
E-Geldgesetz	Bundesgesetz über die Ausgabe von E-Geld und die Aufnahme, Ausübung und Beaufsichtigung der Tätigkeit von E-Geld-Instituten
E-Geld-RL	Richtlinie 2009/110/EG des Europäischen Parlaments und des Rates vom 16.9.2009 über die Aufnahme, Ausübung und Beaufsichtigung der Tätigkeit von E-Geld-Instituten
EMC	Equity Mezzanine Capital (eigenkapitalnahes Kapital)
ErläutRV	Erläuterungen zur Regierungsvorlage
EStG	Einkommensteuergesetz
EStR	Einkommensteuerrichtlinien
EU-QuStG	EU-Quellensteuergesetz
FCF	Free Cash Flow (freier Cashflow)
FernFinG	Fern-Finanzdienstleistungs-Gesetz
FMA	Finanzmarktaufsicht
GebG	Gebührengesetz
gem	gemäß
GewO	Gewerbeordnung
hA	herrschende Ansicht
idR	in der Regel
iHv	in Höhe von
IKV	interne Kapitalverzinsung
inkl	inklusive
insb	insbesondere
IO	Insolvenzordnung
IP	Intellectual Property (geistiges Eigentum)
IPO	Initial Public Offering (Börsengang)
iSd	im Sinne des, der
iSv	im Sinne von
iVm	in Verbindung mit
iZm	im Zusammenhang mit
KESt	Kapitalertragsteuer
kfr	kurzfristig
KFS/BW 2	Fachgutachten über die Geldflussrechnung als Ergänzung des Jahresabschlusses und Bestandteil des Konzernabschlusses
KFS/RL 13	Stellungnahme zur Bilanzierung von Genussrechten und von Hybridkapital
KMG	Kapitalmarktgesetz
KMU	kleine und mittlere Unternehmen
KSchG	Konsumentenschutzgesetz

KSt	Körperschaftsteuer
KStG	Körperschaftsteuergesetz
KStR	Körperschaftsteuerrichtlinie
lf	langfristig
LI	Leadinvestor-Kosten
LOI	Letter of Intent (Grundsatzvereinbarung)
MA	Mitarbeiter
MBI	Management-Buy-In
MBO	Management-Buy-Out
MedienG	Mediengesetz
Mio	Million(en)
OECD-MA	OECD-Musterabkommen zur Vermeidung von Doppelbesteuerung
pa	pro (per) anno (annum)
PE	Private Equity (außerbörsliches Eigenkapital)
PR	Public Relations (Öffentlichkeitsarbeit)
StiftR	Stiftungssteuerrichtlinien
StRefG	Steuerreformgesetz
Tab	Tabelle
TS	Teilsatz
ua	unter anderem
UGB	Unternehmensgesetzbuch
UMUW	Umsatz-Multiple-Unternehmenswert
URG	Unternehmensreorganisationsgesetz
UW	Unternehmenswert durch Gutachter
VAG	Versicherungsaufsichtsgesetz
Var	Variante
VC	Venture Capital (Risikokapital)
VCG	Venture-Capital-Gesellschaft
VKI	Verein für Konsumenteninformation
WAG	Wertpapieraufsichtsgesetz
WIFO	Österreichisches Institut für Wirtschaftsforschung
WSZ	Wertsteigerungszinszahlung
ZaDiG	Zahlungsdienstegesetz
Zahlungsdienste-RL	Richtlinie 2007/64/EG des Europäischen Parlaments und des Rates vom 13.11.2007 über Zahlungsdienste im Binnenmarkt
zB	zum Beispiel
zT	zum Teil
zw	zwischen

1. Crowdinvesting – eine Einführung

(Turki/Horak/Pöltner)

1.1. Was ist Crowdinvesting?

1.1.1. Geschichte/Entstehung

Die Idee von Crowdfunding, im Deutschen auch als Schwarmfinanzierung bezeichnet, ist ziemlich simpel: Viele einzelne Personen (zusammen der Schwarm oder auf Englisch die Crowd) geben relativ kleine Beträge, um damit ein Projekt zu unterstützen, welches sich so durch die Masse finanzieren kann.

Die Anfänge des Crowdfunding liegen bereits Jahrzehnte zurück, das bekannteste Beispiel aus der Geschichte ist wohl jenes der „Lady Liberty". Der Sockel der Freiheitsstatue der Vereinigten Staaten von Amerika wurde über Crowdfunding finanziert und gilt heute als Pionier-Projekt für diese alternative Finanzierungsmethode.

Als die Freiheitsstatue, ein diplomatisches Geschenk Frankreichs an die USA, 1885 New York erreichte, fehlte der Großteil des nötigen Betrags von 250.000 USD, um das Granitfundament der Statue aufzustellen. Erst als der Herausgeber *Joseph Pulitzer* in seiner Zeitung „The New York World" die Einwohner New Yorks dazu aufforderte, für die Errichtung des Fundaments zu spenden, konnte das nötige Kapital aufgebracht werden. Mit mehr als 160.000 Spendern – von Kindern, Straßenhändlern, Managern bis hin zu Politikern – kam in nur fünf Monaten ein Betrag von 101.091 USD zusammen und die „Lady Liberty" konnte schlussendlich errichtet werden.[1]

Die Statue-of-Liberty-Kampagne ist somit ein ausgezeichnetes Beispiel für eine Crowdfunding-Kampagne und beinhaltet alle Komponenten einer modernen Online-Kampagne: einen kurzen Kampagnen-Zeitraum, in dem der benötigte Betrag aufgebracht werden kann, eine große Anzahl an Spenden in kleinen Beträgen sowie die Tatsache, dass der gesamte Prozess nur von einer einzigen Stelle umgesetzt wird.

Durch die Musik- und Filmindustrie – es konnten zB ganze Alben oder Filme durch dieses System finanziert werden – wurde Crowdfunding populär und als gängiges Finanzierungsinstrument eingesetzt. Mit der 2003 gegründeten Crowdfunding-Plattform ArtistShare nahm das ganze Thema schlussendlich formelle Züge an.

Die erste Crowdfunding-Kampagne auf ArtistShare war *Maria Schneiders* Jazz Album „Concert in a Garden", bei der ein Spender für einen Betrag von 9,95 USD als einer der Ersten nach Erscheinen des Albums dieses online herunterladen konnte. Bei Spenden iHv 250 USD wurde man sogar (neben dem Erhalt des Albums) in dessen Booklet erwähnt.[2]

1 Vgl *BBC*, The Statue of Liberty and America?s Crowdfunding Pioneer, www.bbc.com/news/magazine-21932675 (abgerufen am 7.5.2019).

Durch den bahnbrechenden Erfolg von ArtistShare folgten zahlreiche Gründungen weiterer Crowdfunding-Plattformen wie zB Indiegogo im Jahr 2008 oder Kickstarter im Jahr 2009, die die Bandbreite sowohl an sozialen wie auch an erfolgsorientierten Projekten erweiterten.

1.1.1.1. Exkurs: Crowdsourcing – Schwarmintelligenz

Noch älter als Crowdfunding ist das Prinzip des Crowdsourcing, bei dem Teilaufgaben an eine Gruppe Freiwilliger ausgelagert werden bzw das Sammeln von Ideen vieler einzelner Personen zur Entstehung von etwas Neuem beiträgt. Dies wird am besten mit dem Schlagwort Schwarmintelligenz beschrieben.

Schwarmintelligenz bedeutet, dass unter bestimmten Umständen Gruppen besonders intelligent (und meistens auch klüger als das klügste Mitglied dieser) sind. Gruppen müssen nicht unbedingt von intelligenten Personen geführt werden, um intelligent zu sein. Und auch wenn die meisten der Gruppenmitglieder nicht besonders gut informiert oder rational sind, kann die Gruppe im Kollektiv intelligente Entscheidungen treffen.[3]

Ohne die soeben beschriebene Schwarmintelligenz wären zB Websites wie Wikipedia, die Wissenschaft, Zeitungen, die Börse oder auch das System des Publikumsjokers in der TV-Show „Wer wird Millionär?“ nicht möglich. Bei letzterem Beispiel hat der Kandidat, sofern er eine Frage nicht selbst beantworten kann oder möchte, die Möglichkeit, drei Joker einzusetzen. Entweder er wählt die 50:50-Chance, bei der zwei der vier möglichen Antworten wegfallen, oder er entschließt sich für den Telefonjoker, bei dem er eine vor der Show ausgewählte Person telefonisch um Hilfe bittet – oder aber er wählt den Publikumsjoker. Beim Publikumsjoker kann jede Person aus dem Studiopublikum in Echtzeit ihre für richtig empfundene Antwort auswählen und dem Kandidaten mitteilen. Im Regelfall vertraut der Teilnehmer darauf, dass die Antwort mit den meisten Stimmen aus dem Publikum auch die richtige ist, und spricht damit der Crowd eine gewisse Intelligenz zu.

Wir kennen nun das Prinzip hinter Crowdfunding, aber was ist nun Crowdinvesting und was sind die Unterschiede? Auf den folgenden Seiten wird neben Begriffsdefinitionen erläutert, worin die Unterschiede liegen und wann welcher Begriff zur Anwendung kommt.

1.1.2. Arten des Crowdfunding

Crowdfunding kann als Sammelbegriff bezeichnet werden, der die im Folgenden erklärten Formen des schenkungs-, kredit- und vergütungsbasierten Crowdfunding sowie des eigenkapitalbasierten Crowdinvesting umfasst.

1.1.2.1. Donation-based Crowdfunding (schenkungsorientiertes Crowdfunding)

Donation-based oder schenkungsbasiertes Crowdfunding ist die am weitesten verbreitete Form. Vereinfacht gesagt handelt es sich hierbei um Spenden in Form von Zeit,

2 Vgl *Freedman/Nutting*, A Brief History of Crowdfunding, http://www.freedman-chicago.com/ec4i/History-of-Crowdfunding.pdf (abgerufen am 7.5.2019).

3 Vgl *Surowiecki*, The Wisdom of Crowds (2005), Introduction II.

Wissen oder Geld. Der große Unterschied zum herkömmlichen Spenden liegt jedoch darin, dass der Spender im Detail über das Projekt und den Einsatz der Mittel informiert wird.

Schenkungsorientierte Plattformen wie zB JustGiving oder Spot.us machen sich die altruistischen Motivationen der Spender zu Nutze – die Spender unterstützen freiwillig ein Projekt, ohne dabei eine Gegenleistung zu erwarten.

Ein aktuelles Beispiel (zur Zeit der Erstellung dieses Textes, Oktober 2014) für ein schenkungsorientiertes Crowdfunding-Projekt auf JustGiving, einer Plattform aus UK, ist das Projekt GlobalGiving Ebola Epidemic Relief Fund. Insgesamt wurden bei diesem Funding-Projekt bereits über 467.900 BP gespendet (Stand Oktober 2014), es werden jedoch auch hier keine Gegenleistungen erwartet bzw gegeben. Im Unterschied zu herkömmlichen Spendenaktionen sehen die potentiellen Spender zu jeder Zeit den aktuellen Stand des gespendeten Gesamtbetrages sowie den Zielbetrag und die noch verbleibende Zeit der Kampagne.

1.1.2.2. Reward-based Crowdfunding (vergütungsbasiertes Crowdfunding)

Gleich wie beim schenkungsorientierten Crowdfunding unterstützen beim vergütungsbasierten Crowdfunding viele Personen mit hauptsächlich kleinen Beträgen ein Projekt – bei dieser Form erwarten sie sich jedoch einen Gegenwert. Die Gegenleistung ist dabei nicht wie beim Crowdinvesting monetär, sondern wird in Form von symbolisch-ideellen Belohnungen wie zB Erstrechten zum Download von Software und Spielen, einer handsignierten CD, der Möglichkeit, das Produkt vorrangig zu bestellen, oder einer Danksagung in einem Buch vergütet.

Die größten und bekanntesten vergütungsbasierten Crowdfunding-Plattformen sind die beiden US-amerikanischen Anbieter Kickstarter und Indiegogo. Die größte deutschsprachige Crowdfunding-Plattform Startnext wurde 2010 in Deutschland gegründet. In Österreich zählt respekt.net zu den bekanntesten vergütungsbasierten Crowdfunding-Plattformen.

Bei all den erwähnten Plattformen erhalten Crowdfunder zwar materielle, jedoch keine finanziellen Belohnungen.

Ein Beispiel dafür ist das Projekt Stadtbienen (auf startnext.com), bei dem 431 Unterstützer insgesamt 26.559 € spendeten. Als Gegenleistung – im Fall von Startnext „Dankeschön" genannt – erhielten die Unterstützer zB für 8 €, die sie dem Projekt gaben, eine bienenfreundliche Samenbombe, für 50 € bereits die Teilnahme an dem Halbtagesseminar „Bienenhaltung in der Stadt" und bei einer Spende iHv 1.800 € sogar eine Schulpatenschaft.

Eines der erfolgreichsten Crowdfunding-Projekte ist COOLEST (Stand Mai 2019), ein tragbarer Party-Kühler mit integriertem Mixer und Sound-System. Hierfür wurden auf Kickstarter über 13 Mio USD eingesammelt.

Dass hinter den Crowdfunding-Kampagnen nicht immer ein sinnvolles Geschäftsmodell stecken muss, bewies das Projekt „Potato Salad" auf Kickstarter im Jahr 2014. Zunächst startete das Projekt als Scherz; ein Programmierer wollte 10 USD für sein bis dahin nicht genauer definiertes Vorhaben der Herstellung eines Kartoffelsalates einsammeln. Binnen eines Monats hatten jedoch über 6.900 Menschen das Projekt unterstützt und als die Sammelaktion zu Ende war, waren insgesamt 55.492 USD eingegangen. Was mit dem überraschend hohen Betrag passieren sollte, kündigte der Projektinhaber in einem Projekt-Update an: Sein Plan war, ein Festival mit gratis Eintritt zu organisieren und die Einnahmen zusammen mit einem Teil der Kickstarter-Spenden einer Non-Profit-Organisation zukommen zu lassen. Schlussendlich entstand somit aus einer unsinnigen Crowdfunding-Kampagne doch noch ein sinnvolles Ergebnis.

Abschließend ist noch zu erwähnen, dass sich die größte Anzahl der weltweiten Crowdfunding-Plattformen des vergütungsbasierten Modells bedienen.

1.1.2.3. Equity-based Crowdfunding (eigenkapitalbasiertes Crowdfunding)

Beim equity-based Crowdfunding sprechen wir vom Crowdinvesting. Eine Vielzahl von Personen investiert in ein Unternehmen und ist dadurch in Folge am Erfolg des Unternehmens beteiligt. Im deutschsprachigen Raum werden für Beteiligungen mittels Crowdinvesting verschiedene Beteiligungsmodelle verwendet, wie zB partiarische Darlehen, Genussrechte oder Zwischengesellschaften.

Diese neue und alternative Form der Unternehmensfinanzierung kombiniert die Vorteile von Crowdfunding (Schwarmkapital) mit jenen des Aktienkapitals. Gerade junge Unternehmen haben oft Schwierigkeiten, an Kapital zu gelangen, um ihr Unternehmen ausreichend zu finanzieren. Durch eine Crowdinvesting-Kampagne kann zum einen das benötigte Eigenkapital aufgebracht werden, was wiederum eine Folgefinanzierung durch Banken oder Förderstellen erleichtern kann. Zum anderen haben Unternehmer einen bedeutenden Mehrwert durch die große Aufmerksamkeit und Reichweite, die eine Crowdinvesting-Kampagne nach sich zieht. Eine genaue Beschreibung der Vorteile einer Finanzierung durch Crowdinvesting enthält Kapitel 5.2.1.

In Europa zählen die deutschen Plattformen Seedmatch und Companisto, die schwedische Plattform FundedByMe, die UK-Plattform Crowdcube oder auch die österreichische Plattform CONDA zu den bekanntesten Crowdinvesting-Plattformen. Auf all den erwähnten Plattformen haben Investoren die Möglichkeit, bereits mit kleinen Beträgen (deren Höhe variiert je Plattform) in Unternehmen zu investieren. Ist das Unternehmen erfolgreich, profitieren davon auch die Investoren aufgrund ihrer Beteiligung. Eine detaillierte Beschreibung der Beteiligungsmodelle enthält Kapitel 4.3.2.

Als Beispiele sollen hier die beiden Kampagnen von Kaahée, dem ersten österreichischen Anti-Hangover-Drink auf wissenschaftlicher Basis, herangezogen werden. Als erste österreichische Crowdinvesting-Kampagne erzielte das Unternehmen Kaahée Research and Development GmbH mit seiner Kampagne Ende 2015 rund 750.000 € mithilfe von Crowdinvesting. Gemeinsam mit der ersten Finanzierungsrunde im März 2015 investierten so beinahe 1.000 Investoren rund eine Mio € in das junge Unternehmen. Die Investoren profitieren (in der zweiten Kampagne) von 4,5 % Basiszinsen sowie von einer Unternehmenswertbeteiligung.

Die Unternehmenswertbeteiligung ist die Beteiligung am Unternehmenswert und damit die erfolgsabhängige Komponente des Investments. Ist das Projekt erfolgreich und der Wert des Unternehmens steigt, profitieren die Investoren am Ende der Laufzeit von dieser Wertsteigerung.

Auch bei Crowdinvesting-Projekten erhalten Investoren zusätzlich zu den finanziellen Anreizen nicht-monetäre Belohnungen. Diese können wie im Fall Kaahée zB ein 24er-Pack Kaahée, ein Starterpaket mit Getränk und Gläsern oder auch eine Jahresration des Kaktusfeigendrinks sein.

Die Investition in ein Crowdinvesting-Projekt ist jedoch immer eine Hochrisikoinvestition und im Worst Case (wenn das Unternehmen insolvent wird) kann es zum Totalverlust der geleisteten Einlage kommen. Mehr zum Thema Risiko für Crowdinvestoren finden Sie in Kapitel 4.

1.1.3. Funktionsweisen von Crowdfunding und Crowdinvesting

1.1.3.1. Die Macht der Crowd

Crowdfunding unterscheidet sich von traditionellen Finanzierungsarten durch zwei wichtige Faktoren. Erstens wird das Funding durch relativ kleine Beträge von vielen Individuen innerhalb einer von vornherein festgelegten Zeitspanne bereitgestellt. Zweitens sehen potentielle Spender (bzw Investoren beim Crowdinvesting) jederzeit, wie viel Geld bereits aufgestellt wurde und wie viele andere Spender/Investoren sich bereits am Projekt beteiligt haben. Dies wiederum kann großen Einfluss darauf haben, ob diese sich selbst beteiligen.

Denken Sie nun einmal an ihr eigenes Verhalten, wenn Sie zB Musik herunterladen (in iTunes, Spotify etc). Wählen Sie einen Songtitel, weil Sie wissen, dass er in guter Qualität vorliegt, oder weil Sie sehen, dass er bei Weitem die meisten Downloads besitzt? Oder wenn Sie auf der Plattform Amazon einen bestimmten Artikel suchen, entscheiden Sie sich hier nicht auch für jenen mit den meisten positiven Bewertungen (den Preis außer Acht gelassen)?

Genau diesen Herdentrieb macht sich Crowdfunding zu Nutze. Lassen Sie uns dies anhand eines weiteren, interessanten Beispiels erläutern: In einem Experiment im Jahr 1968 ließen die Sozialpsychologen *Stanely Milgram*, *Leonard Bickman* und *Lawrence Berkowitz* eine Person an einer Straßenecke stehen und 60 Sekunden in den Himmel blicken. Ein paar wenige der vorbeilaufenden Passanten blickten ebenfalls kurz hinauf, der Großteil jedoch ging ohne jede Regung vorbei. Als nächstes platzierten die Psychologen fünf Personen, die alle in den Himmel blickten. Diesmal blieben vier Mal so viele Passanten stehen, um ebenfalls hinaufzublicken und nachzusehen, wohin die fünf Personen schauten. Als die Psychologen dann 15 Personen in gleicher Position aufstellen ließen, waren es bereits 45 % aller Passanten, die stehen blieben und hinaufschauten. Dies wiederum vergrößerte die Gruppe jener Personen, die hinaufblickten, sodass schlussendlich 80 % aller Passanten stehen blieben, um in den Himmel zu sehen.[4]

4 Vgl *Surowiecki*, The Wisdom of Crowds (2005) 41.

Diese Studie zeigt laut *James Surowiecki* die Idee des „social proof", also die Tendenz, dass, wenn viele Menschen etwas tun oder an etwas glauben, es offensichtlich einen guten Grund dafür geben muss. Im oben beschriebenen Fall bedeutet dies, dass die hinzukommenden Passanten in den Himmel blickten, weil sie annahmen, dass die anderen Personen dies nicht tun würden, wenn es keinen guten Grund dafür gäbe. Oder anders gesagt, glaubten die Passanten, dass es da oben etwas zu sehen geben müsse, wenn so viele Personen hinaufblicken – genau aus diesem Grund erlangt eine Crowd immer mehr Einfluss, je größer sie wird.

Um nun wieder auf das Konzept des Crowdfunding zurückzukommen: Bei Crowdinvesting-Kampagnen lässt sich der soeben erläuterte Effekt relativ einfach darstellen. Erfahrungsgemäß haben Crowdinvesting-Projekte eine sehr hohe Wahrscheinlichkeit, finanziert zu werden, wenn sich gleich zu Beginn der Kampagne viele Investoren beteiligen. Der schon erwähnte Trieb des Menschen, sich zu entscheiden, dasselbe wie viele andere zu tun – in unserem Fall zu investieren –, spielt eine große Rolle.

1.1.3.2. Ablauf einer Crowdinvesting-Kampagne

Eine Crowdfunding- oder Crowdinvesting-Kampagne läuft im Allgemeinen in vier Phasen ab, welche im Folgenden genauer beschrieben werden.

1. Phase: Die Bewerbung

Die erste Phase beschreibt den Zeitraum von der Einreichung des Projektes bis zur Auftragserteilung für die Umsetzung der Kampagne an die Crowdinvesting-Plattform.

Vor der eigentlichen Bewerbung, die entweder online auf der Plattform oder direkt bei den Plattformbetreibern bzw -mitarbeitern eingereicht werden kann, müssen sich Unternehmer einige Fragen stellen:

- Ist mein Produkt oder meine Dienstleistung für die breite Masse interessant und/oder neuartig und innovativ?
- Ist der Nutzen meines Produktes/Services leicht verständlich?
- Habe ich ein wirtschaftlich interessantes Geschäftsmodell?
- Gibt es einen Proof-of-Concept (Machbarkeitsnachweis)?
- Habe ich für das Projekt bereits eine Kapitalgesellschaft gegründet bzw wann kann ich dies durchführen?
- Ist mein Finanzierungsbedarf für eine Crowdinvesting-Kampagne geeignet?
- Sind genügend Ressourcen für die Umsetzung vorhanden (qualifiziertes Team, Zeit, Budget etc)?

Können alle Fragen bejaht werden, steht einer Einreichung nichts mehr im Weg. Sollte die eine oder andere Frage nicht oder nur negativ beantwortet werden, muss sich das Unternehmen gründlich überlegen, ob das Projekt für Crowdinvesting wirklich geeignet ist, bevor es sich die Mühe macht, alle nötigen Unterlagen zu erstellen.

Natürlich ist Crowdinvesting nicht nur ein Finanzierungsinstrument für Start-ups, auch etablierte Unternehmen können ihre Projekte (zB für eine geplante Expansion, eine Produkteinführung, den Aufbau einer neuen Filiale etc) über die Crowd finanzieren.

Auf der Crowdinvesting-Plattform finden die Unternehmer genaue Beschreibungen, welche Informationen und Unterlagen eingereicht bzw abgegeben werden müssen. Je sorgfältiger und detaillierter diese im Vorfeld aufbereitet werden, desto schneller ist zumeist auch das darauffolgende Screening der Plattformbetreiber.

Im Screening-Prozess werden die eingereichten Projektunterlagen wie ua der Businessplan und die Finanzdaten gründlich durchleuchtet. Ein prägnanter Businessplan sowie ein realistischer Business Case sind dabei mehr wert als aufgeblasene Beschreibungen und Zahlen.

Folgende Inhalte sind wichtig und sollen in den Unterlagen unbedingt aufscheinen:

- das Geschäftsmodell (inkl Produkt, Dienstleistung, Preisstruktur),
- das Alleinstellungsmerkmal (USP) gegenüber der Konkurrenz,
- eine Beschreibung der Geschäftsführung oder Projektleitung (im Idealfall inkl Biografie),
- der Markt/der Absatz (Größe, Eigenschaften, Mitbewerber),
- die Ist-Situation und der Proof-of-Concept,
- die Vertriebsziele sowie
- die Finanzierung (Eigentümersituation, bisherige Finanzierung und Verwendung der Mittel).

Die Art und Weise, der Umfang und die Qualität des Screenings sind selbstverständlich von Plattform zu Plattform unterschiedlich.

Die Unternehmer müssen sich bei der Erstellung der Unterlagen für die Plattform auch überlegen, welche Informationen sie online für die Öffentlichkeit sichtbar machen möchten. Sie müssen auf jeden Fall genügend Informationen für potentielle Investoren zur Verfügung stellen, damit diese eine Investitionsentscheidung treffen können. Andererseits können zu viele Informationen aber auch rasch unübersichtlich wirken und Investoren abschrecken.

In einem weiteren Schritt müssen die Eckdaten für die Kampagne festgelegt werden. Dazu zählen ua die Fundingschwelle (der Mindestbetrag), das Fundinglimit (der Maximalbetrag), der Fundingzeitraum und selbstverständlich die Höhe des Anteils, den die Crowdinvestoren für ihre Investition bekommen sollen.

Aufgrund der Prospektpflicht ist das Fundinglimit, welches die Finanzierungsobergrenze beschreibt, beschränkt und variiert von Land zu Land. Mehr Informationen zu den gesetzlichen Rahmenbedingungen enthält Kapitel 2.

2. Phase: Die Vorbereitung der Kampagne

Nachdem die Crowdinvesting-Plattform den Auftrag zum Start der Kampagne vom Unternehmen erhalten hat, starten auf beiden Seiten die Vorbereitungsarbeiten, die vom Umfang her nicht zu unterschätzen sind:

- die Erstellung der Texte für die Projektseite,
- die Erstellung von Bild- und Videomaterial, um das Produkt sowie das Team vorzustellen,
- die Planung der Dramaturgie der Kampagne (wann was kommuniziert werden soll),

- die Planung der begleitenden Marketing-Kommunikationsmaßnahmen, um eine möglichst hohe Reichweite zu erzielen und im Idealfall eine Viralität zu erzeugen (Social-Media-Auftritt, unterstützende Werbematerialien, Informationsmaterial, Veranstaltungen etc) sowie
- die Aktivierung des eigenen Netzwerkes (Freunde, Familie, Bekanntenkreis, Partner, Lieferanten etc).

Je besser die Kampagne geplant wurde, desto höher ist selbstverständlich das Potential, das Fundinglimit während des Kampagnenzeitraumes zu erreichen.

3. Phase: Die Crowdinvesting-Kampagne

Der Zeitraum der Crowdinvesting-Kampagne reicht von der Freischaltung des Projektes auf der Plattform bis zum Kampagnenende. Wird die Fundingschwelle in diesem Zeitraum nicht erreicht, werden die bis dahin eingezahlten Einlagen vollumfänglich an die Kapitalgeber retourniert und das Unternehmen geht – zumindest finanziell – leer aus. Erst wenn die Fundingschwelle erreicht wird, kann die Kampagne erfolgreich beendet werden und das Unternehmen erhält das eingesammelte Kapital von der Crowdinvesting-Plattform. Wird das Fundinglimit bereits vor Ablauf der Finanzierungsfrist erreicht, endet die Crowdinvesting-Kampagne frühzeitig.

Während des Zeichnungszeitraumes haben Investoren die Möglichkeit, online – bei manchen Plattformen wie zB CONDA ist auch eine Investition mittels eines sogenannten Zeichnungsscheins möglich – in das jeweilige Projekt zu investieren. Der Mindestbetrag ist von Plattform zu Plattform unterschiedlich hoch und liegt idR zwischen 100 € und 250 €.

Die Unternehmen haben es zumeist selbst in der Hand, wie erfolgreich ihre Crowdinvesting-Kampagne (abgesehen vom finanziellen Funding) ist. Je mehr sich das Team engagiert und die Umsetzung der geplanten Aktivitäten einhält, desto größer ist der erzielte Marketing-Mehrwert.

4. Phase: Nach Abschluss der Kampagne

Wird die Fundingschwelle bis zum Ende des Fundingzeitraumes erreicht, bekommt das Unternehmen den Betrag und kann ihn für den im Voraus definierten Einsatz verwenden.

Die Unternehmen müssen nach Beendigung der Crowdinvesting-Kampagne ihrer Informationspflicht nachkommen und den Kapitalgebern die definierten Unterlagen (zB Jahresabschlüsse, Aufstellung der Kapitalbasis der Gesellschaft etc) übermitteln. Diese Dokumente können entweder auf der Plattform direkt (zB in einem passwortgeschützten Bereich) oder aber auch per E-Mail zur Verfügung gestellt werden. Dies ist von Plattform zu Plattform verschieden, wird jedoch zumeist schon in den Verträgen definiert.

Es liegt nach Beendigung der Crowdinvesting-Kampagne an den Unternehmern, inwieweit sie die Investoren in ihre Kommunikationsstrategie miteinbeziehen. Im Idealfall hat das Unternehmen mit jedem Investor nicht nur einen loyalen Kunden, sondern auch einen Markenbotschafter gewonnen. Dies kann und soll ein wichtiger Bestandteil der weiteren Marketingstrategie des Unternehmens sein. Die Nixe Brau GmbH (die eine

Crowdinvesting-Kampagne auf CONDA startete) hat zu diesem Zweck etwa einen eigenen Investoren-Club gegründet um die Mitglieder regelmäßig mit News und Updates sowie speziellen Bier-Angeboten zu versorgen.

1.1.4. Plattformen im Überblick

Im Folgenden soll ein Überblick über die bekanntesten deutschsprachigen Crowdfunding- und Crowdinvesting-Plattformen gegeben werden (Stand: Jänner 2019).

Plattformname	Land	Modell
1000x1000	AT	Crowdinvesting
aescuvest	DE	Crowdinvesting
area2Invest	AT	Crowdinvesting
Bergfürst	DE	Crowdinvesting
betterinvest	DE	Crowdinvesting
bitmeister	DE	Crowdinvesting
Companisto	DE	Crowdinvesting
CONDA	AT	Crowdinvesting
Crowd4Climate	AT	Crowdinvesting
Crowd4Energy	AT	Crowdinvesting
crowdEner.gy	DE	Crowdinvesting
Crowdfunding für Gemeinwohl	AT	Crowdfunding
crowdhouse	CH	Crowdinvesting
dagobertinvest	AT	Crowdinvesting
dasErtragReich	AT	Crowdinvesting
Deutsche Mikroinvest	DE	Crowdinvesting
econeers	DE	Crowdinvesting
Engel&Völkers Capital	DE	Crowdinvesting
Es geht	AT	Crowdfunding
Exporo	DE	Crowdinvesting
firstcap	AT	Crowdinvesting
Fundernation	DE	Crowdfunding & Crowdinvesting
Fundraizer	AT	Crowdfunding
gemeinsam.noeregional	AT	Crowdfunding
GLS Crowd	DE	Crowdinvesting

GREEN ROCKET	AT	Crowdinvesting
Greenvesting	DE	Crowdinvesting
Grundag	DE	Crowdinvesting
HOME ROCKET	AT	Crowdinvesting
ibelieveinyou	AT	Crowdfunding
iFunded	DE	Crowdinvesting
Immofunding	AT	Crowdinvesting
Immorocks	DE	Crowdinvesting
Kapilendo	DE	Crowdinvesting
KATRIM	DE	Crowdinvesting
LeihDeinerUmweltGeld	DE	Crowdinvesting
LION ROCKET	AT	Crowdinvesting
Medifundo	DE	Crowdinvesting
Mit Einander	AT	Crowdfunding
MITEINANDERERFOLGREICH	CH	Crowdfunding & Crowdinvesting
Moneywell	DE	Crowdinvesting
raizers	CH	Crowdinvesting
Reacapital	DE	Crowdinvesting
Regionalfunding	AT	Crowdinvesting
Rendity	AT	Crowdinvesting
Respekt.net	AT	Crowdfunding
REVAL	AT	Crowdinvesting
SAREGO	DE	Crowdinvesting
Seedmatch	DE	Crowdinvesting
swisspeers	CH	Crowdinvesting
transvendo	DE	Crowdinvesting
Unternehmerich	DE	Crowdinvesting
Venture	DE	Crowdinvesting
zinsbaustein.de	DE	Crowdinvesting
Zinscrowd	DE	Crowdinvesting
ZINSLAND	DE	Crowdinvesting

Tab 1: Crowfinancing-Plattformen; Quelle: https://crowdcircus.com/

1.2. Die Entwicklung von Crowdfunding/-investing in Österreich, Deutschland und Ausblick für die EU

Betrachtet man die Entwicklung von Crowdfunding im deutschsprachigen Raum, so erkennt man, dass es sich hier um eine noch sehr junge Branche handelt. Im Gegensatz zum angloamerikanischen Raum überwiegen Plattformen, welche auf finanzielle Beteiligung der Investoren (equity- und lending-based) setzen. Dies mag mehrere Gründe haben: Zum einen sind diese beiden Modelle aktuell in den USA aufgrund rechtlicher Einschränkungen für die breite Masse nicht möglich. Andererseits zeigen Befragungen,[5] dass sich potentielle Unterstützer von Crowdfunding im europäischen Raum wesentlich öfter eine finanzielle Beteiligung erwarten als in den USA. Die erste deutschsprachige Plattform, Cashare (lending-based), wurde 2008 in der Schweiz gegründet, 2011 folgten erste Plattformen in Deutschland und gegen Ende 2012 bzw Anfang 2013 erste Plattformen in Österreich.

1.2.1. Österreich

Mit respekt.net startete im Jahr 2010 die erste Crowdfunding-Plattform (donation-based) in Österreich – diese beschränkt sich auf Projekte zur Stärkung der Zivilgesellschaft. Erst Ende 2012 nahm 1000x1000 als erste equity-based Plattform den Betrieb auf, im März 2013 kam mit CONDA.at eine weitere Plattform auf den Markt. Ende 2012 startete Greenrocket – eine Plattform für nachhaltige, umweltbezogene Projekte. Zurzeit (Anfang 2019) sind bereits mehr als 20 Plattformen mit Sitz in Österreich tätig.

Gesamt betrug das Volumen 2012 wenige hunderttausend Euro, erst 2013 nahm das Thema in Österreich allmählich Fahrt auf. Durch eine eher ungewöhnliche, selbst initiierte Crowdfunding-Kampagne von *Heini Staudinger* für sein Unternehmen GEA erlangte das Thema Crowdfunding in Österreich erhebliche öffentliche Aufmerksamkeit. Da dieser sich jedoch eines rechtlich unzulässigen Finanzierungsinstruments bediente, wurde seine Finanzierungskampagne durch die Finanzmarktaufsicht (FMA) verboten, was einen öffentlichkeitswirksamen Streit zwischen *Heini Staudinger* und der FMA zur Folge hatte. Im Rahmen dessen begann auch die österreichische Arbeiterkammer sich mit dem Thema Crowdfunding auseinanderzusetzen und führte Mitte 2014 eine Analyse von 18 Crowdfunding-Plattformen durch. Das Ergebnis der Studie war die Forderung nach gewissen Regulierungen, ähnlich wie sie im deutschen Kleinanlegerschutzgesetz zu finden sind.[6]

Laut der Analyse des unabhängigen Crowdfunding-Vergleichsportals „CrowdCircus.com" konnten in Österreich ansässige Plattformen 2018 38,2 Mio € einsammeln. Der Crowdfunding-Markt ist damit im Jahresvergleich um 19,6 % gewachsen und es konnten mehr als 300 Projekte – hauptsächlich durch Rendite-fokussierte Crowdinvesting-Kampagnen – finanziert werden.[7]

5 *Gray/Rau/Wardrop/Zhang*, Moving Mainstream: The European Alternative Finance Benchmarking Report February 2015, University of Cambridge and EY 2015 https://www.jbs.cam.ac.uk/fileadmin/user_upload/research/centres/alternative-finance/downloads/2015-uk-alternative-finance-benchmarking-report.pdf, 18 (abgerufen am 7.5.2019).

6 http://www.arbeiterkammer.at/beratung/konsument/Geld/Geldanlage/Crowdfunding-Plattformen_unter_die_Lupe_genommen.html (abgerufen am 1.10.2014).

7 https://crowdcircus.com/news/oesterreichischer-crowdfunding-markt-verzeichnete-2018-rekordvolumen (abgerufen am 7.5.2019).

1.2.2. Deutschland

(Michels/Hoffmann)

Das Transaktionsvolumen für Crowdinvesting ist seit 2014 kontinuierlich gestiegen.[8] Während in Deutschland 2014 noch ca 20,1 Mio € eingesammelt werden konnten, stieg das Volumen im darauffolgenden Jahr schon auf ca 45,9 Mio € an. Einen noch signifikanteren Anstieg konnte das Transaktionsvolumen in den Jahren 2016 (ca 63,8 Mio €) und 2017 (ca 199,6 Mio €) verzeichnen, dies entspricht einem Wachstum von 171 %. Der Aufwärtstrend scheint sich für das Jahr 2018 fortzusetzen. So wurden allein im ersten Halbjahr 2018 122,5 Mio € eingesammelt.

Diese Entwicklung ist gleichlaufend zur europäischen Entwicklung des Transaktionsvolumens beim Crowdinvesting:[9] Während europaweit 2016 noch 952,2 Mio € eingesammelt werden konnten, lag das Volumen im Jahr 2017 schon bei 1359,43 Mio €. Für das Jahr 2018 wird sogar mit einem Transaktionsvolumen von 2136,9 Mio €[10] gerechnet.

Jedoch profitieren nicht alle Bereiche gleich stark von dieser neuen Anlageform. Gerade in Deutschland fällt eine starke Tendenz zur Immobilienfinanzierung auf: 2016 hatten Immobilienprojekte insgesamt 40,3 Mio € über Crowdinvesting einsammeln können, was mehr als 63 % des gesamten Crowdinvesting-Volumens für dieses Jahr darstellte. Die Unternehmensfinanzierung kam 2016 lediglich auf 18,8 Mio €. Ein im Vergleich dazu nur sehr geringer Anteil von 4,8 Mio € oder 7,6 % des Transaktionsvolumens floss im Jahr 2016 in den Energiesektor.

Diese Tendenz wird im Jahr 2017 noch deutlicher: Während 63,3 Mio € (32 % des Gesamtvolumens für Crowdinvesting in 2017) in die Unternehmensfinanzierung flossen (114 % mehr als im Vorjahr), konnte die Immobilienfinanzierung ein Transaktionsvolumen von 130,3 Mio € (65 % des Gesamtvolumens für 2017) erzielen. Im Vergleich zu 2016 konnte damit ein Wachstum für den Immobiliensektor von mehr als 221 % erzielt werden. Auf den Energiesektor entfielen dann lediglich 6,1 Mio € (3 % des Gesamtvolumens in 2017).

Diese Verteilung bleibt wohl auch 2018 unverändert: Von den insgesamt im ersten Halbjahr 2018 über Crowdinvesting eingesammelten 122,5 Mio € entfielen 83,4 Mio € auf den Immobiliensektor – ein Zuwachs von 43 % im Vergleich zum ersten Halbjahr 2017. Der geringste Teil von 2,7 Mio € entfällt wie in den vergangenen Jahren auf den Energiesektor, während die Unternehmensfinanzierung mit insgesamt 36,5 Mio € im Vergleich zum Vorjahr das größte Wachstum verzeichnen konnte.[11]

Laut einer Studie von Deloitte[12] aus August 2018 benötigen 40 % der befragten kleinen und mittleren Unternehmen (KMU) aktuell zusätzliche Finanzmittel. Bei der Auswer-

---

8 https://www.crowdfunding.de/wp-content/uploads/2018/07/Crowdinvest-Monatsreport-Juni-2018-crowdfunding.de_.pdf (abgerufen am 7.5.2019).

9 https://de.statista.com/outlook/377/102/crowdinvesting/europa (abgerufen am 7.5.2019).

10 Hochrechnung von de.statista.com für das Jahr 2018 https://de.statista.com/outlook/377/102/crowdinvesting/europa (abgerufen am 7.5.2019).

11 https://www.crowdfunding.de/wp-content/uploads/2018/07/Crowdinvest-Monatsreport-Juni-2018-crowdfunding.de_.pdf (abgerufen am 7.5.2019).

12 „Crowdlending in KMU 2018", https://www2.deloitte.com/content/dam/Deloitte/de/Documents/financial-services/Deloitte_Crowdlending_V2c_safe.pdf (abgerufen am 7.5.2019).

tung der jeweils verwendeten Finanzierungsmittel sind die Innenfinanzierung sowie die Fremdfinanzierung über Banken die häufigsten Finanzierungsarten. Die Möglichkeit einer alternativen Finanzierung über die „Crowd" wurde von 89 % der befragten KMU „nicht verwendet". Folglich wird Crowdfunding insgesamt (sowohl Crowdinvesting als auch Crowdlending) als alternative Form der Unternehmensfinanzierung nicht nur von den Anlegern kritisch betrachtet, sondern auch von den Unternehmen selbst. Der Bekanntheitsgrad des Crowdfunding ist im Vergleich zu dem Jahr 2015 jedoch gestiegen: War 2015 das Crowdfunding nur zu 48 % bekannt, konnte im Jahr 2018 eine deutliche Steigerung auf 82 % verzeichnet werden. Bezugnehmend auf den Bekanntheitsgrad verschiedener Crowdlending/-funding-Plattformen nennen 34 % der befragten KMU die Plattform „Auxmoney", gefolgt von „Kick Starter" mit 27 % und „Smava" mit 24 %. Bei der Nutzung der Plattformen beziffern jeweils 25 % der Befragten das Finanzierungsvolumen auf 1.000 €, 50.000 €, 550.000 € und 1 Million €. Kritisiert wird jedoch die mangelnde Transparenz der Plattformen.

Das höchste Transaktionsvolumen sollen in Deutschland bislang die Crowdfunding Plattformen Exporo, Funding Circle und Companisto verzeichnen. Exporo konnte bislang schon über 214,7 Mio € einsammeln, gefolgt von Funding Circle mit 79,7 Mio € und Companisto mit 51,1 Mio €.[13]

1.2.3. Entwicklung auf europäischer Ebene

(Michels/Hoffmann)

Einen ersten Vorstoß zu einer europaweiten Regulierung der Crowdfinanzierung machte die EU-Kommission erst im Jahr 2018 mit dem Vorschlag für eine Verordnung über Europäische Crowdfunding Service Provider (ECSP) für Unternehmen (ESCP-Verordnung).[14] Der Erlass dieser Verordnung war bereits in dem sogenannten FinTech Action Plan[15] der Kommission vom März 2018 angekündigt.

Einer der Hauptkritikpunkte der EU-Kommission im Rahmen des FinTech Action Plans war die unterschiedliche rechtliche Behandlung und Klassifizierung der verschiedenen, innovativen Geschäftsmodelle durch die nationalen Gesetzgeber und Aufsichtsbehörden. Es wurde insbesondere bemängelt, dass einige innovative Dienstleistungen nicht nach einem harmonisierten, europäischen Rechtsrahmen beurteilt werden, sondern einzelne nationale Gesetze, insbesondere bei der Frage der Lizenzierung, zum Tragen kommen. Dies ist bei Crowdinvesting- und Crowdlending-Aktivitäten (Peer-to-Peer) gerade der Fall, was nach Ansicht der EU-Kommission zu einer gewissen Inkohärenz zwischen den nationalen Regulierungssystemen und tatsächlichen Hindernissen für grenzüberschreitende Aktivitäten führt. Die Kommission stellte insoweit fest, dass elf Mitgliedstaaten bereits Regelungen für investitions- und/oder kreditbasierte Crowdfunding-Aktivitäten erlassen haben, wodurch ihre grenzüberschreitende Entwicklung verhindert und ihre Skalierung innerhalb der EU komplex und teuer wird. Aus diesem Grund legte die Kommission am 8.3.2018 einen Vorschlag für einen EU-Rechtsrahmen für investitions- und/

13 https://www.crowdinvest.de/Plattformen (abgerufen am 7.5.2019).
14 https://ec.europa.eu/info/law/better-regulation/initiatives/ares-2017-5288649_en (abgerufen am 7.5.2019).
15 https://ec.europa.eu/info/publications/180308-action-plan-fintech_en (abgerufen am 7.5.2019).

oder kreditbasierte Crowdfunding-Plattformen vor, um die Verhältnismäßigkeit der regulatorischen Anforderungen zu gewährleisten und denjenigen, die sich entscheiden, als European Crowdfunding Service Provider (ECSP) tätig zu werden, einen EU-Pass zu ermöglichen. Damit könnten unter der Verordnung regulierte ECSP ihre Dienstleistungen europaweit anbieten, ohne weitere nationale Lizenzen bzw Erlaubnisse beantragen zu müssen. Mit der beabsichtigten Verordnung wird der Geltungsbereich der Richtlinie 2014/65/EG (MIFID II) geändert, indem nach der ECSP-Verordnung zugelassene Crowdfunding-Dienstleister in die Liste der freigestellten Unternehmen aufgenommen werden, die nicht in den Geltungsbereich der Richtlinie fallen.

Die ESCP-Verordnung gilt für juristische Personen, die sich dafür entscheiden, eine Zulassung nach Art 10 zu beantragen bzw entsprechend dieser Vorschrift als Crowdfunding-Dienstleister zugelassen sind. Die ECSP-Verordnung soll Crowdfunding-Dienstleistern ermöglichen, grenzüberschreitend tätig zu werden, ohne dabei unterschiedlichen Vorschriften zu unterliegen. Damit soll eine unionsweite Projektfinanzierung durch Investoren aus verschiedenen Mitgliedstaaten möglich gemacht werden. Aus diesem Grund sollen die Mitgliedstaaten keine zusätzlichen Anforderungen an Crowdfunding-Dienstleister stellen dürfen, die eine Zulassung nach der ESCP-Verordnung erhalten. Allerdings fallen nur Angebote mit einem Gesamtgegenwert von bis zu 8 Mio € je Crowdfunding-Angebot berechnet über einen Zeitraum von zwölf Monaten in den Anwendungsbereich der ECSP-Verordnung. Insoweit wird ein Gleichlauf mit der Prospektverordnung (EU) 2017/1129 angestrebt, die den einzelnen Mitgliedstaaten die Option einräumt, Angebote von Wertpapieren mit einem Gesamtvolumen von bis zu 8 Mio € von der Prospektpflicht auszunehmen. Entsprechend der Prospektverordnung erfasst auch die ECSP-Verordnung nur übertragbare Wertpapiere im Sinne der Richtlinie über Märkte für Finanzinstrumente (MiFID II) und zielt damit auf das investitionsbasierte Crowdfunding ab. Da Crowdfinanzierung sich jedoch nicht nur auf Wertpapiere fokussiert, sondern oftmals andere Investmentprodukte zum Gegenstand hat, wie zB partiarische Darlehen, Genussscheine etc, wäre eine Harmonisierung nur zum Teil erreicht. Die bestehenden nationalen Vorschriften zum Crowdfunding bleiben hingegen unverändert. Für solche Angebote von Investmentprodukten, die nicht unter den Wertpapierbegriff gem Art 4 Abs 1 Nr 44 MiFID II fallen, bestehen daher ggf eine Prospektpflicht sowie weitere rechtliche Anforderungen entsprechend den einzelnen nationalen Gesetzen für Vermögensanlagen (vgl unten die Ausführungen zum Vermögensanlagengesetz). Die Lizenz als ESCP umfasst den Vertrieb derartiger Wertpapiere ebenfalls nicht, sodass hier bestehende nationale Regelungen Geltung beanspruchen können.

Der europäische Ausschuss für Wirtschaft und Währung (ECON) hat auch die Aufnahme von sogenannten Initial Coin Offerings (ICOs) in den Regelungskreis der ECSP-Verordnung diskutiert, diese jedoch letztendlich abgelehnt. Zwar erkennt der ECON das Potenzial von ICOs gerade für kleine und mittlere Unternehmen (KMU) an, jedoch unterscheiden sich die Merkmale eines ICO entscheidend von dem in der ECSP-Verordnung geregelten Crowdfunding. Ebenso würde nach Ansicht des ECON die Aufnahme von ICOs in die ECSP-Verordnung die Probleme im Zusammenhang mit ICOs nicht lösen. Aus diesen Gründen sollen Crowdfunding-Dienstleister, die ICOs auf ihrer

Plattform nutzen, auch von der Verordnung ausgenommen werden. Um eine effiziente Regulierung der neu entstehenden ICO-Technologie zu erreichen, verweist der ECON auf die Kommission. Auch der zwischenzeitlich diskutierte Vorschlag, auch Drittstaatenanbieter in den Anwendungsbereich der ECSP-Verordnung aufzunehmen, wurde von ECON letztendlich nicht befürwortet.

Für den deutschen (und europäischen) Crowdfunding-Markt haben sowohl die neue Prospektverordnung als auch die ECSP-Verordnung bereits jetzt eines gemeinsam: den begrüßenswerten Fokus auf „klassische Wertpapiere“ als begünstigte Anlageform, was auch praktische Auswirkungen auf die jeweiligen Angebotsstrukturen haben sollte.

1.3. Präsentation von zwei Fallbeispielen

1.3.1. Wohnwagon

1.3.1.1. Unternehmensprofil

Im Frühjahr 2013 gegründet, bietet Wohnwagon natürlichen, mobilen (Wohn-)Raum mit einer großen Vision: Autarkie. Mit eigener Strom- und Wärmeproduktion sowie einer Wasseraufbereitungsanlage sind die von Wohnwagon gebauten Wohnwägen auf Wunsch völlig unabhängig. Aber auch in der Basis-Version bekommt man mit dem Wohnwagon eine natürlich und regional produzierte Einheit zum Wohnen oder als Gewerbefläche, die neue Maßstäbe beim Thema Nachhaltigkeit setzt.

Produktion – natürliche Rohstoffe und echtes Handwerk

Der Wohnwagon wird in der eigenen Manufaktur in Gutenstein, Niederösterreich, aus Holz und ökologischen Baustoffen gefertigt und individuell für den Kunden maßgeschneidert. „Dabei geht es uns nicht nur um herausragende Qualität, sondern auch darum, alte Handwerkskunst und das Bewusstsein für die echten Dinge zu fördern“, so *Theresa Steininger*, Geschäftsführerin von Wohnwagon.

Das Geschäftsmodell ist auf drei Bereichen aufgebaut: Der Verkauf des Wohnwagons selbst, der Verkauf der Autarkiesysteme über einen Webshop (Biotoiletten, Systeme zur Energieerzeugung und -speicherung, Wasserfilter etc) und der Dienstleistungsbereich mit Planung von autarken Wohnlösungen vom Einfamilienhaus bis zur autarken Siedlung. In der Schweiz entstand so beispielsweise das erste wasserautarke Einfamilienhaus: Regenwasser wird über die Dachflächen gesammelt und zu Trinkwasser aufbereitet, das gebrauchte Grauwasser aus der Dusche wird über eine eigene Pflanzenkläranlage am Dach des Hauses aufbereitet, in einem Teich gespeichert und schließlich auch wieder auf Trinkwasserqualität gereinigt. Ein geschlossener Kreislauf mit rein natürlichen Reinigungsprinzipien!

In einem Interview spricht *Steininger* weiters über ihre Philosophie und Vision: „Ein Wohnwagon ist mehr als ein Wohnwagen. Er ist ein Statement – philosophisch, politisch, persönlich. Es ist eine Lebensart. Er macht Selbstreduktion zum Luxus. Reduktion heißt hier aber nicht gleich Verzicht. „Reduce to the Max“ ist das Motto“.

Das Unternehmen setzt auf Nachhaltigkeit in umfassender Form sowie auf natürliche Ressourcen und verknüpft moderne Biotechnologie mit authentischem, österreichischem Handwerk in zukunftsweisender Form.

Eckdaten zum Unternehmen

- Gründung: März 2013
- Ende des Crowdinvesting: August 2013
- Start des Prototypenbaus: August 2013
- Fertigstellung des Prototyps: Juni 2014
- Erster Verkauf: Juni 2014, mittlerweile 52 Wohnwagons verkauft, Kunden aus Ö, D, Schweiz, Luxemburg
- Förderungen und Awards: Neugründung des Jahres 2013, NÖ Nachhaltigkeitscall, departure-experts-Förderung, i4c innovations for climate EU-Programm, Join our Core EU Finalist 2014, Top20 Nachhaltige GestalterInnen 2015, Unternehmen des Jahres 2016, Unternehmerin des Jahres 2017 uvm

1.3.1.2. Geschäftsführung/Team

Gründerin und Geschäftsführerin *Theresa Steininger* ist für die strategische Leitung sowie Marketing und Vertrieb zuständig. Mit ihrem Masterstudium „Unternehmensführung" und ihrer Marketingerfahrung hat sie das betriebswirtschaftliche Know-how, um Ideen und Ziele in die Realität umzusetzen.

Christian Frantal ist als Gründer und Ideengeber für den Bereich Planung und Entwicklung zuständig. Er bringt durch sein früheres Unternehmen Pimp My Home viel Erfahrung im Bereich Bau, Planung und Handwerk mit und ist auch interner Experte für das zentrale Thema Autarkie.

Das Team besteht mittlerweile aus 28 Mitarbeitern aus den verschiedensten Bereichen, von Autarkie- und Handwerks-Spezialisten über Architekten und Baumeister bis zum Webshop-Designer.

1.3.1.3. Ausgangssituation

1.3.1.3.1. Entstehung der Idee Wohnwagon

Der Ausgangspunkt für die Idee war die Frage: Was braucht man eigentlich für ein gutes Leben? Wie viel Platz? Wie müsste der aussehen? – Das beschäftigte den Ideengeber *Christian Frantal* seit langem. Die Idee selbst kam dann beim Gärtnern auf einem gemeinsam bewirtschafteten Stück Grünland ohne Kanal, Strom oder Wasseranschluss. Ein unglaublich schönes Stück Land, an dem man gerne bleiben möchte – da war es eigentlich schon klar, wo es hingehen muss: Es geht um die Reduktion auf das Wesentliche, um die Lieblingsplätze, die das Wohnen so toll machen, auf komprimiertem Raum, verdichtete Wohnmuster. Mit dem Wohnwagon sollte eine neue Wohnform geschaffen werden, die den Luxus der Reduktion bietet, die Nähe zur Natur und Raum zum Atmen schafft, ohne dabei auf Design und Qualität verzichten zu müssen.

Das Ziel ist Autarkie: Mit eigener Strom- und Wärmeproduktion, Wasserfilter und Biotoilette ist der Wagen einfach unabhängig. Man versiegelt keine Böden, man produziert Kompost und Dünger mit der Biotoilette und den Küchenabfällen, pflanzt vielleicht Gemüse an – man verlässt den Platz, an dem man wohnt, besser, als man ihn vorgefunden hat. Das ist auch ein politisches Statement, in einer Zeit, in der wir im Grunde alle wissen, dass es nicht einfach weitergehen kann wie bisher.

1.3.1.3.2. Benötigtes Kapital, Finanzierungsmix, Crowdinvesting

Für den Firmenaufbau wurden bisher insgesamt 1,4 Mio € finanziert. Die ersten 70.000 €, die zur Fertigstellung des Prototyps und zu den ersten Verkäufen geführt haben, konnten über Crowdinvesting auf die Beine gestellt werden. Weitere 30.000 € wurden zu Beginn als Eigenkapital und über einen externen Partner investiert. In einer zweiten Finanzierungsrunde mit CONDA konnten weitere 144.000 € finanziert werden. 2018 wurde die erste große Series-A-Finanzierung mit externen Investoren in einer Gesamthöhe von 690.000 € abgeschlossen um das Unternehmen zu skalieren und einen Webshop rund um Autarkie aufzubauen. So sind alle Autarkie-Systeme rund um den Wagen (Wasserfilter, Biotoiletten, Geräte zur Stromerzeugung und -speicherung etc) auch online erhältlich und können international verschickt werden.

1.3.1.3.3. Warum Crowdinvesting als erster Schritt?

Theresa Steininger, Geschäftsführerin von Wohnwagon, berichtet, warum bei der Umsetzung des Projekts auf Crowdinvesting zurückgegriffen wurde:

> Crowdinvesting war für uns ein toller Start, weil man mit Leuten losstartet, die von der Idee überzeugt sind – und nicht mit einer Bank. Auch im Team war von vorneherein klar, dass zu diesem innovativen Konzept nur eine alternative Finanzierungsform passen kann.
>
> Auch die Betreuung durch CONDA ist sehr hilfreich und va: rechtlich wasserfest. Schön war auch, dass wir Feedback vom Markt darüber bekommen haben, wie unser Projekt ankommt. Hierüber haben sich auch gleich erste Partner und Interessenten für den Kauf eines Wagens gefunden. Das ist natürlich eine Dynamik, die man sonst nur schwer erzeugen kann, va als junges Unternehmen.[16]

1.3.1.4. Die Kampagne

Eine kurze Übersicht über die durchgeführten Marketing-Kommunikationsmaßnahmen:

- Salon Wohnwagon 1–3 im Atelier: Hierbei handelt es sich um eine Veranstaltung von und mit dem Gründerteam, um den persönlichen Kontakt mit den Investoren herzustellen und den potentiellen Kapitalgebern die Möglichkeit zu bieten, sowohl das Team als auch die anderen Investoren kennenzulernen und offene Fragen persönlich an das Team zu richten.
- Vorstellung auf verschiedenen Branchenevents: Das Projekt wurde immer wieder auf diversen externen Veranstaltungen (zB der Grünen Wirtschaft) präsentiert und hierbei wurde auf die Möglichkeit des Investierens aufmerksam gemacht.
- Besuch von Investoren-Events: Der Plattformbetreiber CONDA organisierte wiederholt Veranstaltungen, um Investoren und Unternehmen mit Finanzierungsbedarf zusammenzubringen. Das Team von Wohnwagon hat diese Chance mehrfach genutzt, um auf ihre Crowdinvesting-Kampagne aufmerksam zu machen und möglichst viele Investoren zu akquirieren.
- Teilnahme an Pitch-Events: Das Gründerteam nahm auch an diversen Veranstaltungen teil, um sein Projekt zu pitchen (ein Pitch ist eine sehr kurze und auf das Wesentliche reduzierte Projektpräsentation), und hat somit jede Möglichkeit genutzt, potentielle Investoren auf sich aufmerksam zu machen.

16 Persönliches Interview mit der Autorin.

- Newsletter: In einem hübsch designten und sehr persönlich geschriebenen E-Mail-Newsletter wurden Investoren sowie am Projekt Interessierte über jeden Fortschritt informiert, zu Veranstaltungen und persönlichen Kennenlernen eingeladen und selbstverständlich zum Investieren animiert.
- Social Media: Durch die Erstellung einer eigenen Facebook-Seite konnte ein intensiver Austausch mit interessierten Personen vorgenommen, Neuigkeiten und Fortschritte zum Projekt zeitnah kommuniziert und eine Community aufgebaut werden.
- Pressearbeit: Durch mehrere Presseaussendungen, sowohl vom Unternehmen selbst als auch von der Crowdinvesting-Plattform CONDA, konnte über die Medien eine breite Öffentlichkeit auf das Projekt aufmerksam gemacht und sowohl über das Produkt als auch über die Möglichkeit der Investition informiert werden.

Theresa Steininger, Geschäftsführerin von Wohnwagon, meinte in einem Interview, dass der persönliche Kontakt für die Investoren besonders wichtig sei und sich positiv auf die Investitionsentscheidung auswirke. Man müsse den Investoren die Begeisterung für das Projekt spürbar machen und sie regelrecht damit anstecken, ein Teil des Projektes werden zu wollen.

Für *Theresa Steininger* waren unpersönliche Aussendungen (per E-Mail sowie per Post) und klassische Werbung ein wenig effizienter Weg, um Investments zu realisieren.

Durch die gut geplante Pressearbeit während der Crowdinvesting-Kampagne konnte Wohnwagon über 40 Medienberichte in österreichischen Zeitungen (so etwa in Die Presse am Sonntag, Der Standard, Wiener Zeitung usw), drei Fernsehbeiträge (zwei Erwähnungen im ORF und eine auf PULS 4), mehr als 3.000 Klicks auf Youtube sowie über 14.000 Views auf der eigenen Website erzielen.

Abb 1: Außenansicht Wohnwagon [Quelle: WW Wohnwagon GmbH]

Abb 2: Innenansicht Wohnwagon [Quelle: WW Wohnwagon GmbH]

Abb 3: Logo Wohnwagon [Quelle: WW Wohnwagon GmbH]

1.3.2. Kaahée

Kaahée ist eine österreichische Getränkeinnovation: der erste Anti-Hangover-Drink, der auf wissenschaftlicher Basis entwickelt wurde. Das Getränk wurde 2014 erfolgreich am österreichischen Markt mit Listung in allen großen Supermarktketten (Spar, Billa, Merkur etc) eingeführt.

In einem nächsten Schritt wurde die internationale Expansion in die Schweiz und nach Deutschland geplant. Um diese Expansionsmärkte erschließen zu können, entschloss sich *Julian Juen*, Gründer und Geschäftsführer von Kaahée, Crowdinvestoren einzuladen, sich am Unternehmen zu beteiligen.

1.3.2.1. Beschreibung des Unternehmens Kaahée

Die folgende Beschreibung des Projektes entstammt der Crowdinvesting-Plattform CONDA, über die das Unternehmen eine erfolgreiche Kampagne führte:[17]

> Fast jeder kennt dieses Problem: Hangover- oder Katerbeschwerden nach langen Partynächten oder Familienfeiern. Dagegen gibt es gängige Hausmittel wie zB Rollmöpse oder Kopfwehtabletten. Das Problem ist nur, dass diese Hausmittel nicht besonders gut schmecken.
>
> Daher haben wir uns bei Kaahée etwas völlig Neues einfallen lassen und aus der peruanischen Hochlandkaktusfeige, die besonders reich an wertvollen hangoverlindernden Wirkstoffen wie zB Antioxidantien oder freien Radikalfängern ist, Kaahée, den ersten Anti-Hangover-Drink, entwickelt.
>
> Auf die Idee zu Kaahée ist der Gründer und Geschäftsführer *Julian Juen* auf einer Reise nach Peru gekommen, als er damals erfolgreich das Unternehmen Mountain Lodges of Peru mit einem peruanischen Geschäftspartner und seinem Vater aufgebaut hat.
>
> Auf dieser Reise nach Peru hatte *Julian Juen* eine sein Leben verändernde Begegnung mit einem Schamanen, der ihn bei einem Ritual in die geheimnisvolle, magische, regenerative und hangoverlindernde Wirkung der peruanischen Hochlandkaktusfeige eingeführt hat. *(Anmerkung des Autors: Bitte beachten Sie den Aufbau der Investor-Story).*
>
> Nachdem sich *Julian Juen* ein paar Tage später bei einer Sangria-Party in einem Selbstversuch von der magischen Wirkung der Hochlandkaktusfeige überzeugen konnte, war die Geschäftsidee zu Kaahée geboren. Zielsetzung von Kaahée ist es, ausgehend von Österreich das Segment der Anti-Hangover-Drinks zu etablieren und Kaahée zum Weltmarktführer in diesem Segment aufzubauen.
>
> Betrachtet man die großen Erfolgsgeschichten am Getränkemarkt wie jene der Getränkemarke Coca-Cola im Cola-Segment oder der Marke Red Bull im Energy-Drink-Segment, so ist es diesen großen Marken gelungen, als erstes dauerhaft ein neues Segment am Getränkemarkt zu besetzen. Kaahée möchte nun als Marktführer das Segment der Anti-Hangover-Drinks etablieren.
>
> Mit der Geschäftsidee und vielen Kaktusfeigen im Gepäck ist *Julian Juen* nach Österreich zurückgekehrt und hat mithilfe seiner Entwicklungspartner Kaahée entwickelt und patentiert. Die hangoverlindernde Wirkung der Kaktusfeige kann wissenschaftlich über Placebo-Studien nachgewiesen werden.

Nach Abschluss der Entwicklung und erfolgreicher Patentierung ist dem Unternehmen 2014 der große Durchbruch gelungen, nämlich die Gesamtlistung des Produktes in allen Spar-Märkten (Interspar, Eurospar und Spar) sowie in der REWE-Gruppe (Billa, Merkur und Sutterlüty).

Um die Absätze weiter zu steigern, hat Kaahée mit Ende Dezember 2014 auf den Sendern Pro7, Sat1, Puls4, Kabel1 und Sixx eine TV-Kampagne mit einem Bruttomediabudget von mehreren hunderttausend Euro pro Jahr gestartet. Für die Finanzierung des weiteren Marken- und Vertriebsaufbaus auf dem Kernmarkt Österreich ist es Kaahée gelungen, über die PULS 4 Start-up-Casting-Show „2 Minuten – 2 Millionen" ein Cash-Investment zu gewinnen.

Aufbauend auf dem Erfolg in Österreich setzte Kaahée anschließend die schrittweise Expansion nach Deutschland und in die Schweiz fort, wofür das Unternehmen für die Finanzierung eine erfolgreiche Crowdinvesting-Kampagne auf der Plattform CONDA führte.

17 https://www.conda.eu (abgerufen am 7.5.2019).

1.3.2.2. Eckdaten zur Crowdinvesting-Kampagne auf CONDA

Die Kaahée Research and Development GmbH setzte zum Zeitpunkt der Erstellung dieses Buches die bislang erfolgreichste Kampagne auf der Crowdinvesting-Plattform CONDA um. 300 Investoren beteiligten sich mittels Nachrangdarlehen am Unternehmen. Bereits nach wenigen Stunden wurde die Fundingschwelle iHv 30.000 € und nach nur zehn Tagen das Fundinglimit iHv 150.000 € erreicht und auf 249.900 € erhöht. Am 17.3.2015, nach nur zwölf Tagen, wurde die Kampagne erfolgreich beendet und 249.900 € von der Crowd eingesammelt. Der Unternehmenswert vor der Beteiligung der Crowdinvestoren wurde mit 1,5 Mio € bewertet. In einer zweiten Kampagne Ende 2015 erzielte das Unternehmen sogar rund 750.000 € mithilfe von Crowdinvesting. Zusammen mit der ersten Finanzierungsrunde im März 2015 investierten insgesamt beinahe 1.000 Investoren rund eine Mio € in das junge Unternehmen des Gründers *Julian Juen*.

1.3.2.3. Die Kampagne von Kaahée als Best-Practice

Das Projekt Kaahée hat das Fundinglimit in nur wenigen Tagen erreicht. Dies lässt sich ua auf die zahlreichen und gut geplanten Marketingaktivitäten des Unternehmens zur Unterstützung der Crowdinvesting-Kampagne zurückführen.

Im Folgenden finden Sie einen Überblick über Marketingaktivitäten, die vor und während der Crowdinvesting-Kampagne vom Unternehmen umgesetzt wurden:

- **Fernsehauftritte:** *Julian Juen*, Gründer und Geschäftsführer von Kaahée, trat als Kandidat bei der „2 Minuten – 2 Mio € – die PULS 4 Start-up-Show“ an und konnte durch seinen Pitch bekannte Investoren an Bord holen.
- **Homepage:** Während der Kampagne wurde ein Banner mit dem Call-to-Action „Jetzt investieren“ direkt auf der Homepage des Unternehmens platziert.
- **Social Media:** Auf ihrer Facebook-Seite hat Kaahée regelmäßig über Neuigkeiten berichtet, Links, Fotos und Videos ihrer Aktivitäten gepostet und aktiv zum Investieren aufgerufen. Die grafische Umsetzung der Sujets war dabei immer einheitlich im Design der Marke und hat das Image des Brands ideal unterstützt.
- **Public Relations:** Sowohl das Unternehmen als auch die Crowdinvesting-Plattform CONDA haben zum Start der Kampagne eine Presseaussendung versendet und dadurch eine hohe mediale Reichweite erzielt.
- **Sampling:** Durch diverse Verteilaktionen wurden immer mehr Menschen auf das Produkt aufmerksam und konnten dieses mit der Marke in Verbindung setzen. Potentielle Investoren konnten sich durch diese Kostproben nicht nur vom Geschäftsmodell, sondern auch direkt vom Produkt überzeugen.
- **Veranstaltungen:** Während der gesamten Crowdinvesting-Kampagne, wie auch schon davor, war Gründer und Geschäftsführer *Julian Juen* auf diversen Investorenveranstaltungen präsent und erzählte seine Geschichte.
- **Offline Zeichnungsscheine:** Das Unternehmen nutze den Service von CONDA und sammelte auch abseits der Crowdinvesting-Plattform offline mittels gedruckten Zeichnungsscheinen Investitionen für sein Projekt.

Abb 4: Call-to-Action durch Online-Banner und Flyer [Quelle: Kaahée Research and Development GmbH]

Abb 5: Call-to-Action durch Online-Banner und Flyer [Quelle: Kaahée Research and Development GmbH]

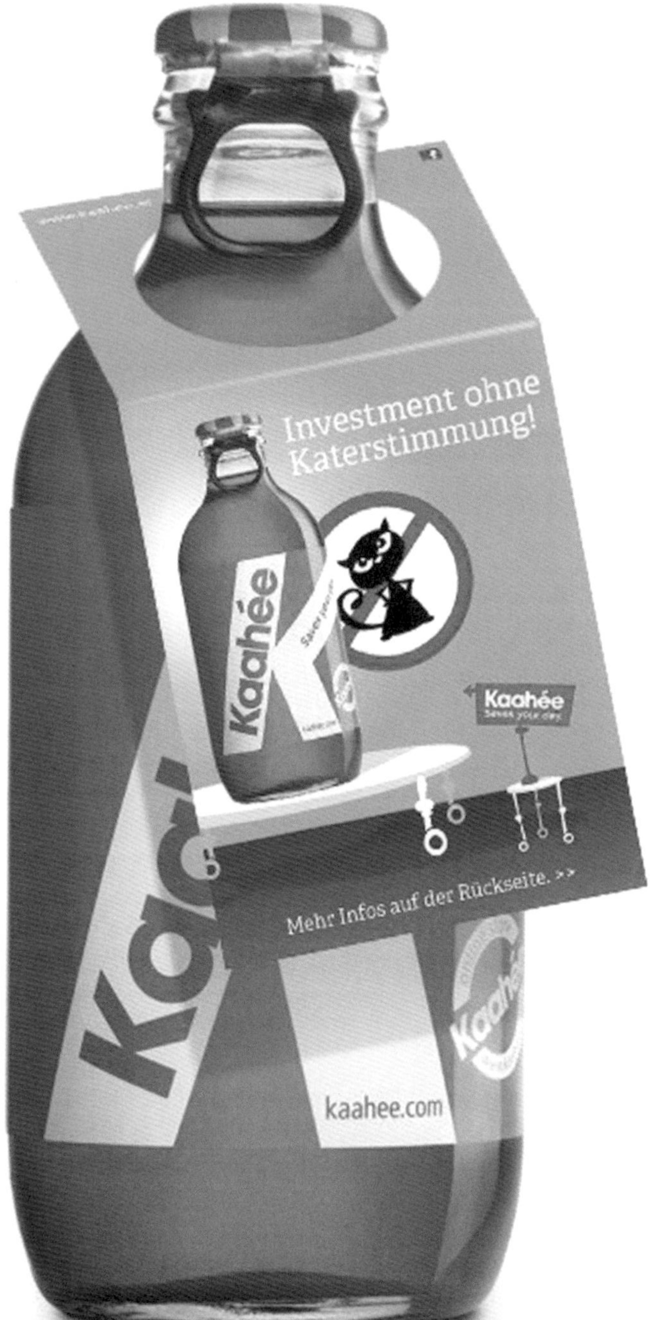

Abb 6: Call-to-Action durch Anbringung eines On-Pack-Flyers am Produkt [Quelle: Kaahée Research and Development GmbH]

Abb 7: Flyer [Quelle: Kaahée Research and Development GmbH]

Abb 8: Umsetzung auf der Homepage www.kahee.at

1.3.2.4. Interview mit Julian Juen, Gründer und Geschäftsführer von Kaahée

CONDA: Warum habt ihr euch für eine Crowdinvesting-Kampagne entschieden?

JJ: Da gab es zwei Motivationen. Erstens Crowdinvesting als Instrument, um Kapital zu lukrieren, zweitens Crowdinvesting als Community-Marketing-Instrument. Jeder Crowdinvestor, der in Kaahée investiert, auch wenn es nur 100 € sind, identifiziert sich mit dem Projekt. Er betreibt dann idR im Freundes- und Bekanntenkreis Werbung in Form von Mundpropaganda. Jeder Crowdinvestor von uns ist quasi Markenbotschafter geworden.

CONDA: Aus welchen Gründen habt ihr euch für die Plattform CONDA entschieden?

JJ: Unser Eindruck war und ist, dass CONDA eine ganz starke österreichische Crowdinvesting-Plattform ist, die sehr professionell auftritt und einen positiven Gesamteindruck auf uns machte. Außerdem gab es schon bei „2 Minuten – 2 Millionen" Kontakt zu CONDA.

CONDA: Was waren eure Kampagnenziele?

JJ: Es war sehr schwer einzuschätzen, was möglich ist. Ich habe von einem sehr mauen Ergebnis bis hin zu einem Einschlagen der Kampagne mit allem gerechnet. Am Ende sind unsere Erwartungen deutlich übertroffen worden. Leider bestand zum damaligen Zeitpunkt noch das gesetzliche Fundinglimit iHv 250.000 €.

CONDA: Was waren für euch die Highlights während der Kampagne?

JJ: Generell die Dynamik und das unmittelbare Feedback der Investoren. Als ich am ersten Tag der Kampagne zu Mitternacht schlafen gegangen bin und um sechs Uhr morgens waren es schon 10.000 € mehr, das war natürlich irre für uns. Auch absatzmäßig hat sich während der Kampagne einiges getan.

CONDA: Gab es aus dem Investorenfeedback auch konkrete Vorschläge, die ihr umgesetzt habt?

JJ: Ein Investor, der vom Brotberuf her beim Management von HP arbeitet, hat bei uns als Crowdinvestor investiert. Anschließend hat HP uns sogar eine Kooperation angeboten, die wir auch eingegangen sind.

CONDA: Gab es Schwierigkeiten während der Kampagne?

JJ: Wir wurden ehrlich gesagt etwas von der Dynamik der Kampagne überrumpelt, aber im positiven Sinne. Manche Unterlagen waren noch nicht ganz finalisiert, als die Fundingschwelle schon erreicht war.

CONDA: Würdet ihr wieder eine Kampagne auf CONDA starten?

JJ: Auf jeden Fall. Wir haben einen positiven Eindruck von CONDA bezüglich der Umsetzung und der Professionalität gewonnen. Noch ein Tipp für alle Crowdinvesting- Projekte: Es reicht nicht, ein gutes Produkt auf einer Plattform zu haben, sondern man muss hinter jedes Projekt eine Kampagne stellen. Wir haben uns vor der Kampagne schon eine spezifische Strategie überlegt, die wir dann durchgezogen haben.

2. Rechtsgrundlagen für Crowdinvesting in Österreich

(Kulnigg)

2.1. Einleitung

In Österreich bestand lange Zeit keine spezielle Rechtsgrundlage für die Umsetzung von Crowdfunding-Projekten. Die Zulässigkeit der Umsetzung hatten sowohl Emittenten als auch die Betreiber entsprechender Crowdfunding-Plattformen jeweils im Einzelfall anhand der allgemeinen rechtlichen Regeln zu prüfen.

Seit September 2015 gibt es mit dem Alternativfinanzierungsgesetz (AltFG) und den begleitenden Änderungen des Kapitalmarktgesetzes (KMG) die erste rechtliche Grundlage für Crowdfunding.

Seit seiner Einführung wurde das AltFG mehrfach novelliert. Die jüngste Novelle[18] brachte neben der Anpassung von Schwellenwerten aufgrund der Prospekt-VO[19] auch eine Anpassung der Anwendungsbereiche von AltFG und KMG, Klarstellungen und Verbesserungen im AltFG und Erleichterungen bei der Emission von Wertpapieren und Veranlagungen. Eine wesentliche Neuerung war der Wegfall der Unterscheidung zwischen „Veranlagungen gemäß KMG", „Wertpapieren gemäß KMG" und „alternativen Finanzinstrumenten gemäß AltFG". Die Abgrenzung zwischen AltFG und KMG soll daher nur noch anhand der Schwellenwerte erfolgen.[20] Weiters wurde der persönliche Anwendungsbereich des AltFG wesentlich erweitert: Crowdfunding-Kampagnen können nun von allen Rechtsträgern vorgenommen werden.

Das AltFG ist nun die zentrale Rechtsgrundlage für die Ausgabe sämtlicher Wertpapiere oder Veranlagungen im Inland bis zu einem Gesamtgegenwert von jeweils knapp 2 Mio € binnen zwölf Monaten.

2.2. Das Alternativfinanzierungsgesetz (AltFG)

2.2.1. Anwendungsbereich

Das AltFG regelt die Zulässigkeit der Finanzierung durch ein öffentliches Angebot über Wertpapiere oder Veranlagungen von jeweils einem Gesamtgegenwert in der Union

18 Bundesgesetz, mit dem das Kapitalmarktgesetz und das Alternativfinanzierungsgesetz geändert werden; BGBl I 2018/48.

19 Verordnung (EU) 2017/1129 über den Prospekt, der beim öffentlichen Angebot von Wertpapieren oder bei deren Zulassung zum Handel an einem geregelten Markt zu veröffentlichen ist und zur Aufhebung der Richtlinie 2003/71/EG.

20 ErläutRV 187 BlgNR 26. GP 3.

von weniger als 2 Mio € Euro. Emissionen von Wertpapieren oder Veranlagungen innerhalb von zwölf Monaten sind für Zwecke dieser Schwelle zusammenzurechnen, wobei Wertpapiere und Veranlagungen separat zusammenzurechnen sind.

Vom AltFG erfasst sind sowohl öffentliche Angebote mittels direkten Aufrufs eines Emittenten als auch solche, die über eine entsprechende Internetplattform (sogenannte Crowdfunding-Plattformen) vermittelt werden. Den Begriff der Internetplattform hat das AltFG in § 2 Z 5 gesetzlich definiert, und zwar als „*Website, auf der Wertpapiere oder Veranlagungen zwischen Emittenten und Anlegern vermittelt werden*".

Erfasst sind weiters nur Finanzierungsformen, bei denen eine finanzielle Gegenleistung für die Zurverfügungstellung der Gelder vereinbart wird. Spenden, Sponsoring oder ähnliche Modelle fallen daher nicht unter das AltFG.

Öffentlichen Angebote über 2 Mio € unterliegen grundsätzlich der Prospektpflicht nach KMG. Sofern eine Schwelle von 5 Mio € nicht überschritten wird, kann dafür ein sog vereinfachter KMG-Prospekt verwendet werden.[21] Soweit die Voraussetzungen des AltFG vorliegen, kann neben einer KMG-Emission auch eine (parallele) AltFG-Emission erfolgen, solange der Gesamtgegenwert aller Emissionen weniger als 5 Mio € beträgt.[22]

Das AltFG hebelt bestehende Aufsichtsbestimmungen (wie insbesondere das Verbot, ohne BWG-Konzession das Einlagengeschäft gemäß § 1 Abs 1 Z 1 BWG zu betreiben, sowie das Verbot gemäß § 3 Abs 5 Z 4 WAG 2018, als Wertpapierfirma Kundengelder zu halten) sowie die Bestimmungen anderer Rechtsvorschriften, sofern diese anwendbar sind, jedoch nicht aus. Dies ist bei der Strukturierung von Emissionen jedenfalls zu berücksichtigen.

Nicht das AltFG, sondern das KMG kommt zur Anwendung, wenn Emittenten freiwillig für eine Emission einen (vereinfachten) Prospekt gemäß KMG erstellen oder wenn eine der Schwellenwerte gemäß § 3 Abs 1 Z 1 bis 3 AltFG (siehe dazu nachfolgend 2.2.2.) überschritten werden.

2.2.1.1. Wer kann Emittent iSd AltFG sein?

Mit der jüngsten AltFG-Novelle ist die bisherige Einschränkung entfallen, dass Emittenten nur natürliche und juristische Personen sein können, die ein Unternehmen betreiben, das der Definition der Europäischen Kommission[23] von Kleinstunternehmen oder kleinen bzw mittleren Unternehmen entspricht. Jeder Rechtsträger kann sohin Emittent iSd AltFG sein (§ 2 Z 1a AltFG iVm § 1 Abs 1 Z 2 KMG). Diese neue Regelung erweitert den persönlichen Anwendungsbereich des AltFG stark.

21 Für Wertpapiere: KMG-Prospekt unter der Prospektbilligung durch die FMA gem § 8a KMG nach dem Schema F gem der Anlage F des KMG (für das Inland), oder optional für das Inland und EU-Ausland (via Passporting) auf Basis eines EU-Prospekts; für Veranlagungen: KMG-Prospekt unter der Prospektprüfung gem § 8 KMG nach dem Schema F oder nach dem Schema C gem der Anlage C des KMG.

22 ErläutRV 187 BlgNR 26. GP 1.

23 Empfehlung der Europäischen Kommission vom 6.5.2003 betreffend die Definition der Kleinstunternehmen sowie der kleinen und mittleren Unternehmen, 2003/361/EG.

2.2.1.2. Was sind Wertpapiere und Veranlagungen?

Im Rahmen der jüngsten AltFG-Novelle entfallen ist weiters die Einschränkung des AltFG auf sog „Alternative Finanzinstrumente". Das AltFG unterscheidet daher nicht mehr zwischen „Veranlagungen gemäß KMG"/„Wertpapieren gemäß KMG" einerseits und „alternativen Finanzinstrumenten gemäß AltFG" andererseits; beide Gesetze (AltFG und KMG) regeln nun die Emission von Veranlagungen und Wertpapieren, wobei beide Begriffe zentral im KMG definiert werden:

Unter *Wertpapieren* versteht das KMG übertragbare Wertpapiere im Sinne von Art 4 Abs 1 Z 18 der Richtlinie 2004/39/EG über Märkte für Finanzinstrumente.[24] Dabei handelt es sich um jene Gattungen von Wertpapieren, die auf dem Kapitalmarkt gehandelt werden können. Wesentliche Kriterien sind also die „Verkörperung" eines Rechts in Form eines – digitalen oder klassischen – Wertpapiers und die (theoretisch mögliche) Handelbarkeit am Kapitalmarkt (ein konkretes Listing bzw eine konkrete Einbeziehung ist nicht erforderlich [Handelbarkeit am Kapitalmarkt im engeren Sinn]).

Folgende Instrumente sind klassische übertragbare Wertpapiere: Aktien, Aktienzertifikate, Schuldverschreibungen und andere verbriefte Schuldtitel (wie zB verbriefte Genussrechte) und alle sonstigen Wertpapiere, die zum Kauf oder Verkauf solcher Wertpapiere berechtigen oder zu einer Barzahlung führen, die anhand von übertragbaren Wertpapieren, Währungen, Zinssätzen oder -erträgen, Waren oder anderen Indizes oder Messgrößen bestimmt wird.

Unter den Wertpapierbegriff können auch auf Basis der Blockchain-Technologie begebene Token (sog *Security/Equity/Investment Tokens*) sein fallen, wenn sie Ansprüche auf Auszahlungen (*„zukünftiger Cashflow"*) gegenüber dem Emittenten vermitteln, sei es in Form von Beteiligungen am Unternehmensgewinn oder in Form von Verzinsung und Rückzahlung. Dabei ist es grundsätzlich nicht zwingend erforderlich, dass diese Ansprüche in gesetzlicher Währung bestehen.[25]

Keine Wertpapiere sind Anteile, die überhaupt nicht wertpapierrechtlich verbrieft sind, wie zB stille Beteiligungen, Kommanditbeteiligungen oder GmbH-Geschäftsanteile.[26] Geldmarktinstrumente mit einer Laufzeit von weniger als zwölf Monaten sind explizit von der Definition von „Wertpapier" ausgenommen.

Veranlagungen sind wiederrum im Wesentlichen Vermögensrechte, über die keine Wertpapiere ausgegeben werden, aus der direkten oder indirekten Investition von Kapital mehrerer Anleger auf deren gemeinsame Rechnung und gemeinsames Risiko oder auf gemeinsame Rechnung und gemeinsames Risiko mit dem Emittenten (Vergemeinschaftung der beteiligten Personen[27]), sofern die Verwaltung des investierten Kapitals nicht

24 § 1 Abs 1 Z 4 KMG.

25 https://www.fma.gv.at/querschnittsthemen/fintechnavigator/initial-coin-offering/ (abgerufen am 7.5.2019).

26 *Zib/Russ/Lorenz* in *Zib/Russ/Lorenz* (Hrsg), Kapitalmarktgesetz (2008) § 1 KMG Rz 40.

27 Durch die Einbeziehung der Risikogemeinschaft von Anleger und Emittenten wurde auch die Kommanditgesellschaft und die Stille Gesellschaft erfasst (*Zib/Russ/Lorenz* in *Zib/Russ/Lorenz* [Hrsg], Kapitalmarktgesetz [2008] § 1 KMG Rz 33).

durch die Anleger selbst erfolgt[28].[29] Die Gesetzesmaterialien zum KMG 1991 führen als gebräuchlichste Formen der Veranlagung „Publikums-Kommanditgesellschaften, stille Beteiligungen und sogenannte Immobilienfonds in verschiedenen Rechtsformen" an. Grundsätzlich sind auch GmbH-Geschäftsanteile von der Definition erfasst.[30]

Eine Qualifikation eines Instruments als Wertpapier oder Veranlagung hat immer im Einzelfall zu erfolgen und bedarf einer genauen Prüfung. Die bisherigen taxativ aufgezählten Finanzinstrumente verbleiben im Anwendungsbereich des AltFG, solange diese als Wertpapiere oder Veranlagungen zu qualifizieren sind. Ein Nachrangdarlehen ist im Regelfall als Veranlagung zu qualifizieren.[31]

Bei der Strukturierung von Wertpapieren oder Veranlagungen ist zudem zu beachten, dass kein konzessionspflichtiges Geschäft verwirklicht wird. Ausdrücklich in diesem Zusammenhang genannt sind § 1 Abs 1 Z 1 BWG (Einlagengeschäft) und § 3 Abs 5 Z 4 WAG 2018 (Verbot für Wertpapierfirmen, Kundengelder zu halten) (siehe dazu auch 2.5. unten).

2.2.2. Schwellenwerte, Beschränkungen der Anwendbarkeit des AltFG

Das AltFG ermöglicht dem Emittenten öffentliche Angebote bis in Summe knapp *2 Mio € binnen zwölf Monaten* zu legen. Bei der Zusammenrechnung sind Wertpapiere und Veranlagungen getrennt zusammenzurechnen. Daher kann ein Emittent binnen zwölf Monaten ein Angebot über knapp 2 Mio € an Wertpapieren *und* ein Angebot über knapp 2 Mio € an Veranlagungen begeben.

Für Angebote, deren Angebotszeitraum noch nicht abgeschlossen ist, ist die Höhe des Angebots einzurechnen; für Angebote, deren Angebotszeitraum bereits abgeschlossen ist, sind lediglich die daraus erzielten Einnahmen zu berücksichtigen. Angebote nach dem KMG sind nicht einzurechnen.[32]

Die Zusammenrechnung kann an folgendem Beispiel aus den erläuternden Bemerkungen zur Regierungsvorlage illustriert werden[33]:

(i) A macht am 1.1. ein öffentliches Angebot über 900 000 Euro nach dem AltFG, der Angebotszeitraum endet am 1.2. A nimmt aus diesem öffentlichen Angebot 700 000 Euro ein.

(ii) Am 1.3. macht er ein zweites öffentliches Angebot, diesmal über 1,2 Millionen Euro, der Angebotszeitraum endet am 1.4. Eine Zusammenrechnung mit den bereits eingenommenen 700 000 Euro ergibt einen Betrag von 1,9 Millionen Euro, also einen Betrag unterhalb der Schwelle der Z 1. Das Angebot kann somit nach AltFG erfolgen. A nimmt aus diesem öffentlichen Angebot 1,2 Millionen Euro ein.

---

28 Die gesetzliche Abgrenzung der Veranlagung von Vermögensgemeinschaften, bei denen die Anleger das Kapital selbst verwalten, war aus Sicht des Gesetzgebers offenbar dadurch veranlasst, dass von der Prospektpflicht grundsätzlich Vermögensrechte nicht erfasst werden sollten, bei denen die Anleger einen ernst zu nehmenden Einfluss auf die Verwaltung nehmen können (*Zib/Russ/Lorenz* in *Zib/Russ/Lorenz* [Hrsg], Kapitalmarktgesetz [2008] § 1 KMG Rz 34).

29 § 1 Abs 1 Z 3 KMG.

30 *Zib/Russ/Lorenz* in *Zib/Russ/Lorenz* (Hrsg), Kapitalmarktgesetz (2008) § 1 KMG Rz 25.

31 Vgl dazu die entsprechende Information der FMA, https://www.fma.gv.at/fma-themenfokusse/informationen-zu-nachrangdarlehen/ (abgerufen am 7.5.2019). ErläutRV 187 BlgNR 26. GP 3.

32 ErläutRV 187 BlgNR 26. GP 4.

33 ErläutRV 187 BlgNR 26. GP 4.

(iii) Am 1.5. macht A ein drittes öffentliches Angebot über 50 000 Euro. Eine Zusammenrechnung mit den bereits eingenommenen 1,9 Millionen Euro ergibt einen Betrag von 1,95 Millionen Euro, also einen Betrag unterhalb der Schwelle der Z 1. Das Angebot kann somit nach AltFG erfolgen. A nimmt aus diesem öffentlichen Angebot 50 000 Euro ein.
(iv) Am 1.6. macht A ein viertes öffentliches Angebot über 2,5 Millionen Euro, somit über der Schwelle der Z 1, der Angebotszeitraum endet am 1.6. Auf dieses Angebot ist das KMG anzuwenden, die diesbezüglichen Pflichten des Emittenten ergeben sich aus dem KMG.
(v) Am 1.7. macht A ein fünftes öffentliches Angebot, diesmal über 60 000 Euro. Eine Zusammenrechnung mit den bereits eingenommenen 1,95 Millionen Euro aus den ersten drei Angeboten (das vierte erfolgte nach dem KMG und ist daher bei der Zusammenrechnung nach Z 1 nicht zu berücksichtigen) ergibt einen Betrag von 2,01 Millionen Euro, also einen Betrag über der Schwelle der Z 1. Auf das fünfte Angebot ist daher das KMG anzuwenden.

In folgenden Fällen sind Angebote nach dem AlFG nicht mehr zulässig:

1. Soweit der aushaftende Betrag aller durch die Ausgabe von Veranlagungen nach dem AltFG entgegengenommenen Gelder über einen Betrachtungszeitraum von sieben Jahren insgesamt den Betrag von 5 Mio € übersteigt (§ 3 Abs 1 Z 2 AltFG) oder
2. soweit der binnen zwölf Monaten durch die Ausgabe von Wertpapieren oder Veranlagungen emittierte Gesamtgegenwert in der Europäischen Union 5 Mio € erreicht oder übersteigt (§ 3 Abs 1 Z 3 AltFG).

Ad Fall 1: Bei der Zusammenrechnung gilt Folgendes: Für Angebote, deren Angebotszeitraum noch nicht abgeschlossen ist, ist die Höhe des Angebots heranzuziehen; für Angebote, deren Angebotszeitraum bereits abgeschlossen ist, ist lediglich der „aushaftende Betrag" heranzuziehen. Angebote nach dem KMG sind nicht einzurechnen.

Das Abstellen auf den *„aushaftenden Betrag"* ist insofern etwas unglücklich, da der Begriff *„aushaften"* auf eine Rückzahlungspflicht des Emittenten hindeutet und zB unter Substanzgenussrechten, die Veranlagungen darstellen, grundsätzlich keine Beträge *„aushaften"*. Tatsächlich wird in § 3 Abs 1 Z 2 AltFG wohl auf den Gesamtbetrag der eingenommenen Beträge abzüglich etwaiger rückgezahlter Nominalbeträge (bei Nachrangdarlehen daher abzüglich der Darlehenstilgungen und bei Genussrechten abzüglich der Rückzahlungen infolge von [Teil-]Abschichtungen) abzustellen sein. Zinsen und auf der Erwirtschaftung von Gewinnen (und nicht auf der Auflösung von Kapitalrücklagen) basierende Dividendenzahlungen sind mangels *„Rückzahlungscharakter"* wohl nicht abzuziehen und verringern daher das *„Gesamtobligo"* nicht.

Die erläuternden Bemerkungen haben die Berechnung an folgendem Beispiel veranschaulicht:

(i) A macht von 1.1.2019 bis 1.1.2023 mehrere öffentliche Angebote über Veranlagungen nach dem AltFG und nimmt daraus 4,5 Millionen Euro ein. Davon zahlt er bis zum 1.8.2023 500.000 Euro zurück. Der aushaftende Betrag beträgt somit 4 Millionen Euro.
(ii) Für den 1.9.2023 plant A ein öffentliches Angebot über Veranlagungen über 1,3 Millionen Euro. Dieses Angebot kann zusammen mit den bereits aushaftenden 4 Millionen Euro dazu führen, dass der insgesamt aushaftende Betrag 5 Millionen Euro übersteigt. Auf das geplante Angebot ist daher das KMG anzuwenden.

Die Formulierung des § 3 Abs 1 Z 2 AltFG deutet im Übrigen darauf hin, dass auch etwaige Refinanzierungen, zB die Emission neuer Wertpapiere zur Tilgung von gem

AltFG ausgegebenen Veranlagungen, der Prospektpflicht unterliegen, selbst wenn dadurch der Gesamtbetrag von 5 Mio € nur kurzfristig überschritten wird und die aufgenommenen Gelder sofort zur Tilgung bestehender Veranlagungen verwendet werden.

Ad Fall 2: Kann eine geplante Emission dazu führen, dass der binnen zwölf Monaten durch die Ausgabe von Wertpapieren oder Veranlagungen emittierte Gesamtgegenwert in der Europäischen Union 5 Mio € erreicht oder übersteigt, ist das KMG anzuwenden und ein (voller) Prospekt zu erstellen. Bei der Prüfung des Schwellenwertes sind neben Angeboten unter dem AltFG auch Angebote unter vereinfachtem KMG-Prospekt und Angebote von Wertpapieren, die in anderen Mitgliedstaaten der Europäischen Union gemäß Art 3 Abs 2 lit b Prospekt-VO prospektfrei begeben werden (= öffentliche Angebote, deren Gesamtgegenwert in der Europäischen Union über einen Zeitraum von zwölf Monaten 8 Mio € nicht überschreiten[34]). Für Angebote, deren Angebotszeitraum noch nicht abgeschlossen ist, ist die Höhe des Angebots einzurechnen, für Angebote, deren Angebotszeitraum bereits abgeschlossen ist, sind lediglich die daraus erzielten Einnahmen zu berücksichtigen.[35]

Zur Klarstellung wurde im Gesetz festgehalten, dass ein Emittent, der innerhalb der letzten zwölf Monate knapp 5 Mio € durch Angebote über Veranlagungen eingenommen hat, weiterhin die Möglichkeit hat, noch knapp 2 Mio € an Wertpapieren prospektfrei gemäß AltFG anzubieten.

Zusammenfassung

Schwellenwerte (12 Monate Betrachtungszeitraum)	Wertpapiere	Veranlagungen
Unter 250.000 € (für Genossenschaftsanteile: 750.000 €)	Keine Prospektpflicht, keine Informationspflicht nach AltFG (siehe Kapitel 2.2.4.)	
Ab 250.000 € (für Genossenschaftsanteile: 750.000 €) bis 2 Mio €	Anwendbarkeit AltFG Grenze: emittierter Gesamtgegenwert in der Europäischen Union erreicht oder übersteigt 5 Mio € binnen zwölf Monaten (dann Prospektpflicht nach KMG)	Anwendbarkeit AltFG Grenzen: aushaftender Betrag überschreitet 5 Mio € binnen sieben Jahren (dann Prospektpflicht nach KMG) oder emittierter Gesamtgegenwert in der Europäischen Union erreicht oder übersteigt 5 Mio € binnen zwölf Monaten (dann Prospektpflicht nach KMG)

34 Sofern diese Ausnahme von der Prospektpflicht von einem Mitgliedstaat beschlossen wurde.
35 ErläutRV 187 BlgNR 26. GP 5.

Schwellenwerte (12 Monate Betrachtungszeitraum)	Wertpapiere	Veranlagungen
Ab 2 Mio € bis 5 Mio €	KMG-Prospekt unter der Prospektbilligung durch die FMA (§ 8a KMG; Inland); optional EU-Prospekt (zwecks Passporting)	Vereinfachter KMG-Prospekt nach Schema F oder Prospekt gemäß § 8 KMG nach Schema C
Ab 5 Mio €	EU-Prospekt mit FMA-Billigung	KMG-Prospekt ohne FMA-Billigung nach Schema C

2.2.3. Anlegerschutz

Zusätzlich zu den oben beschriebenen Schwellenwerten sieht das AltFG Schwellen *pro einzelnem Anleger* vor: ein Emittent darf von einem einzelnen Anleger je Emission innerhalb eines Zeitraums von zwölf Monaten maximal 5.000 € entgegennehmen. Ausgenommen hiervon sind professionelle Anleger gem AIFMG und juristische Personen, die nicht Verbraucher iSd KSchG sind (§ 3a Abs 1 AltFG).

Der jährliche Schwellenwert von 5.000 € pro Anleger kann von einem Emittenten jedoch überschritten werden, wenn der Anleger spätestens bei Vertragsabschluss in einer gesonderten Erklärung gegenüber dem Emittenten oder dem Betreiber der Internetplattform die Auskunft erteilt hat, dass er entweder höchstens das *Doppelte seines durchschnittlichen monatlichen Nettoeinkommens* über zwölf Monate gerechnet investiert, oder dass er *maximal zehn Prozent seines Finanzanlagevermögens* (Bankguthaben, Sparbücher, Genussscheine, Aktien oder Ähnliches) investiert (§ 3a Abs 2 AltFG).

Unzulässig ist gem § 3a Abs 3 AltFG auch die Vereinbarung von Ratenzahlungen, die einen Zeitraum von zwölf Monaten übersteigen, sowie die Vereinbarung über den Erwerb von weiteren Wertpapieren oder Veranlagungen zu einem späteren Zeitpunkt, durch welche die genannte 5.000-€-Grenze überschritten wird.

Zudem bleiben die gesetzlichen Bestimmungen über die Unwirksamkeit von Vertragsklauseln (siehe dazu unten Kapitel 2.4.) unberührt.

2.2.4. Informationspflichten des Emittenten

2.2.4.1. Schwellenwerte für die Informationspflicht

Übersteigt in einem Zeitraum von zwölf Monaten der Gesamtgegenwert aller öffentlichen Angebote nach AltFG eines Emittenten 250.000 €, so treffen den Emittenten gewisse Informationspflichten (§ 4 AltFG).

Die Zusammenrechnung entspricht im Wesentlichen jener nach § 3 Abs 1 Z 1 AltFG (siehe Kapitel 2.2.2. oben): für Angebote, deren Angebotszeitraum noch nicht abgeschlossen ist, ist die Höhe des Angebots einzurechnen, für Angebote, deren Angebotszeitraum bereits abgeschlossen ist, sind lediglich die daraus erzielten Einnahmen zu berücksichtigen. Anders als nach § 3 Abs 1 Z 1 AltFG erfolgt jedoch keine getrennte Zusammenrechnung von Wertpapieren und Veranlagungen. Emissionen nach dem KMG sind weiterhin nicht einzurechnen.[36]

Die Zusammenrechnung wurde an folgendem Beispiel illustriert[37]:

(i) A macht am 1.1. ein öffentliches Angebot über 200 000 Euro nach dem AltFG, der Angebotszeitraum endet am 1.2. Für dieses Angebot greifen die Informationspflichten gemäß § 4 AltFG nicht. A nimmt aus diesem öffentlichen Angebot 150 000 Euro ein.
(ii) Am 1.3. macht er ein zweites öffentliches Angebot, diesmal über 120 000 Euro nach dem AltFG, der Angebotszeitraum endet am 1.4. Eine Zusammenrechnung mit den bereits eingenommenen 150 000 Euro ergibt einen Betrag von 270 000 Euro, somit greifen für das zweite Angebot die Informationspflichten des AltFG. A nimmt aus diesem öffentlichen Angebot 90 000 Euro ein.
(iii) Am 1.5. macht A ein drittes öffentliches Angebot über 2,5 Millionen Euro, somit nach dem KMG, der Angebotszeitraum endet am 1.6. Die diesbezüglichen Pflichten des Emittenten ergeben sich aus dem KMG.
(iv) Am 1.7. macht A ein viertes öffentliches Angebot, diesmal über 20 000 Euro nach dem AltFG. Eine Zusammenrechnung mit den bereits eingenommenen 240 000 Euro aus den ersten beiden Angeboten (das dritte erfolgte nach dem KMG und ist daher nicht zu berücksichtigen) ergibt einen Betrag von 260 000 Euro, somit greifen für das vierte Angebot die Pflichten des AltFG.

Für Angebote von Genossenschaftsanteilen gelten diese Informationspflichten erst ab einem Betrag von 750.000 €. Diese Ausnahme soll als Genossenschaft strukturierten lokalen und regionalen Bürgerbeteiligungsmodellen eine kostengünstige und einfache Finanzierung ermöglichen. Gerechtfertigt wird dies mit der Revisionspflicht der Genossenschaften, durch die ohnedies eine besondere Transparenz der Gebarung gewährleistet werde.[38]

2.2.4.2. Umfang der Emittenten-Informationspflicht anlässlich der Emission

Die Informationspflichten gem § 4 Abs 1 Z 1 bis 4 AltFG betreffen Angaben über den Emittenten, Angaben über das Wertpapier oder die Veranlagung sowie sonstige Angaben, die insb dem Anlegerschutz dienen. Der Anleger soll dadurch vor Vertragsabschluss über die wesentlichen Eckdaten der geplanten Finanzierung aufgeklärt werden, um die mit dem Wertpapier oder der Veranlagung verbundenen Anlagerisiken angemessen beurteilen und eine informierte Anlegerentscheidung treffen zu können.

Gem § 3b AltFG ist der Mindestumfang der von Emittenten zu veröffentlichenden Informationen in einer vom Bundesminister für Digitalisierung und Wirtschaftsstandort im Einvernehmen mit dem Bundesminister für Arbeit, Soziales, Gesundheit und Konsumentenschutz zu erlassenden Verordnung (AltF-InfoV) festzulegen. Die so veröffentlichten Informationen müssen *„eindeutig, zutreffend und redlich"* sein und dürfen insbesondere keine möglichen *Vorteile* des Wertpapiers oder der Veranlagung hervor-

36 ErläutRV 187 BlgNR 25. GP 6.
37 ErläutRV 187 BlgNR 25. GP 6.
38 ErläutRV 628 BlgNR 25. GP 4 f.

heben, ohne deutlich auf etwaige damit einhergehende Risiken hinzuweisen. Die Informationen müssen „*ausreichend*" und in einer Art und Weise dargestellt sein, dass sie für einen durchschnittlichen Anleger „*verständlich*" sind. Wichtige Aussagen oder Warnungen dürfen nicht „*verschleiert, abgeschwächt oder missverständlich*" dargestellt werden.

Die am 31.8.2015 kundgemachte AltF-InfoV sieht vor, dass folgende Angaben zu machen sind:

1. Vorformulierte Risikowarnungen:

   (a) Dieses öffentliche Angebot von Wertpapieren oder Veranlagungen wurde weder von der Finanzmarktaufsicht (FMA) noch einer anderen österreichischen Behörde geprüft oder genehmigt.

   (b) Investitionen in Wertpapiere oder Veranlagungen sind mit Risiken verbunden, einschließlich des Risikos eines teilweisen oder vollständigen Verlusts des investierten Geldes oder des Risikos, möglicherweise keine Rendite zu erhalten.

   (c) Ihre Investition fällt nicht unter die gesetzlichen Einlagensicherungs- und Anlegerentschädigungssysteme.

   (d) Es handelt sich nicht um ein Sparprodukt. Sie sollten nicht mehr als 10 % Ihres Nettovermögens in solche Wertpapiere oder Veranlagungen investieren.

   (e) Sie werden die Wertpapiere oder Veranlagungen möglicherweise nicht nach Wunsch weiterverkaufen können.

2. Informationen über den Emittenten und das geplante Projekt, insb über Identität, Rechtsform, Eigentumsverhältnisse, Geschäftsführung und Kontaktangaben; Haupttätigkeiten des Emittenten; angebotene Produkte oder Dienstleistungen; Beschreibung des geplanten Projekts.
3. Hauptmerkmale des Angebotsverfahrens und Bedingungen für die Kapitalbeschaffung, insb Mindestziel der Kapitalbeschaffung; Frist für die Erreichung des Ziels; Höhe der vom Emittenten für das geplante Projekt bereitgestellten Eigenmittel oder Hinweis darauf, dass vom Emittenten keine Eigenmittel bereitgestellt werden; Änderung der Eigenkapitalquote des Emittenten im Zusammenhang mit dem öffentlichen Angebot.
4. Besondere Risikofaktoren: Risiken im Zusammenhang mit der rechtlichen Ausgestaltung des Wertpapiers oder der Veranlagung und dem Sekundärmarkt, einschließlich Angaben zur Stellung des Anlegers im Insolvenzfall und zur Frage, ob der Anleger das Risiko trägt, für zusätzliche Verpflichtungen über das angelegte Kapital hinaus aufkommen zu müssen (Nachschussverpflichtung); Risiken in Zusammenhang mit der finanziellen Lage des Emittenten: Liegt negatives Eigenkapital vor? Liegt ein Bilanzverlust vor? Wurde in den vergangenen drei Jahren ein Insolvenzverfahren eröffnet?
5. Informationen über das Angebot von Wertpapieren oder Veranlagungen, insb Gesamtbetrag und Art der anzubietenden Wertpapiere oder Veranlagungen; Angaben zu den Eigenschaften des angebotenen Wertpapiers oder der angebotenen Veranlagung (insb Laufzeit, Zinssatz und sonstige Vergütungen für den Anleger, Tilgungsrate und Zinszahlungstermin); Zeichnungspreis; Angaben zu einer möglichen Über-

zeichnung; Angaben zur Verwahrung und Lieferung der Wertpapiere; Angaben zu einer Bescherung; Angaben zu einer festen Rückkaufverpflichtung.
6. Über die in Punkt 5 gemachten Angaben hinausgehende Anlegerrechte.
7. Informationen zu Kosten, Verweis auf weitere Informationen zum Projekt und Angabe der Stelle, bei der Verbraucher im Fall von Streitigkeiten Beschwerde einlegen können.

Die Informationsanforderungen sind teilweise recht „offen" formuliert – es wird sich in der Praxis zeigen, wie gut Emittenten damit umgehen können und wo nachgeschärft werden muss. Vor allem bezüglich Punkt 4. (*Besondere Risikofaktoren*) ist fraglich, wie weit der Emittent ins Detail gehen muss. Es ist davon auszugehen, dass die besonderen Risikofaktoren nicht in jenem Ausmaß beschrieben werden müssen, wie sie zB vom Schema F für vereinfachte KMG-Prospekte verlangt werden („*sonstige Angaben, die für den Anleger erforderlich sind, um sich ein fundiertes Urteil im Sinne des § 7 Abs. 1 [KMG] zu bilden*"). Bei unkonventionelleren Instrumenten (wie zB Blockchain-Token) wird ein Emittent wohl detaillierter auf Risiken in Zusammenhang mit der rechtlichen Ausgestaltung eingehen müssen.

Zusätzlich zu den Informationen gemäß AltF-InfoV sind gleichzeitig mit dem Angebot

(i) der aktuelle Jahresabschluss (während des ersten Jahres der Geschäftstätigkeit des Emittenten: eine Eröffnungsbilanz) samt einem Hinweis, falls keine gesetzliche Pflicht zur Aufstellung eines Jahresabschlusses oder einer Eröffnungsbilanz besteht,
(ii) der Geschäftsplan des Emittenten und
(iii) in Zusammenhang mit den angebotenen Wertpapieren oder Veranlagungen erstellte allgemeine Geschäftsbedingungen oder sonstige für den Anleger geltende Vertragsbedingungen (das sind insbesondere im Falle eines öffentlichen Angebots über Aktien auch die entsprechenden Emissions-, Zahlungs- und Zeichnungsbedingungen[39]) zu veröffentlichen.

Werbeanzeigen betreffend Wertpapiere oder Veranlagungen müssen als solche klar erkennbar sein. Die darin enthaltenen Angaben dürfen nicht unrichtig oder irreführend sein, darüber hinaus dürfen sie nicht im Widerspruch zu den oben zusammengefassten Informationen stehen.

Die Erfüllung der Informationspflichten nach den Bestimmungen des AltFG entbindet den Emittenten nicht von der Einhaltung sonstiger Verbraucherschutzvorschriften.[40] Die ErläutRV stellen weiters klar, dass insb die Bestimmungen des Fern-Finanzdienstleistungs-Gesetzes durch die Informationspflichten des AltFG nicht berührt werden.[41]

Der Emittent darf für den Zugang zu den Informationen weder eine Registrierung noch die Akzeptanz einer Haftungsbegrenzungsklausel noch die Entrichtung einer Gebühr verlangen.

AltFG-Emissionen sind explizit von der Meldepflicht nach § 13 KMG (Meldung zum OeKB Emissionskalender) ausgenommen (§ 13 KMG iVm § 3 Abs Z 10 KMG).

39 ErläutRV 187 BlgNR 25. GP 6.
40 § 4 Abs 2 zweiter Satz AltFG.
41 ErläutRV 628 BlgNR 25. GP 6.

2.2.4.3. Regelmäßige Publizitätspflicht des Emittenten

Bis zum Ende des Angebotszeitraums hat der Emittent die in der AltF-InfoV enthaltenen Informationen „*regelmäßig*" zu überprüfen und jede Änderung unverzüglich zu veröffentlichen. Ebenso hat er jede Änderung im Jahresabschluss (Eröffnungsbilanz), Geschäftsplan und in den allgemeinen Geschäftsbedingungen oder sonstigen für den Anleger geltende Vertragsbedingungen *unverzüglich* zu veröffentlichen (§ 4 Abs 4 AltFG). In diesem Zusammenhang bedeutet „*unverzüglich*" wohl „*ohne schuldhaften Aufschub*".

Das AltFG stellt bewusst nunmehr auf das Ende des Angebotszeitraums und nicht auf den Zeitpunkt der Rückzahlung ab, da Informationspflichten, die nach Ende des Angebotszeitraums gelten, sich aus dem Zivilrecht ergeben und darüber hinaus vertraglich vereinbart werden können.[42] Dafür wurde aus dem AltFG die Qualifikation gestrichen, dass nur wesentliche Änderungen zu veröffentlichen sind.[43]

Weder das Gesetz noch die ErläutRV stellen klar, wie der Begriff „*regelmäßig*" zu verstehen ist. Die Frage der Regelmäßigkeit wird wohl in Zusammenhang mit der Dauer der Angebotsfrist zu verstehen sein: Je länger die Frist, umso eher sind längere Abstände zwischen den Überprüfungen vertretbar. Da Emittenten für die veröffentlichten Informationen verantwortlich sind, werden Emittenten während der Angebotsfrist angehalten sein, für die stete Aktualität der veröffentlichten Informationen zu sorgen.

Ein wenig unglücklich formuliert ist die Verpflichtung zur Veröffentlichung von Änderungen der in „*Abs. 1 Z 2 […] genannten Dokumente*", ie „*während des ersten Jahres der Geschäftstätigkeit die Eröffnungsbilanz, danach den aktuellen Jahresabschluss*" (§ 4 Abs 1 Z 2 AltFG), weil sich daraus nicht klar ergibt, ob diese Bestimmung auch eine Verpflichtung zur Korrektur eines Jahresabschlusses bei Eintritt neuer Ereignisse normiert (auch wenn eine Korrektur nach UGB gar nicht erforderlich wäre) bzw ob ein während der Angebotsfrist festgestellter neuer Jahresabschluss (ebenso) zu veröffentlichen ist. Letzteres wäre sinnvoll und auch ratsam, damit die Anleger am neuesten Stand in Bezug auf die finanzielle Situation des Emittenten gehalten werden. Eine besondere Verpflichtung zur Korrektur eines Jahresabschlusses bei Eintritt neuer Ereignisse ist aber aus den Materialien nicht erkennbar und aus dem AltFG nicht direkt ableitbar – für die Frage, wann ein Jahresabschluss korrigiert werden muss, ist daher weiterhin nur das UGB ausschlaggebend. Über wesentliche (negative) Ereignisse, die während des Angebotszeitraums eintreten, sollten Anleger jedoch unabhängig von den expliziten Informationspflichten informiert werden, um eine Haftung gegenüber Anlegern zu vermeiden.

2.2.4.4. Wie kann die Informations- und Publizitätspflicht erfüllt werden?

Die Modalitäten der Erfüllung der Informations- und Publizitätspflichten sind im AltFG selbst geregelt:

Die Informationen sind auf der Website des Emittenten auf einem dauerhaften Datenträger zu veröffentlichen (es sei denn, das Angebot erfolgt ausschließlich über eine Internet-

42 ErläutRV 187 BlgNR 25. GP 6.

43 Im AltFG (alt) waren solche Änderungen einmal jährlich bis zur vollständigen Rückzahlung der alternativen Finanzinstrumente zu veröffentlichen.

plattform) sowie dem Anleger vor Abgabe einer verbindlichen Vertragserklärung und – aufgrund ausdrücklicher gesetzlicher Anordnung in § 4 Abs 2 – dem Verein für Konsumenteninformation am Tag des öffentlichen Angebots auf einem dauerhaften Datenträger zu übermitteln.

Unter einem „dauerhaften Datenträger“ ist nach der Legaldefinition des AltFG jedes Medium zu verstehen, das es Anlegern gestattet, Informationen derart zu speichern, dass sie diese in der Folge für eine für die Zwecke der Informationen angemessene Dauer einsehen können und das die unveränderte Wiedergabe der gespeicherten Informationen ermöglicht. Die ErläutRV nennen in diesem Zusammenhang CD-ROMs, DVDs, PC-Festplattenlaufwerke, auf denen elektronische Post gespeichert werden kann, sowie Websites, sofern sie für einen dem Zweck der Information angemessenen Zeitraum konsultiert und unverändert reproduziert werden können, und Papier.[44] E-Mails gelten ebenso als dauerhafter Datenträger, wenn sie speicherbar und reproduzierbar sind.[45] Es soll demnach etwa genügen, die erforderlichen Informationen zur Vermeidung des Versandes großer Datenmengen auf einem – allenfalls passwortgeschützten – Teil der Unternehmenswebsite des Emittenten und/oder per E-Mail zur Verfügung zu stellen.[46] Auf die Unveränderbarkeit der auf einer Website hochgeladene Daten wird jedoch zu achten sein.

Wurde die jeweilige Finanzierung über eine entsprechende Internetplattform vermittelt, müssen die regelmäßig zu veröffentlichenden Informationen (Änderungen der zuvor veröffentlichten Informationen und Dokumente) zusätzlich bis zum Ende des Angebotszeitraums auf der Internetplattform zur Verfügung gestellt werden. Emittenten sollten daher bei der Vertragsgestaltung mit der jeweiligen Crowdfunding-Plattform darauf achten, dass diese Veröffentlichung Teil des Leistungspakets der Plattform ist und auch davon ausgegangen werden kann, dass die Crowdfunding-Plattform bis zum Ende des Angebotszeitraums aktiv bleiben und zur Verfügung stehen wird. Betreiber einer Internetplattform sind hinsichtlich dieser zu veröffentlichenden Informationen Auftragsverarbeiter im Sinne des Art 4 Z 8 der Datenschutz-Grundverordnung.[47]

Als Sanktion bei Verletzung der Informationspflichten sieht das AltFG ein Rücktrittsrecht des Verbrauchers vor, wenn dieser die Informationen nicht vor Abgabe seiner Vertragserklärung erhalten hat. Das Rücktrittsrecht erlischt mit Ablauf von zwei Wochen nach dem Tag, an dem der Anleger die fehlenden Informationen erhalten hat und er über sein Rücktrittsrecht belehrt worden ist. Das Rücktrittsrecht ist einseitig zwingend (kann also nicht ausgeschlossen, sondern nur erweitert werden) und ist schriftlich auszuüben, wobei es genügt, wenn der Verbraucher ein Schriftstück, das seine Vertragserklärung oder die des Emittenten enthält, dem Emittenten oder dessen „*Beauftragten, der an den*

44 ErläutRV 628 BlgNR 25. GP 4.

45 Erwägungsgrund 23 der Richtlinie 2011/83/EU des Europäischen Parlaments und des Rates vom 25.10.2011 über die Rechte der Verbraucher, ABl Nr L 304 vom 22.11.2011, 64.

46 ErläutRV 628 BlgNR 25. GP 6.

47 Verordnung (EU) 2016/679 zum Schutz natürlicher Personen bei der Verarbeitung personenbezogener Daten, zum freien Datenverkehr und zur Aufhebung der Richtlinie 95/46/EG (Datenschutz-Grundverordnung), ABl Nr L 119 vom 4.5.2016 S 1, in der Fassung der Berichtigung ABl Nr L 314 vom 22.11.2016 S 72.

Vertragsverhandlungen mitgewirkt hat," (gemeint iZm mit dem AltFG wohl die Internetplattform oder ein vertretender Rechtsanwalt) mit einem Vermerk zurückstellt, der erkennen lässt, dass der Verbraucher das Zustandekommen oder die Aufrechterhaltung des Vertrages ablehnt. Es reicht zudem aus, wenn die Rücktrittserklärung innerhalb der genannten Frist abgesendet wird.

2.2.5. Pflicht zur Prüfung der Informationen

2.2.5.1. Person des Prüfers und Umfang der Prüfpflicht

Die vom Emittenten gem § 4 Abs 1 Z 1 AltFG iVm der AltF-InfoV bereitgestellten Informationen sind gem § 4 Abs 9 AltFG von einem unabhängigen Wirtschaftstreuhänder, Rechtsanwalt, Notar, der Wirtschaftskammer, einem Unternehmensberater, gewerblichen Vermögensberater oder Revisionsverband (im Fall einer Genossenschaft) hinsichtlich ihrer Vollständigkeit, Verständlichkeit und Kohärenz mit den sonstigen zu veröffentlichen Informationen (Jahresabschluss, Geschäftsplan, allgemeine Geschäftsbedingungen und Vertragsbedingungen) zu prüfen.

Ausdrücklich festgelegt wurde, dass der Prüfer „*keinem Interessenkonflikt unterliegen [darf], insbesondere in Bezug auf Auftragsverhältnisse zu Plattformbetreibern und Emittent*".[48] Die Verwendung des Begriffs „*Interessenkonflikt*" schafft Unsicherheiten. Aufgrund der Formulierung kann davon ausgegangen werden, dass nicht jedes Auftragsverhältnis eines Prüfers mit einem Plattformbetreiber oder dem Emittenten bereits per se einen Interessenkonflikt begründet, sondern dies jeweils im Einzelfall „*in Bezug auf*" das jeweilige Auftragsverhältnis zu prüfen ist. Darüber hinaus soll es aber offenbar auch Interessenkonflikte außerhalb von Auftragsverhältnissen geben (arg „*insbesondere*"). Der Regelungswortlaut ist legistisch sehr unglücklich gewählt. Als Orientierungshilfe bei der Auslegung von „*Interessenkonflikten*" kann potentiellen Prüfern die Festlegung von Ausschlussgründen für Prospektkontrollore in § 8 Abs 4 KMG dienen, der wiederum sinngemäß auf §§ 271, 271a UGB verweist. Auf einen „*Interessenkonflikt*" wird darin aber explizit nicht Bezug genommen, vielmehr verwendet § 271 UGB den Begriff der Befangenheit:

> Ein Wirtschaftsprüfer darf die Abschlussprüfung nicht durchführen, wenn Gründe, insbesondere Beziehungen geschäftlicher, finanzieller oder persönlicher Art, vorliegen, nach denen die Besorgnis der Befangenheit besteht.

Sofern keine Prüfung nach § 4 Abs 9 AltFG erfolgt, hat die Prüfung auf Vollständigkeit, Verständlichkeit und Kohärenz durch den Betreiber der Internetplattform zu erfolgen.[49]

Der jeweilige Prüfer hat über die erfolgte Prüfung eine Bestätigung auszustellen. Der Prüfungsvermerk ist im Schema des Informationsblattes der AltF-InfoV vorgesehen.

Die bisherige Möglichkeit, alternativ zur Prüfung eine Versicherung über die Prüfungsinhalte abzuschließen, ist mit der jüngsten AltFG-Novelle entfallen.

48 § 4 Abs 9 Satz 3 AltFG.
49 Eine im AltFG bisher bestandene doppelte Prüfpflicht wurde mit der jüngsten AltFG-Novelle beseitigt.

2.2.5.2. Haftung für die Prüfung

Eine mit den §§ 8 und 11 KMG vergleichbare ausdrückliche Haftungsbestimmung für Prüfer sieht das AltFG nicht vor. Laut den Gesetzmaterialien sollen durch die Ausnahme von der Prospektpflicht „*hohe Kosten und Haftungsrisiken in Verbindung mit Prospekten vermieden*" werden.[50] Sorgfaltspflichtverletzungen iZm Prüfpflichten gem AltFG sollen daher offenbar nicht demselben Haftungsmaßstab unterliegen. Die konkrete Haftungsnorm des § 11 KMG wird somit wohl nicht analog auf die Prüfer gem AltFG anwendbar sein, zumal eben gerade kein Prospekt erstellt und geprüft wird. Gilt § 11 KMG nicht analog, sind für eine mögliche Haftung des Prüfers allgemeine zivilrechtliche Grundlagen heranzuziehen, wie insb der Auftrag des Prüfers (vergleichbar dem eines Abschlussprüfers) als Vertrag mit Schutzwirkung zugunsten Dritter. Teile der Lehre[51] begründen eine Haftung des Abschlussprüfers hingegen mit einer objektiv-rechtlichen Sonderbeziehung zwischen Abschlussprüfer und Dritten, wodurch Dritte in den Schutzbereich der gesetzlichen Vorschriften über die Veröffentlichung des Jahresabschlusses samt Bestätigungsvermerk einbezogen seien; diesfalls wäre die Haftung keine vertragliche, sondern eine deliktische.

2.2.6. Verpflichtungen zur Vermeidung von Geldwäsche und Terrorismusfinanzierung

Zur Verhinderung von Geldwäsche und Terrorismusfinanzierung verpflichtet § 4 Abs 5 AltFG Emittenten zur Einhaltung der einschlägigen Bestimmungen der GewO (§§ 365m bis 365z) unabhängig davon, ob der jeweilige Emittent sonst zu deren Einhaltung gem § 365m GewO verpflichtet wäre. Ziel dieser Bestimmung ist es, den Missbrauch von Crowdfunding-Modellen für kriminelle Zwecke zu verhindern. Ausgenommen sind lediglich Emittenten, die Wertpapiere emittiert haben, die in Form einer Sammelurkunde verbrieft sind. In diesem Fall unterliegt nämlich das Kreditinstitut, das das Depotkonto führt, den entsprechenden Sorgfaltspflichten.

Damit ist der Emittent insb gem § 365p Abs 1 GewO zur Feststellung und Überprüfung der Identität des Anlegers anhand eines amtlichen Lichtbildausweises verpflichtet. Bei juristischen Personen als Anleger sind darüber hinaus „*angemessene Maßnahmen*" zur Überprüfung der Identität des wirtschaftlichen Eigentümers und der Eigentums- und Kontrollstruktur des Anlegers zu ergreifen. Handelt der Anleger als Vertreter eines Dritten, so ist zusätzlich auch die Vertretungsbefugnis zu prüfen. Die Pflichten gem § 365p Abs 1 Z 3 (Einholung von Informationen über Zweck und angestrebte Art der Geschäftsbeziehung) und Z 4 (die kontinuierliche Überwachung der Geschäftsbeziehung, einschließlich einer Überprüfung der im Verlauf der Geschäftsbeziehung abgewickelten Transaktionen, um sicherzustellen, dass diese mit den Kenntnissen über den Kunden, seine Geschäftstätigkeit und sein Risikoprofil, einschließlich erforderlichenfalls der Herkunft der Mittel, übereinstimmen; der Gewerbetreibende hat zu gewährleisten, dass die betreffenden Dokumente, Daten oder Informationen auf aktuellem Stand gehalten werden) sind nicht wirklich auf Emissionen alternativer Finanzierungsinstrumente zugeschnitten und uU kaum relevant.

50 ErläutRV 628 BlgNR 25. GP 2.
51 *Schacherreiter* in *Kletečka/Schauer*, ABGB-ON § 1299 Rz 74 mwN.

In der Praxis empfiehlt es sich jedenfalls, Anleger (vertraglich) dazu zu verpflichten, eine mögliche Änderung ihrer persönlichen Daten dem Emittenten und dem Plattformbetreiber bekannt zu geben. Der Aufwand entsprechender *„angemessener Maßnahmen"* wird idR unverhältnismäßig sein, sodass es Emittenten in der Praxis bei Verdachtsfällen zu empfehlen ist, von einem Vertragsschluss Abstand zu nehmen.

§ 4 Abs 6 AltFG legt erneut eine Pflicht für Emittenten zur Feststellung der Identität des Anlegers bei Vertragsabschluss fest. Diese Verpflichtung gilt – interessanterweise – auch nach dem Gesetzeswortlaut für Emittenten, die in einer Sammelurkunde verbriefte alternative Finanzinstrumente begeben und daher nicht zur Einhaltung der einschlägigen Bestimmungen der Gewerbeordnung verpflichtet sind. Unklar sind dazu auch die ErläutRV, wonach § 4 Abs 6 als Ergänzung zur GewO notwendig sei, da diese nur in bestimmten Fällen eine verpflichtende Identitätsfeststellung vorschreibe.[52] Dies scheint zu übersehen, dass § 4 Abs 5 durch den Verweis auf § 365p GewO die Identitätsfeststellung nunmehr (ausgenommen bei Verwendung einer Sammelurkunde) für alle Emittenten verpflichtend macht. In der Praxis werden Emittenten die Identitätsfeststellung bei Vertragsabschluss wohl (weiterhin) überwiegend an die jeweiligen Plattformen oder Depotbanken auslagern.

Die Verpflichtungen des Emittenten zur Einhaltung der einschlägigen Bestimmungen der GewO und Feststellung der Identität der Anleger bei Vertragsabschluss entfallen, wenn die Emission ausschließlich über eine Internetplattform abgewickelt wird.

2.2.7. Regelungen für das Betreiben einer Internetplattform

Das AltFG sieht nicht nur für Emittenten, sondern auch für Betreiber von Internetplattformen Mindeststandards sowie Informationspflichten vor.

2.2.7.1. Anforderungen an Betreiber einer Internetplattform

Betreiber einer Internetplattform sind zur Vermittlung von Wertpapieren oder Veranlagungen zwischen Anlegern und Emittenten berechtigt, sofern sie im Fall der Anlageberatung oder der Annahme und Übermittlung von Aufträgen, welche Wertpapiere oder Veranlagungen zum Gegenstand haben, die von § 1 Z 7 WAG 2018 erfasst werden, über eine Berechtigung zur Erbringung von Wertpapierdienstleistungen gemäß § 3 Abs 2 Z 1 oder Z 3 WAG 2018 oder im Fall der Vermittlung von Veranlagungen über eine Berechtigung nach § 94 Z 75 GewO (Gewerbliche Vermögensberatung) verfügen.

Betreiber einer Internetplattform dürfen nicht gleichzeitig über eine Konzession nach dem AIFMG, dem Zahlungsdienstegesetz 2018, dem Versicherungsaufsichtsgesetz 2016 oder dem E-Geldgesetz 2010 verfügen.

§ 5 Abs 1 AltFG stellt weiters klar, dass die Einhaltung der Pflichten des AltFG nicht die Einhaltung der Vorschriften der GewO oder des WAG 2018 ersetzt.

Betreiber einer Internetplattform haben gem § 5 Abs 2 Z 1 AltFG die Bestimmungen der GewO über Maßnahmen zur Verhinderung der Geldwäsche und Terrorismusfinan-

52 ErläutRV 628 BlgNR 25. GP 6.

zierung (§§ 365m bis 365z GewO) sowohl in Bezug auf Emittenten als auch Anleger einzuhalten (siehe dazu bereits oben), und zwar soweit auf sie nicht das Finanzmarkt-Geldwäschegesetz anwendbar ist, und die Identität von Emittenten, die ihre Plattform nutzen, und bei Vertragsabschluss auch jene von Anlegern festzustellen.

2.2.7.2. Informationspflichten für Plattformbetreiber

Neben Angaben über den Betreiber der Internetplattform (Rechtsform, Firma, Sitz, Angabe der Organwalter, Angabe der Eigentümer sowie Offenlegung aller mit wenigstens 25 % beteiligten wirtschaftlichen Eigentümer; im Fall von juristischen Personen: Firmenbuchauszug und Angabe des Unternehmensgegenstandes; während des ersten Jahres der Geschäftstätigkeit die Eröffnungsbilanz, danach den aktuellen Jahresabschluss – sofern keine gesetzliche Pflicht zur Aufstellung eines Jahresabschlusses oder einer Eröffnungsbilanz besteht, einen Hinweis darauf) sind auf der Internetplattform auf einem dauerhaften Datenträger auch die Auswahlkriterien für die Zulassung von Emittenten, die Art, Häufigkeit und Höhe der von Anlegern und Emittenten eingehobenen Entgelte sowie – bis zum Ende des Angebotszeitraums – auch jene Informationen, die von den Emittenten gem § 4 Abs 1 Z 1 bis 4 AltFG (siehe dazu oben) zur Verfügung zu stellen sind, zu veröffentlichen.

Zu beachten ist, dass die regelmäßige Publizitätspflicht für Emittenten in § 4 Abs 4 vorsieht, dass der Jahresabschluss sowie eine Änderung von Informationen ebenfalls auf der Internetplattform zu veröffentlichen sind. Durch diese Angaben soll es Anlegern ermöglicht werden, die mit der Finanzierung verbundenen Kosten abzuschätzen und auch einen Einblick in die Art und Weise der Vorselektion der Emittenten durch den Betreiber zu erlangen. Hinsichtlich der von den Emittenten zur Verfügung gestellten Informationen wird klargestellt, dass für deren Richtigkeit ausschließlich der jeweilige Emittent verantwortlich ist (§ 5 Abs 4 1. Satz AltFG).

Bezüglich der verpflichtenden Offenlegung aller an einer Internetplattform mit wenigstens 25 % beteiligten wirtschaftlichen Eigentümer ist im AltFG nicht ausdrücklich definiert, wer als wirtschaftlicher Eigentümer anzusehen ist. Es liegt nahe, zur Konkretisierung des Begriffes auf die gesetzliche Definition des Bundesgesetzes über die Einrichtung eines Registers der wirtschaftlichen Eigentümer von Gesellschaften, anderen juristischen Personen und Trusts (Wirtschaftliche Eigentümer Registergesetz – WiEReG) zurückzugreifen, nach der wirtschaftliches Eigentum im Wesentlichen durch direktes oder indirektes Halten von Anteilen begründet wird, aber auch durch Stimmrechte sowie die Ausübung von Kontrolle auf die Geschäftsleitung auf sonstige Weise.

Nach den ErläutRV ist eine Änderung der Höhe der eingehobenen Entgelte jedenfalls entsprechend zu publizieren.[53]

Betreiber einer Internetplattform dürfen für den Zugang zu den verpflichtenden Informationen und den Aktualisierungen dieser Informationen weder eine Registrierung noch die Akzeptanz einer Haftungsbegrenzungsklausel noch die Entrichtung einer Gebühr verlangen.

53 ErläutRV 628 BlgNR 25. GP 7.

Sonstige nach anderen Gesetzen bestehende Informationspflichten des Plattformbetreibers bleiben durch das AltFG unberührt. Dies betrifft insb Informationspflichten gem ECG, FAGG, MedienG und FernFinG.

2.2.7.3. Prüfung der Emittenten-Angaben durch den Plattformbetreiber

Gem § 5 Abs 4 AltFG hat eine Prüfung der vom Emittenten nach § 4 Abs 1 AltFG offenzulegenden Informationen durch den Betreiber der Plattform zu erfolgen, soweit eine entsprechende Prüfung nicht durch einen Prüfer gemäß § 4 Abs 9 AltFG erfolgt. Die Prüfung ist gleichermaßen ausschließlich hinsichtlich deren Kohärenz, Vollständigkeit und Verständlichkeit mit den Informationen nach § 4 Abs 1 Z 2 bis 4 AltFG (Jahresabschluss, Geschäftsplan, allgemeine Geschäftsbedingungen und Vertragsbedingungen) durchzuführen.

Im Interesse des Anlegerschutzes und um die Anleger zur Streuung ihrer Investitionen im Sinne einer Risikominimierung anzuleiten, hat der Betreiber die Anleger in geeigneter Weise darauf hinzuweisen, dass der Erwerb von Wertpapieren oder Veranlagungen mit Risiken verbunden ist und Anleger daher die Risikohinweise im Informationsblatt beachten sollten (§ 5 Abs 8 AltFG).

2.2.7.4. Datenschutz

Der Betreiber einer Internetplattform ist hinsichtlich der über den Emittenten und das Angebot zu veröffentlichenden Informationen Auftragsverarbeiter im Sinne der Datenschutz-Grundverordnung, die seit 25.5.2018 in Kraft ist.

Der Betreiber einer Internetplattform hat daher durch geeignete technische und organisatorische Maßnahmen zu sorgen, dass die Verarbeitung der Daten im Einklang mit den Anforderungen der Datenschutz-Grundverordnung erfolgt und den Schutz der Rechte der betroffenen Person (insbesondere Recht auf Auskunft, Recht auf Berichtigung und Löschung, Widerspruchsrecht) gewährleistet.

Die Auftragsdatenverarbeitung hat auf Grundlage eines Vertrags zu erfolgen, der den Auftragsverarbeiter in Bezug auf den Verantwortlichen bindet und in dem Gegenstand und Dauer der Verarbeitung, Art und Zweck der Verarbeitung, die Art der personenbezogenen Daten, die Kategorien betroffener Personen und die Pflichten und Rechte des Verantwortlichen festgelegt sind (Art 28 Abs 3 der Datenschutz-Grundverordnung).

Art 28 der Datenschutz-Grundverordnung sieht weitere Pflichten für Auftragsverarbeiter vor.

2.2.7.5. Untersagung einer wesentlichen Beteiligung an Emittenten

Aufgrund einer ausdrücklichen Vorschrift des AltFG[54] ist es Betreibern untersagt, selbst als Emittent auf ihrer Plattform aufzutreten. Sie können jedoch in geringem Ausmaß als Anleger agieren, sofern die Beteiligung ausschließlich dazu dient, die Kommunikation zwischen Emittent und Anlegern nach Abschluss der Finanzierung zu verfolgen. Auf

54 § 5 Abs 7 AltFG.

diese Vorgehensweise ist gesondert hinzuweisen. Laut ErläutRV soll dies der Vermeidung von Interessenkonflikten sowie dem Anlegerschutz dienen.[55] Der genaue Sinn dieses Verbots bleibt jedoch unklar, zumal gem § 4 Abs 9 AltFG ohnedies auch ein Prüfer ohne Interessenkonflikte die verpflichtenden Angaben zu prüfen hat. Wesentlich scheint auch, dass § 5 Abs 7 AltFG ausdrücklich nur auf die Betreiber abstellt und es daher zB Gesellschaftern oder Tochterunternehmen von Plattformbetreibern nicht untersagt ist, auf der jeweiligen Internetplattform als Emittent zu agieren.

2.2.8. Strafbestimmung des AltFG

Die Verletzung der Pflichten nach dem AltFG ist, sofern sie nicht nach anderen Verwaltungsstrafbestimmungen mit strengerer Strafe bedroht ist, als Verwaltungsübertretung mit einer Geldstrafe bis zu 30.000 € zu bestrafen.

2.3. Exkurs: Vereinfachter KMG-Prospekt

Ein vereinfachter Prospekt ist erforderlich, wenn die Emissionsvolumina (über einen Zeitraum von zwölf Monaten gerechnet) zumindest 2 Mio € erreichen, jedoch weniger als 5 Mio € betragen.

Bei Emissionen, die ein Volumen von 5 Mio € erreichen oder übersteigen, ist ein herkömmlicher KMG-Prospekt erforderlich.

Der vereinfachte Prospekt unterliegt reduzierten inhaltlichen Anforderungen, wodurch den Interessen sowohl der Anleger als auch der Emittenten Rechnung getragen werden soll. Er ist, je nachdem, ob es sich um Veranlagungen oder Wertpapiere iSd KMG handelt, von einem Prospektkontrollor zu überprüfen (Veranlagungen) oder von der FMA zu billigen (Wertpapiere).

§ 7 Abs 8a KMG verweist auf ein Schema für einen solchen vereinfachten Prospekt samt konkreter inhaltlicher Anforderungen in Anlage F zum KMG. Dieses Schema „F" gilt sowohl für Wertpapiere als auch Veranlagungen. Im Fall von Wertpapieren kann freiwillig ein herkömmlicher KMG-Prospekt erstellt werden (zB um ein Passporting in andere EU-Jurisdiktionen zu ermöglichen).

Kapitel 5 Z 2 des Schemas F sieht vor, dass der vereinfachte Prospekt *„sonstige Angaben, die für Anleger erforderlich sind, um sich ein fundiertes Urteil im Sinne des § 7 Abs 1 zu bilden"*, zu enthalten hat. Aus dieser inhaltlich sehr weitreichenden Bestimmung ist wohl abzuleiten, dass auch der vereinfachte Prospekt eine detaillierte Beschreibung möglicher anlagespezifischer Risiken beinhalten muss. Angesichts der Allgemeinheit der Formulierung der Z 2 und der Tatsache, dass die Risikobeschreibungen bereits in herkömmlichen Prospekten gem KMG inhaltlich und daher auch kostenmäßig den größten Aufwand verursachen, ist das Vereinfachungspotenzial (und somit auch das Potenzial möglicher Kosteneinsparungen) gegenüber einem herkömmlichen KMG-Prospekt in diesem Punkt wohl begrenzt.

55 ErläutRV 628 BlgNR 25. GP 7.

2.4. Exkurs: Allgemeines Zivilrecht, Konsumentenschutz, Insolvenzrecht

Im Bereich des allgemeinen Zivilrechts sind insb jene Bestimmungen relevant, die die Geltungs- bzw Inhaltskontrolle Allgemeiner Geschäftsbedingungen (AGB) oder Vertragsformblätter betreffen. AGB gelten grundsätzlich nur dann, wenn sie wirksam vereinbart wurden. Dasselbe gilt für Vertragsformblätter, wie sie regelmäßig beim Online-Vertragsabschluss verwendet werden. Es ist daher darauf zu achten, dass die Vertragsannahme seitens des Crowdinvestors entsprechend in den technischen Prozessablauf der Plattform implementiert wird, sodass eine ausdrückliche Erklärung des Investors, mit den vertraglichen Bestimmungen einverstanden zu sein, gewährleistet ist. Dies kann insb durch Anklicken einer Bestätigung, dass die abrufbaren Vertragsbestimmungen zur Kenntnis genommen wurden und der Investor mit diesen vollinhaltlich einverstanden ist, erfolgen. Dieses Erfordernis gilt hinsichtlich sämtlicher für die Strukturierung eines Crowdfunding-Modells erforderlichen Vereinbarungen. Um welche Verträge es sich konkret handelt (Treuhand-, Genussrechts-, Nachrangdarlehensvertrag, Kontovertrag mit einem Zahlungsdienstleister etc), hängt von der gewählten Struktur des Modells ab.

Bestimmungen ungewöhnlichen Inhalts in AGB werden nach österreichischem Recht nicht Vertragsbestandteil (Geltungskontrolle), wenn sie für den anderen Teil nachteilig sind und mit ihnen nach den Umständen des Einzelfalles, va auch nach dem äußeren Erscheinungsbild der Urkunde, nicht gerechnet werden musste. Solche Bestimmungen werden nur dann gültig vereinbart, wenn auf sie gesondert hingewiesen wird. Weiters sind gröblich benachteiligende Klauseln, die Nebenpunkte betreffen, ungültig (Inhaltskontrolle).

Im Verhältnis zwischen Unternehmern und Konsumenten gelten zusätzlich die besonderen Bestimmungen des KSchG. Danach können Klauseln bestimmten Inhalts überhaupt nicht wirksam vereinbart werden und bestimmte andere Klauseln nur, wenn sie einzeln ausverhandelt wurden. Letzteres ist im Online-Geschäft regelmäßig nicht der Fall. Darüber hinaus sind Konsumenten gegenüber Bestimmungen in Vertragsformblättern, die unklar oder unverständlich sind, unwirksam (Transparenzgebot).

In diesem Zusammenhang erwähnenswert ist eine jüngere OGH-Entscheidung (4 Ob 110/17f)[56] über im Crowdfunding-Bereich sehr beliebte Nachrangdarlehen: Der Kläger ist ein zur Unterlassungsklage nach § 28 KSchG berechtigter (Konsumentenschutz-)Verein. Die Beklagte betreibt ein Unternehmen für erneuerbare Energie und Fotovoltaik. Im Rahmen ihres Geschäftsbetriebs nahm die Beklagte zur Unternehmensfinanzierung qualifizierte Nachrangdarlehen von Verbrauchern auf. Der Kläger begehrte die Untersagung der Verwendung diverser Klauseln in den Allgemeinen Geschäftsbedingungen der Beklagten, unter anderem der Nachrangeinrede. Die Vorinstanzen vertraten den Standpunkt, die Nachrangklausel regle und konkretisiere ihre Hauptleistungsverpflichtung, unterwarfen sie der Inhaltskontrolle gem § 879 Abs 3 ABGB und erklärten die Nachrangklausel für unzulässig. Der OGH hat sich dieser Rechtsmeinung – richtigerweise – nicht angeschlossen: Zwar ist nicht schon jede die

56 OGH am 24.8.2017; RS 0131613.

Hauptleistung betreffende Vertragsbestimmung der Kontrolle nach § 879 Abs 3 ABGB entzogen (die Ausnahme von der in § 879 Abs 3 ABGB verankerten Inhaltskontrolle ist möglichst eng zu verstehen und soll auf die individuelle, zahlenmäßige Umschreibung der beiderseitigen Leistungen beschränkt bleiben, wobei nur Leistungsbeschreibungen, die Art, Umfang und Güte der geschuldeten Leistung festlegen, der Inhaltskontrolle entzogen sein sollen, nicht jedoch Klauseln, die das eigentliche Leistungsversprechen einschränken, verändern oder aushöhlen), bei der zu beurteilenden qualifizierten Nachrangklausel jedoch handelt es sich um ein für den Vertragstypus konstitutives Merkmal, das daher der Inhaltskontrolle nach § 879 Abs 3 ABGB entzogen ist. In Ansehung der qualifizierten Nachrangklausel wurde das Unterlassungsbegehren des Klägers daher abgewiesen. Diese Entscheidung zeigt, dass Konsumentenschutzverbände die Einhaltung von konsumentenschutzrechtlichen Vorschriften sehr ernst nehmen und auch in der Praxis gerichtlich durchsetzen bzw es versuchen. Bei der Strukturierung von Crowdfunding-Kampagnen und -Verträgen sind die relevanten zivilrechtlichen Vorschriften, insb der Konsumentenschutz, besonders zu beachten.

Konsumentenschutzrechtliche Vorschriften betreffend die Online-Abwicklung von Crowdfunding-Modellen bestehen weiters insb bezüglich allgemeiner Informationspflichten des Unternehmers (über den Unternehmer, die Dienstleistung, bestimmte Vertragsbestimmungen und Rechtsbehelfe) sowie des Rücktrittsrechts des Verbrauchers vom geschlossenen Vertrag. Die Rücktrittsfrist beginnt mit dem Tag des Vertragsabschlusses zu laufen. Hat der Verbraucher jedoch die vorgeschriebenen Informationen erst nach Vertragsabschluss erhalten, so läuft die Rücktrittsfrist erst ab Erhalt aller erforderlichen Informationen.

Aus insolvenzrechtlicher Sicht scheinen zwei Aspekte besonders erwähnenswert: Die Umsetzung von Crowdfunding-Angeboten wird regelmäßig von der Erreichung vordefinierter Fundingschwellen abhängig gemacht. Wird diese Schwelle nicht erreicht, wird das Angebot abgebrochen und die Anleger erhalten ihr Geld zurück. Wenn nun bereits vor Erreichen der Fundingschwelle das Geld auf ein Projektkonto des Emittenten zu überweisen ist, müssen sich Anleger bewusst sein, dass eine Rückzahlung im Fall einer zwischenzeitlichen Insolvenz des Emittenten gefährdet wäre und ihr Geld verloren sein könnte. Dieses Risiko wird umso relevanter, je wesentlicher die erfolgreiche Umsetzung des Crowdfunding-Projekts für das Überleben des Emittenten ist. Dieses Risiko kann durch Angebote vermieden werden, die sicherstellen, dass das Geld erst an den Emittenten fließt, wenn auch die Fundingschwelle erreicht ist. Weiters ist für Anleger wesentlich, dass eine Insolvenz des Emittenten für Inhaber alternativer Finanzinstrumente regelmäßig einen Totalausfall bedeuten wird.

2.5. Exkurs: Konzessionsrechtliche Fragen

Plattformbetreiber und Emittenten haben bei Emissionen diverse regulatorische Vorschriften zu beachten und müssen stets auf Einzelfallbasis beurteilen, inwieweit sie konzessionspflichtige Rechtsgeschäfte durch eine Emission oder die Teilnahme daran verwirklichen. Im Folgenden sind einige Konzessionstatbestände näher diskutiert:

2.5.1. Einlagengeschäft

Die Entgegennahme von Geldern einer Vielzahl von Investoren durch den Emittenten, aber auch durch eine Internetplattform, kann ein Einlagengeschäft iSd BWG sein und eine entsprechende Konzessionspflicht auslösen. Das Einlagengeschäft wird definiert als die Entgegennahme fremder Gelder (i) zur Verwaltung oder (ii) als Einlage.

Unter Hinweis auf die Bedeutung, die die BaFin dem Begriff „fremde Gelder" gibt, stellte der VwGH klar, dass das Tatbestandselement der „rückzahlbaren fremden Gelder" nur dann erfüllt ist, wenn ein Rückzahlungsanspruch besteht, der nach Disposition des Investors (allenfalls eingeschränkt durch eine bestimmte Bindungsfrist oder festgesetzte Termine, zu denen eine Rückzahlung erfolgen könnte) genützt werden kann.[57] Einlagen auf Geschäftsanteile, Aktien und Genossenschaftsanteile sind daher grundsätzlich vom Einlagenbegriff ausgenommen.

Verwahrung liegt typischerweise dann vor, wenn dem Entgegennehmenden ein „gewisser Entscheidungsspielraum" zusteht.[58] Auch wenn das aufgebrachte Kapital nicht für die allgemeine Geschäftstätigkeit des Unternehmens verwendet werden kann, sondern es in einem eigenen Rechnungskreis zusammengefasst und mit Ermessensspielraum und unter Verrechnung von Verwaltungsgebühren veranlagt wird, wobei der Rückzahlungsanspruch von der Entwicklung der Veranlagungen im Rechnungskreis abhängt, liegt grundsätzlich eine Entgegennahme fremder Gelder zur Verwaltung vor. Schreibt der Geldgeber jedoch jeweils konkret vor, wie die Gelder zu veranlagen sind, und fehlt somit jeglicher Entscheidungsspielraum der entgegennehmenden Einrichtung, dann wird Geld nicht zur Verwaltung entgegengenommen.[59] Letzteres ist jedoch im Bereich des Crowdfundings weniger praktikabel. Ebenfalls kein Einlagengeschäft liegt vor, wenn der Rückzahlungsanspruch von der wirtschaftlichen Gestion des Unternehmens abhängt, an welchem sich der Investor durch Erwerb von Gesellschaftsanteilen beteiligt (Substanzbeteiligung).[60]

Einlagen iSd zweiten Falls liegen dann vor, wenn rückzahlbare Gelder des Publikums (der Öffentlichkeit), die der Anlage dienen, nicht bloß gelegentlich entgegengenommen werden.

Eine mögliche Konzessionspflicht ist insbesondere von Emittenten zu beachten, die Fremdkapitalinstrumente (Kredite, Anleihen) emittieren möchten. In Bezug auf qualifizierte Nachrangdarlehen hat die FMA mittlerweile klargestellt, dass diese keine Einlagen iSd BWG darstellen. Es besteht daher keine Konzessionspflicht, aber auch keine gesetzliche Einlagensicherung.[61]

Die Einlagenqualifikation ist auch für Plattformbetreiber zu beachten, die Gelder von Investoren entgegennehmen. Dies wird regelmäßig über eine Treuhandkonstruktion

---

57 *Waldherr/Ressnik/Schneckenleitner* in *Dellinger* (Hrsg), Bankwesengesetz – Kommentar (9. Lfg 2017) zu § 1. Kredit- und Finanzinstitute (Rz 1–208) Rz 17a.

58 *Waldherr/Ressnik/Schneckenleitner* in *Dellinger* (Hrsg), Bankwesengesetz – Kommentar (9. Lfg 2017) zu § 1. Kredit- und Finanzinstitute (Rz 1–208) Rz 23.

59 *Waldherr/Ressnik/Schneckenleitner* in *Dellinger* (Hrsg), Bankwesengesetz – Kommentar (9. Lfg 2017) zu § 1. Kredit- und Finanzinstitute (Rz 1–208) Rz 23.

60 *Waldherr/Ressnik/Schneckenleitner* in *Dellinger* (Hrsg), Bankwesengesetz – Kommentar (9. Lfg 2017) zu § 1. Kredit- und Finanzinstitute (Rz 1–208) Rz 24.

61 https://www.fma.gv.at/faqs/was-ist-ein-nachrangdarlehen/ (abgerufen am 7.5.2019).

abgewickelt. Eine Treuhandkonstruktion (wonach die Plattform die Gelder nur treuhändig für die Investoren entgegennimmt) verhindert die Qualifikation als Einlagengeschäft aber nicht automatisch. Zur Vermeidung der Qualifikation als Einlagengeschäft ist es daher empfehlenswert, eine genau determinierte Verwendung der von den Investoren vereinnahmten Gelder durch den Treuhänder zu vereinbaren und dem Treuhänder keinen diesbezüglichen Ermessensspielraum einzuräumen (keine Verwaltungstätigkeit). Die Haltedauer, während der die Plattform Investorengelder hält, sollte außerdem möglichst kurz sein.

2.5.2. Vermittlung von Einlagen

Sofern auf Ebene der Projektgesellschaft als Emittent keine Einlage vorliegt, kann konsequenterweise auch keine Vermittlung von Einlagen durch die Plattform erfolgen.

2.5.3. Kreditgeschäft und Kreditvermittlung

Der Abschluss von Geldkreditverträgen und die Gewährung von Gelddarlehen ist grundsätzlich konzessionspflichtig. Kein konzessionspflichtiger Darlehensvertrag liegt nach aufsichtlicher Praxis allerdings bei der Vereinbarung eines qualifizierten Nachrangdarlehens vor.[62]

Aus Sicht eines Crowdinvestors wird außerdem regelmäßig die vom BWG für alle Bankgeschäfte geforderte Gewerbsmäßigkeit fehlen, sodass bereits aus diesem Grund keine Konzessionspflicht vorliegt.

Aus Sicht der Plattformbetreiber kann eine Kreditvermittlung einerseits ausgeschlossen werden, wenn keine Kredite vermittelt werden, andererseits, wenn die Tätigkeit der Plattformen auch keine Vermittlung umfasst und die Plattformen sich va auf die Bereitstellung (Hosting) eines von den Unternehmen für Zwecke ihrer Präsentation und des Angebots genutzten Online-Forums beschränken.

2.5.4. Loroemissionsgeschäft

Bei der Loroemission (Fremdemission) übernimmt ein Kreditinstitut die Platzierung von Wertpapieren eines Dritten (des Emittenten) und ggf auch das Emissionsrisiko (das Kreditinstitut garantiert dann einen bestimmten Absatz). Umfasst ist die Vorbereitung der Emission (Entscheidung über deren Art, Umfang und Bedingungen, Abschluss eines dementsprechenden Geschäftsbesorgungs-, Kommissions- oder Übernahmevertrags mit dem Emittenten), die Übernahme der Wertpapiere/Instrumente durch das Kreditinstitut und deren Platzierung, dh den Verkauf auf dem Kapitalmarkt oder an einen begrenzten Kreis von Personen oder institutionellen Anlegern (Private Placement).[63]

Betreiber von Internetplattformen sollten bei der Definition und Ausführung ihrer Rolle bei Emissionen von Wertpapieren vorsichtig sein. Reine Ankündigungen von Emissio-

62 *Waldherr/Ressnik/Schneckenleitner* in *Dellinger* (Hrsg), Bankwesengesetz – Kommentar (9. Lfg 2017) zu § 1. Kredit- und Finanzinstitute (Rz 1–208) Rz 39.

63 *Waldherr/Ressnik/Schneckenleitner* in *Dellinger* (Hrsg), Bankwesengesetz – Kommentar (9. Lfg 2017) zu § 1. Kredit- und Finanzinstitute (Rz 1–208) Rz 125.

nen oder die Herstellung von Drucken (und sohin auch andere rein technische Dienstleistungen)[64] sowie die Vermittlung von Wertpapieren im Rahmen des WAG 2018 oder der GewO sollten den Tatbestand einer Loroemission nicht erfüllen (die Vorschriften und Berechtigungen des WAG 2018 und der GewO sind in einem solchen Fall dennoch zu beachten!). Die Platzierung von Wertpapieren selbst darf von einem Betreiber einer Internetplattform ohne entsprechende Konzession nicht durchgeführt werden.

2.5.5. Kapitalfinanzierungsgeschäft

Ein konzessionspflichtiges Kapitalfinanzierungsgeschäft setzt einerseits voraus, dass die Finanzierungsfunktion gegenüber einer Gesellschaft und nicht das Halten von Anteilsrechten an dieser im Vordergrund steht, und andererseits, dass eine – laut Rechtsprechung tendenziell kurzfristige – Weiterveräußerungsabsicht vorliegt. Bei Crowdfunding-Modellen wird im Regelfall keine solche Weiterveräußerungsabsicht gegeben sein. Dies zum einen, weil bei Crowdfunding-Modellen idR nicht mit tendenziell kurzfristigen Wertsteigerungen zu rechnen ist, zum anderen, weil die Weiterveräußerung von zB Veranlagungen eine entsprechende Gebührenpflicht gem § 33 TP 21 GebG auslösen kann (was als Argument auch gegen die vermeintliche Absicht einer Zeichnung zur kurzfristigen Weiterveräußerung spricht).

2.5.6. Zahlungsdienstegesetz

Bei der Entgegennahme von Geldern der Crowdinvestoren durch die Crowdfunding-Plattform und der Weiterleitung dieser Gelder an die jeweilige Projektgesellschaft sind grundsätzlich die Bestimmungen des Zahlungsdienstegesetzes (ZaDiG) zu beachten.

Sofern jedoch die Plattform keine Zahlungen über eigene Konten weiterleitet, besteht für sie keine Konzessionspflicht gem ZaDiG. Unter Umständen kann eine Konzessionspflicht auch bereits mit dem Argument fehlender Gewerbsmäßigkeit verneint werden, wenn argumentiert werden kann, dass die Weiterleitung der Gelder eine nicht eigenständige Nebentätigkeit ist.

Bei der Einbeziehung ausländischer E-Geld-Institute in den Zahlungsablauf ist darauf zu achten, dass das E-Geld-Institut in einem Mitgliedstaat der EU über eine Konzession verfügt und seine Tätigkeit im Rahmen des freien Dienstleistungsverkehrs in Österreich notifiziert hat. Nach den Bestimmungen der E-Geld-RL (2009/110/EG) ist es E-Geld-Instituten erlaubt, sämtliche der im Anhang der Zahlungsdienste-RL (2007/64/EG) genannten Zahlungsdienste zu erbringen.

Die Entwicklungen iZm der Erbringung von Zahlungsdienstleistungen sind allerdings im Fluss, insb auch auf europäischer Ebene. So sehen die Entwürfe der neuen Zahlungsdienste-RL neue Konzessionstatbestände vor, insb für so genannte Zahlungsauslösedienste und Kontoinformationsdienste.

64 *Waldherr/Ressnik/Schneckenleitner* in *Dellinger* (Hrsg), Bankwesengesetz – Kommentar (9. Lfg 2017) zu § 1. Kredit- und Finanzinstitute (Rz 1–208) Rz 126; *Laurer/Kammel* in *Laurer/M. Schütz/Kammel/Ratka*, BWG[4] § 1 Rz 18 (Stand 1.1.2017, rdb.at).

2.5.7. AIFM

Ein Alternativer Investmentfonds (AIF) ist ein Sondervermögen, das von einem Alternativen Investmentfonds Manager (AIFM) verwaltet wird und das Kapital von einer Anzahl von Anlegern einsammelt, um es gemäß einer festgelegten Anlagestrategie zum Nutzen der Anleger zu investieren. Für die Verwaltung von AIF ist eine Konzession oder Registrierung gemäß AIFMG erforderlich.

Das Einsammeln von Kapital (Geld) im Wege einer Crowdfunding-Kampagne kann daher auch eine Konzession bzw Registrierung gemäß AIFMG erfordern, insbesondere dann, wenn das eingesammelte Kapital gemäß einer festgelegten Anlagestrategie zum Nutzen der Anleger investiert werden soll oder wird. Wichtigstes Abgrenzungsmerkmal zum AIF/AIFM ist die Verwendung des eingesammelten Kapitals unmittelbar für operative Tätigkeiten (operatives Geschäft) und nicht für Veranlagung anhand einer Investmentstrategie.[65] Auch das ist bei der Strukturierung von Emissionen nach dem AltFG zu berücksichtigen.

65 Siehe das FAW 2018 zur Anwendung des AIFMG der FMA; https://www.fma.gv.at/download.php?d=1660 (abgerufen am 7.5.2019), ua mit Verweis auf die Guidelines on Key Concepts of the AIFMD der ESMA (https://www.esma.europa.eu/document/guidelines-key-concepts-aifmd-0; abgerufen am 7.5.2019).

3. Rechtsgrundlagen für Crowdinvesting in Deutschland

(Michels/Hoffmann)

3.1. Einleitung

Am 3.7.2015 hat der Deutsche Bundestag das sogenannte Kleinanlegerschutzgesetz beschlossen, welches insbesondere die Crowdfinanzierung in Deutschland und die dadurch vertriebenen Anlagen regeln sollte. Damit wollte der deutsche Gesetzgeber dem sogenannten „grauen Kapitalmarkt" weitestgehend einen Riegel vorschieben und die bis dahin noch bestehenden Umgehungsstrukturen erfassen. Sämtliche Anlageformen sollten dadurch entweder durch das Gesetz über das Kreditwesen („KWG"), das Kapitalanlagengesetzbuch sowie das Wertpapierprospektgesetz beziehungsweise das Vermögensanlagengesetz („VermAnlG") reguliert werden.

Einer der Hauptauslöser für die strikte Reaktion des Gesetzgebers war die Anfang 2014 angemeldete Insolvenz des Windanlagenbetreibers Prokon. Prokon hatte in den Jahren 2005 bis 2013 in mehreren Tranchen Genussrechte an Objektgesellschaften (Windpark, Bio-Masse etc) begeben. Mehr als 75.000 Anleger erwarben diese Genussrechte, wobei das Emissionsvolumen ca 1,4 Milliarden € erreichte. Am Ende verloren die Anleger etwa 40 Prozent ihrer Investitionen. Der Vorwurf an Prokon lautete dabei insbesondere, dass mittels einer Mischung aus aggressiver Werbung, geschickter Vermarktung und unzureichenden Informationen bei den Anlegern der Eindruck geweckt worden sei, sie könnten überdurchschnittlich hohe Renditen ohne Risiko erreichen und zugleich im Bedarfsfall jederzeit aus der Anlage aussteigen.[66] Das neue Kleinanlegerschutzgesetz, welches vor allem auf eine Änderung des Vermögensanlagengesetzes abzielte, sollte daher den Anlegerschutz verschärfen und gleichzeitig die Aufsicht der BaFin auf weitere, bisher nicht oder nur begrenzt regulierte Investmentprodukte erweitern.

Als Ergebnis wurde zunächst der Anwendungsbereich des Vermögensanlagengesetzes in dem neu gefassten § 1 VermAnlG auf partiarische Darlehen, Nachrangdarlehen sowie sämtliche wirtschaftlich vergleichbare Vermögensanlagen erweitert, sofern die wirtschaftlich vergleichbaren Vermögensanlagen nicht als Einlagengeschäft im Sinne des KWG anzusehen sind. Als Auffangtatbestand fungierte insoweit der neue § 1 Nr 7 VermAnlG, wonach „*sonstige Anlagen, die eine Verzinsung und Rückzahlung oder einen vermögenswerten Barausgleich im Austausch für die zeitweise Überlassung von Geld gewähren oder in Aussicht stellen*", als Vermögensanlagen umfasst waren.

66 Monatsbericht des Bundesministeriums für Finanzen vom 20.8.2015: https://www.bundesfinanzministerium.de/Content/DE/Monatsberichte/2015/08/Inhalte/Kapitel-3-Analysen/3-3-kleinanlegerschutzgesetz.html (abgerufen am 7.5.2019).

Nach dieser Neufassung unterlagen nunmehr auch Direktinvestments in Sachgüter (zB Beteiligungen an dem Erwerb einzelner Container oder von Rohstoffen mit einer zugesagten jährlichen Verzinsung und einem Rückerwerb der Anlage nach einem gewissen Zeitraum) nunmehr der Aufsicht der BaFin.[67]

Der Gesetzentwurf der Bundesregierung zum Kleinanlegerschutzgesetz sah insgesamt eine Evaluierung der neuen Regelungen innerhalb der nächsten fünf Jahre nach dem Inkrafttreten vor. Die Evaluierung des Befreiungstatbestandes des § 2a VermAnlG sollte hingegen bereits bis Ende des Jahres 2016 erfolgen.[68] Der entsprechende Evaluierungsbericht der Bundesregierung wurde im Februar 2017 an den Finanzausschuss übermittelt.[69] Im Jahr 2017 hat der deutsche Gesetzgeber dann den Prozess der Umsetzung der Zweiten Zahlungsdiensterichtlinie 2016/2366/EU dazu genutzt, um einige Erkenntnisse aus der Evaluierung umzusetzen, und das Vermögensanlagengesetz entsprechend angepasst.

3.2. Ausnahmen für Schwarmfinanzierung

Neben der durch das Kleinanlegerschutzgesetz vorgesehenen Verschärfung der Informations- und Transparenzpflichten für Vermögensanlagen sowie der grundsätzlichen Erweiterung des Anwendungsbereichs auf partiarische bzw Nachrangdarlehen und auf „sonstige Anlagen" wollte der Gesetzgeber dennoch die neu aufkeimende Finanzierungsform über sogenannte „Crowdfunding"-Plattformen nicht regulatorisch ersticken. Aus diesem Grund sah das Kleinanlegerschutzgesetz die Einfügung eines neuen § 2a in das Vermögensanlagengesetz vor, welcher darauf abzielte, neue, über Internet-Dienstleistungsplattformen vertriebene und beworbene Finanzierungsformen von bestimmten Anforderungen des Vermögensanlagengesetzes auszunehmen. Dieser Befreiungstatbestand gilt ausschließlich für die neu regulierten Finanzierungsformen: Partiarische Darlehen, Nachrangdarlehen sowie sonstige Anlagen im Sinne des § 1 Abs 2 Nr 7 VermAnlG. Durch diese Befreiung sollten die Anbieter von sogenannten „Crowdinvestments" über Vertriebsplattformen im Internet in die Lage versetzt werden, die verfolgte Finanzierung von kleinen und mittleren Unternehmen weiter zu unterstützen, ohne einer Prospektpflicht und bestimmten Anforderungen an die Rechnungslegung unterworfen zu werden.[70]

Die derzeitige Rechtslage in Deutschland sieht folglich Befreiungen für partiarische Darlehen, Nachrangdarlehen und Vermögensanlagen nach § 1 Abs 2 Nr 7 VermAnlG vor, wenn der einzuwerbende Gesamtbetrag sämtlicher angebotener Vermögensanlagen desselben Emittenten 2,5 Mio € nicht übersteigt. Entscheidend sind hierbei die angebotenen Vermögensanlagen, nicht die tatsächlich platzierten. Darüber hinaus muss die

---

67 Drucksache 18/3994 vom 11.2.2015, Gesetzentwurf der Bundesregierung, Entwurf eines Kleinanlegerschutzgesetzes 38 f.

68 Drucksache 18/3994 vom 11.2.2015, Gesetzentwurf der Bundesregierung, Entwurf eines Kleinanlegerschutzgesetzes 62.

69 https://www.bundestag.de/blob/504710/1a1d8118889a0ef68ab70a3b0c5f0483/bericht-data.pdf (abgerufen am 7.5.2019).

70 Drucksache 18/3994 vom 11.2.2015, Gesetzentwurf der Bundesregierung, Entwurf eines Kleinanlegerschutzgesetzes 40.

Vermögensanlage über eine Internet-Dienstleistungsplattform vermittelt werden (§ 2a Abs 1 und Abs 3 VermAnlG), die durch Gesetz oder Verordnung zur Prüfung verpflichtet ist, ob der Gesamtbetrag der Vermögensanlagen desselben Emittenten, die von dem einzelnen Anleger erworben werden, bestimmte Einzelanlageschwellen nicht übersteigt. Sofern von einem Anleger ein Beitrag von mehr als 1.000 € in Vermögensanlagen desselben Emittenten investiert werden soll, ist dies nur dann zulässig, wenn der Anleger entweder über ein frei verfügbares Vermögen in Form von Bankguthaben und Finanzinstrumenten von mindestens 100.000 € verfügt oder er maximal den zweifachen Betrag seines durchschnittlichen monatlichen Nettoeinkommens investiert. In jedem Fall ist die Einzelanlage auf 10.000 € begrenzt (§ 2a Abs 3 Nr 3 VermAnlG). Mit der Festlegung dieser Einzelanlagenschwellen soll dem Entstehen von „Klumpenrisiken" sowohl beim Anleger als auch beim Emittenten vorgebeugt werden. Als „Klumpenrisiko" bezeichnet man das kumulative – also gehäufte – Auftreten von Ausfallsrisiken. Die Einzelanlagenschwelle gilt daher für sämtliche von einem Anleger erworbenen Vermögensanlagen desselben Emittenten, unabhängig davon, ob dieser Erwerb auf einmal oder in mehreren Schritten erfolgt.[71] Damit wird der Anleger quasi zu einer Diversifizierung des Portfolios gedrängt, um die negativen Konsequenzen eines möglichen Ausfalls eines (oder mehrerer) Emittenten zu reduzieren.

Die Befreiung des § 2a VermAnlG kann allerdings nicht in Anspruch genommen werden, solange eine Vermögensanlage des Emittenten nach § 2 Abs 1 Nr 3 VermAnlG öffentlich angeboten wird oder eine auf diese Weise angebotene Vermögensanlage des Emittenten nicht vollständig getilgt ist.

Ist der Anwendungsbereich der Ausnahmevorschrift eröffnet, ist das öffentliche Angebot der Vermögensanlagen insbesondere von der Prospektpflicht und den entsprechenden Folgepflichten befreit. Liegen die Voraussetzungen des § 2a VermAnlG jedoch nicht vor, lebt der Grundsatz der Prospektpflicht für das öffentliche Angebot nach § 6 VermAnlG wieder auf, der Anbieter muss einen Verkaufsprospekt veröffentlichen, diesen vorab bei der BaFin billigen lassen und hinterlegen. Öffentliches Angebot von Vermögensanlagen ist dann erst nach Billigung, Hinterlegung und Veröffentlichung des Verkaufsprospektes zulässig.

Insgesamt ist der Emittent bzw Anbieter im Anwendungsbereich des § 2a VermAnlG von den folgenden Verpflichtungen bzw Vorschriften befreit:

§ 5a	Laufzeit von Vermögensanlagen von mindestens 24 Monaten. Eine ordentliche Kündigungsfrist von mindestens 6 Monaten.
§§ 6–10, 11, 12 Abs 1, § 14 Abs 1 S 1 und Abs 3 S 1, §§ 15a, 17, 18 Abs 1 Nr 2 bis 6, § 19 Abs 1 Nr 2	Pflicht zur Veröffentlichung eines Verkaufsprospekts und weitere prospektbezogenen Pflichten. Untersagung des öffentlichen Angebots durch die BaFin aufgrund von Verstößen gegen Prospektregeln.

71 Drucksache 18/3994 vom 11.2.2015, Gesetzentwurf der Bundesregierung, Entwurf eines Kleinanlegerschutzgesetzes 41.

§ 20	Haftung bei fehlerhaftem Verkaufsprospekt (begrenzt auf 2 Jahre nach dem ersten öffentlichen Angebot der Vermögensanlagen).
§ 21	Haftung bei fehlendem Verkaufsprospekt (begrenzt auf 2 Jahre nach dem ersten öffentlichen Angebot der Vermögensanlagen).
§ 10a	Die Beendigung des öffentlichen Angebots sowie die vollständige Tilgung der Vermögensanlage ist von dem Anbieter unverzüglich der BaFin mitzuteilen.
§ 11a	Pflicht zur unverzüglichen Veröffentlichung (nach Beendigung des öffentlichen Angebots bis zur vollständiger Tilgung) jeder Tatsache, die sich auf den Emittenten oder die von ihm emittierte Vermögensanlage unmittelbar bezieht und nicht öffentlich bekannt ist, wenn sie geeignet ist, die Fähigkeit des Emittenten zur Erfüllung seiner Verpflichtungen gegenüber dem Anleger erheblich zu beeinträchtigen.
§ 23 Abs 2 Nr 2 und 4, § 24 Abs 5 bis Abs 8, § 25	Der im Jahresbericht enthaltene Lagebericht muss nach § 24 VermAnlG aufgestellt und vom Abschlussprüfer geprüft werden. Der Jahresbericht muss die Bestätigungen des Abschlussprüfers nach § 25 VermAnlG enthalten. Die BaFin kann eine Prüfung der Rechnungslegung von Emittenten anordnen, soweit konkrete Anhaltspunkte für einen Verstoß gegen Rechnungslegungsvorschriften vorliegen. Der BaFin sind auf Verlangen Auskünfte zu erteilen.

Tab 2: Befreiungen von Verpflichtungen für den Emittenten bzw Anbieter

Darüber hinaus sieht § 2 Abs 1 Nr 3 VermAnlG bestimmte weitere Befreiungen von den Anforderungen des VermAnlG vor, die ein Emittent in Anspruch nehmen könnte, wenn § 2a VermAnlG nicht anwendbar sein sollte. Die Prospektbefreiung gilt danach insbesondere für Angebote, bei denen a) von derselben Vermögensanlage im Sinne von § 1 Abs 2 nicht mehr als 20 Anteile angeboten werden, b) der Verkaufspreis der im Zeitraum von zwölf Monaten angebotenen Anteile einer Vermögensanlage im Sinne von § 1 Abs 2 insgesamt 100.000 € nicht übersteigt oder c) der Preis jedes angebotenen Anteils einer Vermögensanlage im Sinne von § 1 Abs 2 mindestens 200.000 € je Anleger beträgt.

Einer der Hauptnutznießer der neuen Befreiungsvorschriften war die Immobilienbranche. Allein im ersten Halbjahr 2018 machte die Immobilienfinanzierung knapp 70 % der insgesamt über Crowdinvesting eingesammelten Mittel aus – Tendenz steigend. Allerdings war der eigentliche Zweck der Befreiungsvorschrift des § 2a VermAnlG die Erleichterung des Finanzierungszugangs für KMU bzw Start-ups[72], was bei Immobilienprojekten in der Regel ins

72 Drucksache 18/3994 vom 11.2.2015, Gesetzentwurf der Bundesregierung, Entwurf eines Kleinanlegerschutzgesetzes 40.

Leere läuft: Diesen stehen nämlich ausreichend anderweitige Finanzierungsmöglichkeiten zur Verfügung.[73] Dieser Umstand spricht grundsätzlich für eine Herausnahme der Immobilienfinanzierung aus dem Anwendungsbereich des § 2a VermAnlG. Die Entscheidung, ob Projekte zur Immobilienfinanzierung aus dem Anwendungsbereich der Befreiungsausnahmen herausgenommen werden sollten, wurde vom Finanzausschuss jedoch auf 2019 verschoben. Der Anwendungszeitraum der betreffenden Vorschriften sei derzeit noch zu kurz, um eine abschließende Beurteilung aller Aspekte und Auswirkungen zu ermöglichen, so der Finanzausschuss.[74] Eine finale Entscheidung bleibt insoweit abzuwarten.

3.3. Vermögensanlagen-Informationsblatt: Erstellung und Gestattung

Die Befreiung des § 2a VermAnlG umfasst jedoch nicht die Pflicht des Anbieters gem § 13 VermAnlG, ein Vermögensanlagen-Informationsblatt (VIB) zu erstellen. Daher muss für jedes öffentliche Angebot einer Vermögensanlage regelmäßig ein VIB erstellt werden.

Soweit der Anbieter mehrere Vermögensanlagen anbietet, muss er für jede einzelne ein VIB erstellen, bei der BaFin hinterlegen und veröffentlichen. Hierbei kann es unter Umständen schwierig sein festzustellen, ob tatsächlich mehrere Vermögensanlagen vorliegen oder nicht. Laut BaFin liegen insbesondere dann mehrere Vermögensanlagen vor, wenn *„den Anlegern durch Modifikation in der Ausgestaltung der Vermögensanlage unterschiedliche Rechte und Pflichten gewährt und somit unterschiedliche Anlegergruppen angesprochen werden“*[75]. Relevante Bewertungskriterien können insoweit sein: Laufzeit, Kündigungsmöglichkeiten/Sonderkündigungsrechte, Art und Höhe der Verzinsung, Zinszahlungstermin, Rückzahlungsmodalitäten.

Das öffentliche Angebot der Vermögensanlagen darf erst einen Werktag nach Veröffentlichung des VIB beginnen, wobei die Veröffentlichung auf der Internetseite des Anbieters und der Internetseite der Internet-Dienstleistungsplattform stattfinden muss. Wichtig ist hierbei, dass es keinerlei Zugriffsbeschränkungen für das VIB geben darf; unzulässig wäre es daher, das VIB in einen besonderen, geschlossenen Bereich auf der Website hochzuladen, der dem Nutzer erst nach einer Registrierung zugänglich wäre uÄ. Der Anbieter haftet gem § 22 VermAnlG bei unrichtigem oder fehlendem VIB und ist ferner verpflichtet, auf Übereinstimmung von VIB und den entsprechend mit den Anlegern geschlossenen Verträgen zu achten.

Seit dem 21.8.2017 gilt in Deutschland ein formelles Gestattungsverfahren des VIB durch die BaFin gem §§ 13, 14 VermAnlG. Die BaFin hat damit eine formale Prüfungskompetenz erhalten, wobei der Anbieter das VIB bei der BaFin einreichen und eine Prüfungsfrist von zehn Werktagen abwarten muss. Das Gestattungsverfahren beginnt mit

73 *Michels*, „Zwei Jahre Kleinanlegerschutzgesetz: Fazit für die Crowd“, https://www.crowdfunding.de/zwei-jahre-kleinanlegerschutzgesetz-fazit-fuer-die-crowd/ (abgerufen am 7.5.2019).

74 B-Drs 18/12568.

75 BaFin, 19.6.2018, Workshop Schwarmfinanzierungen nach § 2a VermAnlG und das neue Gestattungsverfahren – rechtliche Grundlagen.

der Übermittlung des VIB an die BaFin durch den Anbieter oder einen bevollmächtigten Dritten (schriftlich). Bei Eingang des VIB versendet die BaFin eine Empfangsbestätigung und informiert den Anbieter bzw den Hinterleger bei Mängeln schriftlich oder telefonisch (sogenannte „Anhörung des VIB"). Sodann hat der Anbieter bzw Hinterleger die Möglichkeit, eine korrigierte Version des VIB einzureichen, wobei die Frist von zehn Werktagen erst mit dem vollständigen Eingang aller (korrekten) Unterlagen bei der BaFin zu laufen beginnt. Sofern die BaFin keine Mängel mehr bei dem VIB feststellen kann, wird ein Gestattungsbescheid versendet mit der Folge der Hinterlegung des VIB. Zusätzlich ergeht auch ein Gebührenbescheid an den Anbieter. Die Veröffentlichung des VIB (welche eine Voraussetzung für ein rechtmäßiges öffentliches Angebot darstellt) darf gem § 13 Abs 2 VermAnlG erst nach formeller Gestattung der Veröffentlichung erfolgen.

Darüber hinaus trifft den Anbieter bei wesentlichen Änderungen eine Aktualisierungspflicht gem § 13 Abs 7 VermAnlG. Ein entsprechendes Gestattungsverfahren muss jedoch nur für VIB mit Prospekt erfolgen. Im Falle der Prospektausnahme nach § 2a VermAnlG sind Aktualisierungen des VIB von einem formalen Gestattungsverfahren ausgenommen (§ 13 Abs 7 letzter Halbsatz VermAnlG). In diesen Fällen erfolgt lediglich eine Hinterlegung des aktualisierten VIB, die durch die Versendung der Eingangsbestätigung belegt wird.[76] Auch die aktualisierte Version muss jeweils auf der Internetseite des Anbieters und der Internetseite der Plattform veröffentlicht werden.

Wichtig ist hierbei, dass die Aktualisierung des VIB nicht die Vermögensanlage als solche ändern darf. Eine Änderung der Laufzeit, des Zinssatzes bzw der anderen relevanten Bewertungskriterien (wie oben dargestellt) würde in der Regel eine neue Vermögensanlage und damit das Erfordernis eines neuen VIB bedeuten.

Mit dem Gesetz zur Umsetzung der Zweiten Zahlungsdiensterichtlinie[77] wurde der Inhalt des VIB erweitert und eine bestimmte Reihenfolge dafür festgelegt. Die seit dem 21.8.2017 geltenden Vorgaben an das VIB sind daher wie folgt: Das VIB darf nicht mehr als drei DIN-A4-Seiten umfassen und hat festgelegte Mindestangaben in zwingend einzuhaltender Reihenfolge zu enthalten. Die vorgeschriebene Reihenfolge ist auch in den jeweiligen Unterpunkten zwingend. Freiwillige Angaben innerhalb der Mindestangaben unterbrechen die gesetzlich vorgeschriebene Reihenfolge und sind daher nicht zulässig. Bei der erstmaligen Erstellung eines VIB sollten Anbieter in Deutschland daher professionelle Unterstützung holen, um eine Verzögerung bei dem Gestattungsverfahren zu vermeiden.

Da der Anbieter und nicht der Emittent Adressat der Verpflichtung gem § 13 VermAnlG ist, ist auch nur der Anbieter Adressat von Gestattung und Gebührenbescheid.

76 BaFin, Vermögensanlagen-Informationsblatt, https://www.bafin.de/DE/Aufsicht/FinTech/VIB/vib_node.html (abgerufen am 7.5.2019).

77 BGBl I Nr 48 S 2446.

3.4. Anforderungen an die Crowdfunding-Plattformen in Deutschland

Der Vertrieb der teilweise von den Vorgaben des Vermögensanlagengesetzes befreiten Vermögensanlagen ist nur im Wege der Anlageberatung oder Anlagevermittlung gem § 1 Abs 1a Nr 1 und Nr 1a KWG zulässig. Damit benötigen Internetplattformen, die die Vermögensanlagen vertreiben, eine Erlaubnis als Finanzdienstleistungsinstitut gem § 32 KWG oder als Finanzanlagenvermittler gem § 34f bzw § 34h der Gewerbeordnung (GewO). Zudem müssen sie zumindest die Angemessenheit der Anlage für den Anleger gem § 63 Abs 10 WpHG bzw § 16 Abs 2 der Finanzanlagenvermittlungsverordnung (FinVermV) prüfen. Die FinVermV, welche die Tätigkeit des Finanzanlagenvermittlers näher regelt, soll in 2019 an bestehende Wohlverhaltensregelungen der MiFID II angepasst werden. Dazu hat das Bundesministerium für Wirtschaft und Energie am 7.11.2018 einen Referentenentwurf zur Änderung der FinVermV vorgelegt. Finanzanlagenvermittler treffen nun zusätzliche Pflichten wie zum Beispiel die Pflicht zur Vermeidung und Offenlegung von Interessenkonflikten sowie die Pflicht zur Aufzeichnung von telefonischen Beratungsgesprächen und elektronischer Kommunikation. Daneben wurden auch bestehende Verhaltenspflichten wie etwa Informationspflichten und die Pflicht zur Geeignetheitsprüfung überarbeitet. Hinzu kommt auch die Verpflichtung, die Einhaltung der in § 2a Abs 3 VermAnlG festgelegten Einzelanlageschwellen zu prüfen.

Nicht weniger relevant für die Crowdfunding-Plattformen ist auch § 12 VermAnlG, der strikte Vorgaben für die Werbung für Vermögensanlagen setzt. Danach muss der Anbieter dafür sorgen, dass in Werbung für öffentlich angebotene Vermögensanlagen, in der auf die wesentlichen Merkmale der Vermögensanlage hingewiesen wird, ein Hinweis auf den Verkaufsprospekt und dessen Veröffentlichung aufgenommen wird. Weiterhin muss der Anbieter dafür sorgen, dass in Werbung für öffentlich angebotene Vermögensanlagen der folgende deutlich hervorgehobene Warnhinweis aufgenommen wird: *„Der Erwerb dieser Vermögensanlage ist mit erheblichen Risiken verbunden und kann zum vollständigen Verlust des eingesetzten Vermögens führen."* Bei Werbung in elektronischen Medien, in welcher nur Schriftzeichen verwendet werden, kann der Hinweis auch in einem separaten Dokument erfolgen, wenn die Werbung weniger als 210 Schriftzeichen umfasst und einen deutlich hervorgehobenen Link auf dieses Dokument enthält, der mit „Warnhinweis" gekennzeichnet ist. Weiterhin müssen Anbieter von Vermögensanlagen darauf achten, dass die Werbung keinen Hinweis auf die Befugnisse der BaFin enthält und weder der Begriff „Fonds" noch ein Begriff, der diesen Begriff enthält, zur Bezeichnung des Emittenten oder der Vermögensanlage verwendet wird. Letztendlich muss der Anbieter darauf achten, dass bei einer Werbung, die eine Angabe zu einer Rendite der Vermögensanlage enthält, die nicht lediglich eine vertragliche feste Verzinsung der Vermögensanlage wiedergibt, der folgende deutlich hervorgehobene Hinweis aufgenommen wird: *„Der in Aussicht gestellte Ertrag ist nicht gewährleistet und kann auch niedriger ausfallen."*

Bei der Prüfung, ob eine Crowdfunding-Plattform „Anbieter" im Sinne des VermAnlG ist, ist jedoch zu berücksichtigen, dass die Plattform nicht allein deshalb zum Anbieter wird, wenn sie zB die Erstellung des VIB übernimmt. Anbieter ist derjenige, der für das öffentliche Angebot der Vermögensanlage tatsächlich verantwortlich ist oder den Anlegern gegenüber nach außen erkennbar als Anbieter auftritt. Eine Plattform wird nach dieser Definition und der Gesetzesbegründung grundsätzlich nicht als Anbieter gelten, soweit sie sich tatsächlich und äußerlich hinreichend von dem Projekt distanziert und sich als nicht für das Angebot der Vermögensanlagen verantwortlich ausgibt. Insoweit müssen die Plattform und der Anbieter oder der Emittent im Innenverhältnis ihre Beziehung regeln und die jeweiligen Aufgaben und Funktionen im Hinblick auf die Frage, wer Anbieter ist, auf der Plattform selbst deutlich zum Ausdruck bringen.[78]

3.5. Praktische Auswirkung der Befreiungstatbestände

Die Beschränkung des Befreiungstatbestandes für Schwarmfinanzierungen auf partiarische Darlehen, Nachrangdarlehen und sonstige Vermögensanlagen gem § 1 Abs 2 Nr 7 VermAnlG hatte entscheidenden Einfluss auf die Crowdfinanzierung in Deutschland. Die Emittenten/Anbieter sowie die Plattformen fokussierten sich zunehmend auf diese Anlageprodukte um der kostspieligen und zeitintensiven Prospektpflicht zu entkommen. Der begrenzte Anwendungsbereich der Befreiungsvorschriften hatte von Anfang für starke Kritik aus der Finanzindustrie gesorgt. Bemängelt wurde vor allem die Ungleichbehandlung geeigneterer Anlageprodukte, wie zB Aktien oder Schuldverschreibungen oder auch Genussrechten bzw stiller Beteiligungen im Vergleich zu weniger sicheren Finanzprodukten wie partiarischen und Nachrangdarlehen.[79] Auch weitere vermeintliche Schwächen des Gesetzes, wie zB die Erstreckung der Befreiungstatbestände auf Immobilienfinanzierung (vgl unten), wurden diskutiert.

Der Fokus auf partiarische und Nachrangdarlehen hatte dazu geführt, dass Anleger über Crowdfinanzierung in Produkte investiert haben, die aufgrund der Nachrangigkeit und der sonstigen fehlenden Absicherung wesentlich instabiler waren als „klassische Wertpapiere". Die abnehmende Anzahl von schwarmfinanzierten Start-up-Projekten in den letzten Jahren bestätigt den Negativtrend, der nicht zuletzt gerade auf die schlechten Erfahrungen mit den Anlageformen der partiarischen bzw Nachrangdarlehen zurückgeführt werden kann: Allein 2018 ist es zu zahlreichen Ausfällen bzw Insolvenzen bei der Start-up-Finanzierung gekommen. Die Begrenzung der Befreiungsvorschriften für Schwarmfinanzierungen auf nur einige wenige und riskantere Anlageformen führte zudem zu einem gewissen Standortnachteil für Schwarmfinanzierungen in Deutschland.

3.6. Exkurs – Crowdlending

Wie bereits oben dargestellt, versteht man unter „Crowdlending" eine kreditbasierte Form des Crowdfundings. Im Mittelpunkt des Crowdlending steht daher die Vermittlung eines Darlehens über eine Internet-Dienstleistungsplattform zwischen einem Kunden (Darlehensnehmer) und einem Kreditinstitut (Darlehensgeber), das über eine Erlaubnis nach § 32 Abs 1 KWG verfügt.[80]

78 Drucksache 18/3994 vom 11.2.2015, Gesetzentwurf der Bundesregierung, Entwurf eines Kleinanlegerschutzgesetzes 41.

79 https://www.bundestag.de/blob/504710/1a1d8118889a0ef68ab70a3b0c5f0483/bericht-data.pdf 7 (abgerufen am 7.5.2019).

80 Bundesanstalt für Finanzdienstleistungsaufsicht, Merkblatt „Crowdlending", Stand 4.1.2018.

Das besagte Kreditinstitut teilt wiederum den jeweiligen Rückzahlungsanspruch gegen den Darlehensnehmer aus dem Kreditvertrag in mehrere Teilforderungen auf und veräußert diese Teilforderungen an einzelne Anleger (Crowd) im Wege eines Forderungsverkaufs/Forderungsabtritts über eine Plattform öffentlich weiter.

Je nach Strukturierung des jeweiligen Verkaufsvorgangs bzw der einzelnen Rollen und Aufgaben der Beteiligten können unterschiedliche aufsichtsrechtliche Vorschriften in Deutschland auf das durchgeführte Crowdlending Anwendung finden: zB das KWG oder das Zahlungsdiensteaufsichtsgesetz. Darüber hinaus könnten auch einzelne Pflichten aus dem Wertpapierhandelsgesetz zu beachten sein.

Grundsätzlich ist für die reine Vermittlung von Krediten keine Erlaubnis nach dem Kreditwesengesetz (KWG) erforderlich, allerdings ggf eine gewerberechtliche Erlaubnis nach § 34c oder § 34f GewO. Kreditvermittlungsplattformen, die sich auf die Vermittlung von Krediten beschränken, werden also von der BaFin nicht beaufsichtigt. Vielmehr erfolgt die Beaufsichtigung durch die zuständige Gewerbeaufsichtsbehörde.[81]

Ausweislich der Gesetzesbegründung zum Kleinanlegerschutzgesetz[82] soll die Tätigkeit von Crowdleding-Plattformen auch gerade nicht von dem Auffangtatbestand in § 1 Nr 7 VermAnlG erfasst werden. Insoweit würde sich die Tätigkeit der entsprechenden Internetplattform regelmäßig darauf beschränken, einerseits zwischen einem Kreditnehmer und einem Kreditinstitut den Abschluss eines Kreditvertrages und andererseits zwischen dem Kreditinstitut und mehreren Anlegern den Abschluss von Forderungskaufverträgen zu vermitteln. Dabei würde die Internet-Dienstleistungsplattform weder Bank- noch Zahlungsverkehrsdienstleistungen erbringen, da das Kreditinstitut sowohl eigenständig und unabhängig die Kreditentscheidung trifft als auch sämtliche Zahlungen abwickelt. Insgesamt bleibt also festzuhalten, dass, soweit Plattformbetreiber Kredite entweder nur vermitteln und für die eigentliche Kreditvergabe lizensierte Kreditinstitute einschalten oder wenn sie zum Beispiel ein qualifiziertes Nachrangdarlehen vereinbaren, kein Kreditgeschäft im Sinne von § 1 Abs 1 Satz 2 KWG betrieben wird. Für die reine Vermittlung von Krediten ist jedoch ggf eine Erlaubnis nach § 34c oder § 34f GewO erforderlich.

Demgegenüber werden die von dem Kreditinstitut durch Forderungskaufverträge angebotenen Teilbeträge der Kreditforderungen nach der Neufassung des § 1 VermAnlG grundsätzlich vom Vermögensanlagengesetz erfasst. Denn diese Art der Veräußerung von Kreditforderungen stellt infolge der neuen Nr 7 ein öffentliches Anbieten von Vermögensanlagen dar. Insbesondere unterfällt die Veräußerung bestehender Darlehensforderungen dem neuen Auffangtatbestand des § 1 Abs 2 Nr 7, da sie als reiner Forderungsverkauf kein Einlagengeschäft im Sinne von § 1 Abs 1 Satz 2 Nr 1 KWG darstellt.

Da Vermögensanlagen gem § 1 Abs 2 VermAnlG aber „Finanzinstrumente" gem § 1 Abs 11 Nr 2 KWG sind, kommen für die Plattformbetreiber ggf die Erlaubnispflichten für Anlagevermittlung, Abschlussvermittlung etc in Betracht (vgl die Auflistung von Bankgeschäften bzw Finanzdienstleistungen gem § 1 KWG).

81 BaFin, aaO.

82 Drucksache 18/3994 vom 11.2.2015, Gesetzentwurf der Bundesregierung, Entwurf eines Kleinanlegerschutzgesetzes 39.

Die Crowd-Anleger selbst betreiben in der Regel kein Kreditgeschäft gem § 1 Abs 1 Satz 2 Nr 2 KWG, da sie sich lediglich den Rückzahlungsanspruch aus einem von einem lizensierten Kreditinstitut vergebenen Darlehen abtreten lassen und nicht etwa selbst Kredite gewähren. Eine andere Beurteilung kommt in Betracht, wenn der Kapitalgeber später eine eigene Kreditentscheidung trifft, zB indem er das Darlehen prolongiert.[83]

Auch der Kreditnehmer (also das finanzierungsuchende Unternehmen) bedarf in der Regel keiner Erlaubnis nach dem KWG. Das in Betracht kommende Einlagengeschäft gem § 1 Abs 1 Nr 1 KWG ist regelmäßig nicht erfüllt, wenn a) das Darlehen von einem Kreditinstitut gewährt wird, also gerade nicht vom Publikum, oder b) das Geschäftsmodell so ausgestaltet wird, dass kein unbedingter Rückzahlungsanspruch besteht und somit kein erlaubnispflichtiges Einlagengeschäft im Sinne des KWG vorliegt. Hierfür kommen etwa qualifizierte Nachrangdarlehen oder Genussrechte mit Gewinn- und Verlustbeteiligung in Frage.

3.7. Prospektverordnung und weiterer Ausblick

Der Fokus der Crowdinvesting-Plattformen und der Emittenten auf partiarische und Nachrangdarlehen erklärt sich primär mit der in Deutschland bislang großzügigen Befreiungsschwelle für prospektfreie öffentliche Angebote von 2,5 Mio €. Wertpapiere im Sinne von § 1 des Wertpapierprospektgesetzes („WpPG“) (zB Aktien und Schuldverschreibungen) durften in Deutschland bis zum 21.7.2018 ohne einen Wertpapierprospekt öffentlich angeboten werden, sofern der Verkaufspreis für alle angebotenen Wertpapiere im Europäischen Wirtschaftsraum weniger als 100.000 € betrug.[84]

Am 20.7.2017 ist die neue Prospektverordnung (EU) 2017/1129 in Kraft getreten. Während die vollständige Geltung der Prospektverordnung erst vom 21.6.2019 eintritt, gelten einige der Ausnahmevorschriften für Prospektverpflichtungen bereits seit dem 21.7.2017 bzw 21.7.2018. Für den Crowdinvesting-Markt besonders interessant sind hierbei die seit dem 21.7.2018 geltenden Ausnahmen bezüglich der prospektfreien öffentlichen Angebote von Wertpapieren:

Gem Art 1 Abs 3 der Prospektverordnung findet die Verordnung keine Anwendung auf ein öffentliches Angebot von Wertpapieren mit einem Gesamtwert in der EU von weniger als 1 Million €, berechnet über einen Zeitraum von zwölf Monaten. Darüber hinaus haben die Mitgliedstaaten gem Art 3 Abs 2 lit b) der Prospektverordnung die Möglichkeit, öffentliche Angebote von Wertpapieren von der Pflicht zur Veröffentlichung eines Prospekts auszunehmen, sofern der Gesamtgegenwert eines solchen Angebots in der Union über einen Zeitraum von zwölf Monaten 8 Mio € nicht überschreitet. Deutschland hat mit dem Gesetz zur Ausübung von Optionen der EU-Prospektverordnung und zur Anpassung weiterer Finanzmarktgesetze[85] bereits einen entsprechenden § 3 Abs 2 Nr 6 in das WpPG eingefügt und die Obergrenze von 8 Mio € komplett ausgeschöpft.

83 BaFin, aaO.
84 Umsetzung von Art 3 Abs 2 lit e) Prospektrichtlinie 2003/71/EG.
85 Bundesgesetzblatt, Jahrgang 2018, Teil I Nr 25, Seite 1102.

Bereits zuvor haben einige wenige Crowdinvesting-Plattformen „klassische Wertpapiere" (zB Schuldverschreibungen) in ihre Produktpalette aufgenommen. Für die Emittenten war der Schritt jedoch schwieriger zu vollziehen, da die Erstellung eines Wertpapierprospektes (genauso wie die eines Prospektes für Vermögensanlagen) mit einem erhöhten finanziellen und administrativen Aufwand verbunden ist. Nunmehr hat sich die rechtliche Situation jedoch signifikant geändert, da die prospektfreie Volumenschwelle für Wertpapiere wesentlich höher ist als für Vermögensanlagen.

Darüber hinaus gilt für Wertpapiere gem § 17 WpPG bzw Art 24 der Prospektverordnung die unionsweite Geltung gebilligter Prospekte. Danach ist ein vom Herkunftsmitgliedstaat gebilligter Prospekt einschließlich etwaiger Nachträge in beliebig vielen Aufnahmemitgliedstaaten für ein öffentliches Angebot oder für die Zulassung zum Handel gültig, sofern die ESMA und die zuständige Behörde jedes Aufnahmemitgliedstaats gemäß Art 25 der Prospektverordnung unterrichtet werden (sogenanntes „EU-Passporting"). Da die Regulierung von Vermögensanlagen nicht auf der EU Ebene harmonisiert ist, gibt es für Prospekte für Vermögensanlagen keinen vergleichbaren EU-Pass. De facto bedeutet das, dass ein in Deutschland gebilligter Prospekt für Vermögensanlagen noch nicht den Zugang zu dem Markt in einem anderen Mitgliedstaat über ein öffentliches Angebot ermöglicht und umgekehrt.

Insgesamt besteht unter dem künftigen Prospektregime für Start-ups die Möglichkeit, sich über einen Wertpapierprospekt mit erleichterten Offenlegungsregeln zu finanzieren. Die Prospektverordnung führt eine neue Prospektart, den sogenannten „EU-Wachstumsprospekt" (Art 15), ein, der durch verkürzten Inhalt und geringeren Kostenaufwand einen erleichterten Zugang zum Kapitalmarkt ermöglichen soll. Das neue Prospektformat ist nicht nur für KMUs konzipiert, sondern auch für Unternehmen mit einer Marktkapitalisierung unter 500 Mio €, die Zugang zu einem KMU-Wachstumsmarkt suchen, und für nicht notierte Unternehmen (mit weniger als 500 Mitarbeiter), deren öffentliches Angebot von Wertpapieren höchstens 20 Mio € beträgt.

Der neu eingeführte EU-Wachstumsprospekt soll ein Dokument mit einer standardisierten Aufmachung sein, der in leicht verständlicher Sprache abgefasst und für die Emittenten leicht auszufüllen ist. Vorgesehen sind eine spezielle Zusammenfassung, ein spezielles Registrierungsformular und eine spezielle Wertpapierbeschreibung. Wie genau der verkürzte Inhalt, die standardisierte Aufmachung sowie die standardisierte Reihenfolge des EU-Wachstumsprospekts aussehen soll, wird noch im Wege delegierter Rechtsakte von der Kommission präzisiert. Die EU-Kommission hatte bis zum 21.1.2019 Zeit, die jeweils in der Prospektverordnung vorgesehenen, ergänzenden delegierten Rechtsakte zu erlassen.

Nach der Intention der EU soll der EU-Wachstumsprospekt im Vergleich zum Standardprospekt billiger und weniger bürokratisch werden. Die Erstellungskosten sollen in einem angemessenen Verhältnis zur Größe des Unternehmens stehen. Angesichts der vorgesehenen Erleichterungen könnte der EU-Wachstumsprospekt durchaus eine sinnvolle Alternative zum Crowdfunding sein. Dies kann insbesondere für Unternehmen mit internationalen Geschäftsstrategien interessant sein, da sie von der grenzüberschreitenden Gültigkeit des gebilligten Prospekts innerhalb der EU profitieren können

(EU-Passporting). Dabei ist der Wertpapierprospekt die Visitenkarte des Emittenten am Kapitalmarkt und gewährleistet zudem einen hohen Anlegerschutzstandard.

Unternehmen können von dem neuen EU-Wachstumsprospekt erst ab dem 21.7.2019 Gebrauch machen. Daher ist abzuwarten, inwieweit sich das neue Prospektformat in der Praxis durchsetzt. Dies dürfte jedoch einen ausgewogenen Kompromiss für junge kapitalsuchende Start-ups und KMU darstellen.

3.8. Fazit

Insgesamt bleibt abzuwarten, welche Auswirkungen die von der Prospektverordnung vorgesehene prospektfreie Schwelle von 8 Mio € auf den deutschen Crowdinvesting-Markt haben wird. Bislang haben schon einige Crowdinvesting-Plattformen ihr Produktangebot hin zu Wertpapieren (Anleihen) erweitert bzw komplett ausgetauscht[86] und damit den Emittenten nach eigener Aussage *„endgültig den Weg in den weißen Kapitalmarkt geebnet"*.[87] Durch die Anhebung der prospektfreien Schwelle ist davon auszugehen, dass sowohl die Emittenten als auch die verbleibenden Crowdinvesting-Plattformen von der Finanzierungsform der partiarischen bzw Nachrangdarlehen Abstand nehmen werden, da der einzige bisherige Vorteil dieser Produkte nunmehr wegfallen wird.

Eine solche Entwicklung wäre sowohl im Hinblick auf den Anlegerschutz als auch für die Stärkung derReputation der Schwarmfinanzierung mehr als begrüßenswert. Es bleibt in diesem Zusammenhang aber auch abzuwarten, ob der deutsche Gesetzgeber mit einer entsprechenden Änderung des Vermögensanlagengesetzes auf die durch die Prospektverordnung geänderte Sachlage reagieren wird und die Schwelle der Prospektbefreiung bei Vermögensanlagen ebenfalls entsprechend anheben wird.

86 Zinsland: https://www.cash-online.de/immobilien/2018/zinsland-zieht-bilanz-und-kuendigt-regulierte-produkte-an/415224 (abgerufen am 7.5.2019); iFunded: https://ifunded.de/de/jetzt-investieren (abgerufen am 7.5.2019); Mezzany: https://bond.mezzany.com/presse (abgerufen am 7.5.2019).

87 Deutsche Immobilienanleihen: https://deutsche-immobilienanleihen.de/ (abgerufen am 7.5.2019).

4. Crowdinvesting – mehr Chance als Risiko?

4.1. Einführung

(Pöltner/Turki/Horak)

Crowdinvesting ist mehr als ein Trend – es ist eine Möglichkeit, das Thema „Investieren" neu zu denken und ein Werkzeug zu erhalten, um direkt in Unternehmen investieren zu können. Bei keinem anderen Finanzprodukt haben so viele Menschen die Möglichkeit, sich so intensiv mit dem Thema Investieren beschäftigen zu können, wie bei Crowdinvesting. Jeder kann sein Geld direkt in der Realwirtschaft arbeiten lassen und damit langfristige passive Einkünfte erzielen.

Im Vergleich zu bestehenden Aktienmärkten erfolgt die Beteiligung mit Crowdinvesting an tendenziell kleineren und jüngeren Unternehmen. Die Komplexität der Produkte und Dienstleistungen ist damit wesentlich geringer als bei einem multinationalen Konzern. Die Herausforderungen dieser Unternehmen sind jedoch vergleichbar. Unternehmen haben Hypothesen darüber, wie sie mit dem investierten Geld neue Märkte erreichen oder bestehende Märkte besser ausnutzen können. Diese Hypothesen müssen vom Investor beurteilt werden, um eine Investitionsentscheidung treffen zu können. Das Risiko muss dabei wie auf den Aktienmärkten pro Investition beurteilt werden.

Mit dem Abbau der Intermediäre bei Crowdinvesting kann das Geld schneller in die reale Wirtschaft gebracht werden, der Investor bekommt die Verantwortung über die Investition seines Geldes. Wir bezeichnen Crowdinvesting daher als die Demokratisierung des Finanzwesens.

Was aber versteht man unter Geld? Und wie kann ich das Geld für mich arbeiten lassen?

> Geld ist eine Sache, deren Gebrauch nur dadurch möglich ist, dass man sie veräußert. Dies ist eine gute Namenserklärung desselben (nach Achenwall), nämlich hinreichend zur Unterscheidung dieser Art Gegenstände der Willkür von allen anderen; aber sie gibt uns keinen Aufschluss über die Möglichkeit einer solchen Sache. Doch sieht man so viel daraus: dass erstlich diese Veräußerung im Verkehr nicht als Verschenkung, sondern als zur wechselseitigen Erwerbung (durch ein pactum onerosum) beabsichtigt ist; zweitens, dass, da es als ein (in einem Volke) allgemein beliebtes bloßes Mittel des Handel, was an sich keinen Wert hat, im Gegensatz einer Sache, als Ware (d.i. desjenigen, was einen solchen hat, und sich als besondere Bedürfnis eines oder des anderen im Volk bezieht), gedacht wird, es alle Waren repräsentiert. Ein Scheffel Getreide hat den größten direkten Wert als Mittel zu menschlichen Bedürfnissen. Man kann damit Tiere füttern, die uns zur Nahrung, zur Bewegung und zur Arbeit an unserer statt, und dann auch vermittelst desselben als Menschen vermehren und erhalten, welche nicht allein jene Naturprodukte immer wieder erzeugen, sondern auch durch Kunstprodukte allen unserer

> Bedürfnissen zu Hülfe kommen können; zur Verteidigung unserer Wohnung, Kleidung, ausgesuchtem Genusse und aller Gemächlichkeit überhaupt, welche die Güter der Industrie ausmachen. Der Wert des Geldes ist dagegen nur indirekt. Man kann es selbst nicht genießen, oder als solches irgend wozu unmittelbar gebrauchen; aber doch ist es ein Mittel, was unter allen Sachen von der höchsten Brauchbarkeit ist.[88]

Mit Geld können Prozesse in Bewegung gesetzt werden. Geld hat erst dadurch einen Wert, dass es wieder veräußert und damit in Umlauf gebracht wird. Anderenfalls verliert es seinen Wert (siehe Kapitel 4.2.). Geld muss daher wieder investiert werden. Dies gilt umso mehr, wenn man sich die aktuelle Zinslage auf Sparbüchern ansieht. Mit Zinsen, die nicht einmal die Inflation abdecken, wird das Geld weniger wert. Es müssen daher neue Möglichkeiten der Investition geschaffen werden.

Geld nimmt in der herrschenden Geldtheorie zwei Funktionen ein. Auf der einen Seite dient Geld als „Transaktionsmittel", das Liquidität schafft, aber keinen zukünftigen Ertrag. Geld als Transaktionsmittel nutzt jeder jeden Tag durch den Kauf von Waren und Dienstleistungen. Der persönliche Geldbestand wird dadurch jeden Tag weniger. Dies muss erst wieder durch Einnahmen aus der täglichen Arbeitsleistung wettgemacht werden.

Die zweite Funktion des Geldes kann als Finanzvermögen oder als Potentialgeld gesehen werden. Geld wird investiert, was zwar keine Liquidität bringt, aber das Potential hat, einen zukünftigen Ertrag durch passive Einnahmen zu erhalten. Es gibt zwei Möglichkeiten, das Geld als Finanzvermögen zu nutzen. Es kann in die Realwirtschaft investiert werden, um dort als Transaktions- und Finanzierungsinstrument genutzt zu werden, oder in die Finanzwirtschaft, um Finanzprodukte zu kaufen.[89]

Das Geld dient in der Realwirtschaft als Schmiermittel, im Handel als Medium der Transaktionen (Geld – Ware – Geld – Ware ...) oder, durch die Anschaffung von Maschinen, als Mittel für Investitionen in die Zukunft. Der herkömmliche Weg des Geldes verläuft bei jedem zuerst über das Konto und damit über die Bank. Die Bank verleiht das Geld an das Unternehmen, das wiederum die Investitionen tätigt. Durch den zukünftigen Ertrag der Unternehmen werden das Geld und etwaige Zinsen wieder zurückgezahlt. In der Finanzwirtschaft wird durch den kurzfristigen Tausch von Finanzinstrumenten („trading") oder durch ein langfristiges Halten, zB während eines Aktienbooms, das Geld vermehrt.[90]

Das Werkzeug des Crowdinvesting für ein selbstbestimmtes Investment ist aber nur so gut, wie es jeder für sich nutzt. Crowdinvesting wird niemanden vor dummen Entscheidungen bewahren, es gibt nur den Investor und die Investitionsmöglichkeit. Es liegt an jedem selbst, sich das notwendige Wissen für eine Investition anzueignen. *Robert T. Kiyosaki* hat das dafür benötigte Wissen sehr gut als „finanziellen IQ" zusammengefasst.

---

88 *Immanuel Kant* zitiert in *Hörisch*, Mein, nicht dein, in *Liessmann* (Hrsg), Geld. Was die Welt im Innersten zusammenhält? (2009) 90.

89 *Schulmeister*, Geld als Mittel zum (Selbst-)Zweck, in *Liessmann* (Hrsg), Geld. Was die Welt im Innersten zusammenhält? (2009) 171.

90 *Schulmeister*, Geld als Mittel zum (Selbst-)Zweck, in *Liessmann* (Hrsg), Geld. Was die Welt im Innersten zusammenhält? (2009) 171.

Wie beim Kauf eines Autos oder des nächsten Fernsehapparats müssen die Mechanismen verstanden werden, die für ein erfolgreiches Investment notwendig sind. Der finanzielle IQ besteht nach *Robert T. Kiyosaki* aus vier umfangreichen Fachgebieten: Investieren, Buchhaltung, Marktverständnis und dem Gesetz.[91] In diesem Zusammenhang ist ein wichtiger Aspekt, den Unterschied zwischen „Vermögenswert" und „Verbindlichkeit" herauszuarbeiten: *„Ein Vermögenswert füllt mir meine Tasche mit Geld. Eine Verbindlichkeit zieht mir Geld aus der Tasche"*.[92] Durch die Anschaffung von Vermögenswerten werden wiederum neue Einnahmen generiert, es wird damit laufend Geld verdient. Bei Verbindlichkeiten werden laufend Zinsen und Raten zurückgezahlt. Damit Vermögenswerte und keine Verbindlichkeiten angeschafft werden, ist es umso wichtiger, die vier Fachbereiche des finanziellen IQs zu stärken.

Beim Investieren beschäftigt man sich damit, darüber nachzudenken, wie aus Geld mehr Geld werden kann. Es ist ein primär kreativer Prozess. Ein Prozess, der zum Ziel hat, Möglichkeiten zu entdecken, die bis jetzt noch niemand gesehen hat. Auf den bereits vorhandenen Crowdinvesting-Plattformen kann man viele dieser Ideen finden. Hinter jeder Idee steht meist ein Team von engagierten Personen, das sich zum Ziel gesetzt hat, etwas Neues zu schaffen. Dieses Neue muss aber nicht immer eine globale Relevanz haben, es kann auch „nur" regionale Bedürfnisse erfüllen. Wichtig ist, die Mechanismen zu verstehen, die für eine erfolgreiche Umsetzung notwendig sind (siehe Kapitel 4.3.1.5.).

Oft werden wir gefragt, ob Zahlen relevant sind. Zahlen sind dann von Bedeutung, wenn man sie in Bezug setzen kann und ein Verständnis für den Mechanismus bekommt. Bei Finanzplänen ist oft nicht die Zahl selbst relevant, sondern wie der Geschäftsführer das Zahlenwerk aufbaut. Es ist daher wichtig zu verstehen, wie eine Bilanz zu lesen ist. Mithilfe des Fachgebiets der Buchhaltung kann man die Stärken und Schwächen eines Geschäfts erkennen.

Der Kern eines jeden Unternehmens ist es, auf einem Markt erfolgreich agieren zu können. Es ist daher wichtig, den Markt zu verstehen. Wie funktioniert das Spiel zwischen Angebot und Nachfrage? Welches sind die relevanten Trigger?

Als viertes Fachgebiet gilt es, die dahinter liegenden Gesetze und hier insb die Steuergesetze zu verstehen. Bei manchen Investitionen kann die Fehlinterpretation der Steuergesetze ein gutes Investment zu einem schlechten machen.

Das Wissen über die vier Fachgebiete kann genutzt werden, um in unterschiedliche Anlageklassen zu investieren, die sich je nach Renditenchance, Sicherheit, Kosten, Komplexität, Handhabung und Veranlagungsdauer unterscheiden:

91 *Kiyosaki*, Rich Dad's Increase Your Financial IQ: Get Smarter with Your Money (2009) 71.
92 *Kiyosaki*, Rich Dad's Increase Your Financial IQ: Get Smarter with Your Money (2009) 71.

Sicherheit	Rendite	Kosten	Liquidität	Handhabung/ Bequemlichkeit	Mindestveranlagung	Anteil am Portfolio	Assetklasse
1	5	3	1	1	-	max kleiner Notgroschen	Sparen zu Hause
1	4	1	1	1	unterschiedlich	10–30 %	Sparanlagen
1	4	1	1	2	100	10–30 %	Bundesschatz
1	4	2	3	1	20 € monatlich	in Höhe der Förderungssumme	Bausparen
1–4	2–4	3	2	2–3	4.000 €	bis 40 %	Anleihen
1–3	2–4	2–4	1–2	2	50 €/4.000 €	bis 50 %	Fonds
2–4	1–4	3	3	4	4.000 €	bis 25 %	Zertifikate
3–4	2	3	2	4	4.000 €	bis 25 %	Aktien
2	3	4	2	3	ab ca 1.000 € (1 Unze Gold)	bis 10 %	Edelmetall
1–2	2	3	4	3	1/3 des Kaufpreises	–	Immobilien
2–3	1–4	2	2	4	keine	max in Höhe der Urlaubskassa	Währungen
3–4	1–4	3	3	1–4	je nach Projekt	max 10 %	Crowdinvesting

Tab 3: Anlageklassen [Quelle: *Spreitzer*, Gut anlegen in der Krise (2014) 63]

In der obigen Tabelle werden die unterschiedlichen Anlageklassen vom Verein für Konsumenteninformation (VKI) übersichtlich zusammengefasst. Bereits in dieser Aufstellung wird auf das Thema Crowdinvesting Bezug genommen. Die Einschätzung ist hier, dass bis maximal 10 % eines Portfolios in Crowdinvesting investiert werden kann, um sein Vermögen aufzubauen.

Zusammenfassend ist Crowdinvesting mehr als ein kurzer Hype. Mit Crowdinvesting hat jeder die Möglichkeit, sich auch mit kleinen Beträgen direkt an Unternehmen zu beteiligen und durch deren Entwicklung zu profitieren. Dabei gilt für Crowdinvesting dasselbe wie für alle anderen Formen der Veranlagung von Kapital: Jede Investition ist mit Risiken verbunden, weil Abschätzungen und Vorhersagen über eine ungewisse Zukunft getroffen werden müssen. Je unsicherer diese Vorhersagen sind, desto höher ist das Risiko und desto höher sollten die damit verbundenen Renditen sein, da etwaige Ausfälle mit Einkünften aus anderen Quellen ausgeglichen werden müssen. Nur wenn man versteht, wie das Unternehmen oder die Investitionsmöglichkeit Geld verdienen kann, um es wieder zurückzahlen zu können, sollte man investieren.

4.2. Das 1×1 des Investierens

(Pöltner/Turki/Horak)

In diesem Kapitel werden die grundlegenden Zusammenhänge, die mit dem Thema Investieren einhergehen, betrachtet. Das Ziel ist es, Vermögenswerte anzuschaffen, die in Zukunft zu einem Ertrag führen. Aber Ertrag ist nicht gleich Ertrag. In diesem Zusammenhang wird mit einem einfachen Beispiel angefangen. Sie haben zwei Möglichkeiten zu investieren: Die erste Möglichkeit birgt die Chance, dass sich der Einsatz verdoppelt, gleichzeitig besteht auch zu 50 % das Risiko, dass alles verloren geht. Die zweite Möglichkeit eröffnet die Chance, dass der Einsatz um 25 % steigt, jedoch liegt das Risiko, dass die Investition verloren geht, ebenfalls nur bei 25 %. Welche Möglichkeit wählen Sie?

Die richtige Antwort lautet: Es kommt darauf an. Es kommt darauf an, wie gut die Chance eingeschätzt werden kann, welche zusätzlichen Kosten mit dem Investment verbunden sind und was nach Steuern überbleibt. Die Informationen, die oft auf den ersten Blick gesehen werden, sind womöglich nicht ausreichend, um eine Investitionsentscheidung treffen zu können. Es muss hinter die Fassade geblickt werden, um zu erkennen, worin der innere Gehalt besteht. Das Ziel ist es, Investitionsentscheidungen unter Risiko treffen zu können, ohne Vollzeit-Investmentmanager zu sein.

4.2.1. Grundlagen

Wie sieht der Wirtschaftskreislauf aus, in dem wir alle uns bewegen? Als Privatperson steht Ihnen vermutlich ein gewisses monatliches Einkommen zur Verfügung. Sie bekommen dieses Einkommen entweder von ihrem Arbeitgeber oder als Transferleistung vom Staat zur Verfügung gestellt. Mit diesem Einkommen müssen Sie jeden Monat auskommen. Das Ziel ist es, dieses Einkommen bestmöglich zu nutzen, um langfristig Vermögenswerte anzuschaffen. Dieses Einkommen wird dazu verwendet, dass entweder Güter bei Unternehmen gekauft werden oder dieses Geld am Kapitalmarkt angelegt wird. Vom Einkommen müssen Sie an den Staat monatliche Steuern abführen.

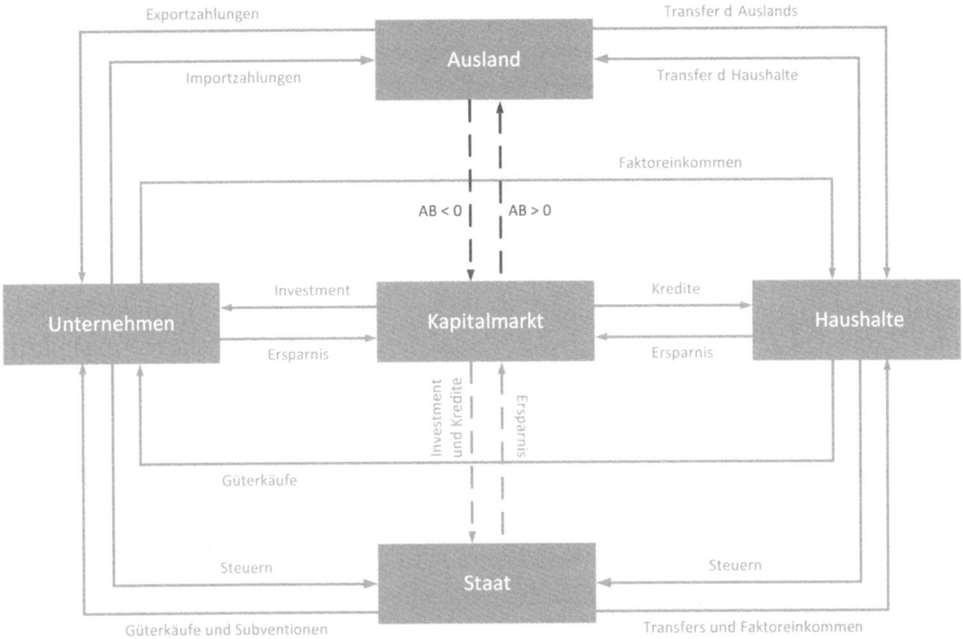

Abb 9: Der erweiterte Wirtschaftskreislauf [Quelle: *BITS*, Tutorium Makroökonomik, 4.4.2014, Folie 27][93]

Das Unternehmen übernimmt einen großen Teil der Wertschöpfung. Es werden Dienstleistungen angeboten oder Produkte hergestellt und an private Haushalte, andere Unternehmen oder den Staat verkauft. Dafür muss das Unternehmen dem Staat Steuern und Abgaben zahlen und den Mitarbeitern Löhne bzw Gehälter. Um das Unternehmen aufbauen zu können, müssen Investitionen getätigt oder Ressourcen angeschafft werden. Dafür braucht das Unternehmen Kapital. Dieses Kapital beschafft es sich am Kapitalmarkt – zum einen über Kredite (Anleihen, Bankkredite) oder durch Eigenkapital (Ausgabe von Aktien), zum anderen bekommt es Förderungen vom Staat.

Der Kapitalmarkt stellt den Marktplatz des Geldes dar, es herrscht Angebot und Nachfrage. Dabei werden verschiedene Akteure, die am Kapitalmarkt aktiv sind, unterschieden. Kapitalgeber (Investoren) stellen Kapital zur Verfügung und erwarten sich Rückflüsse in Form von Zinsen und Dividenden. Kapitalnehmer (Unternehmen, Staat, private Haushalte) nehmen Kapital auf, um Investitionen zu tätigen, und müssen dafür Zinsen oder Dividenden zahlen.

93 *BITS*, Tutorium Makroökonomik (4.4.2014) Folie 27 http://slideplayer.org/slide/1275685/ (abgerufen am 7.5.2019).

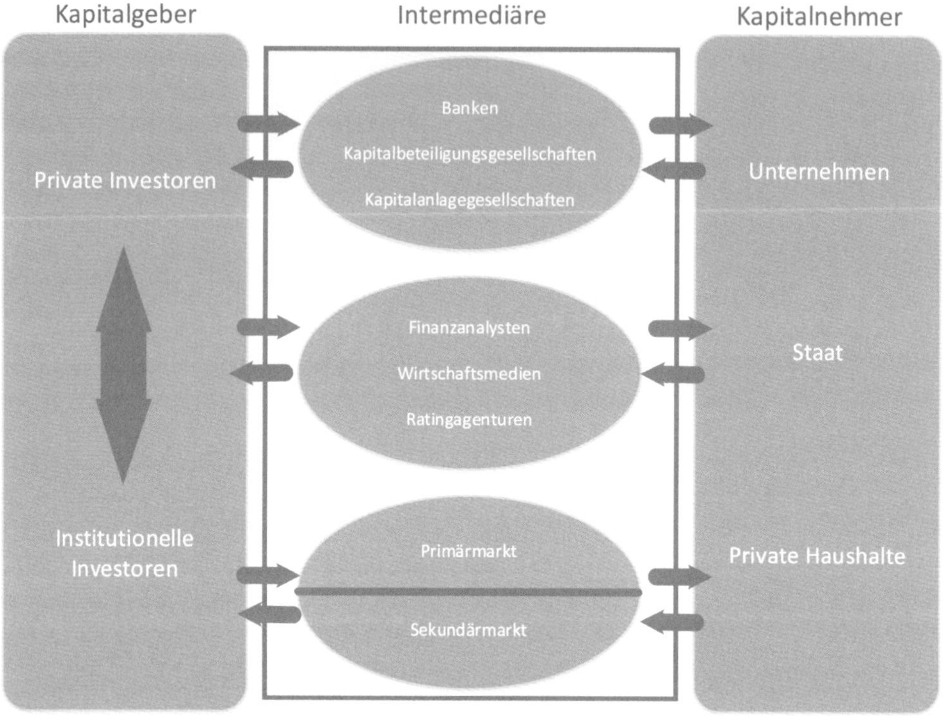

Abb 10: Akteure des Kapitalmarktes [Quelle: www.wiwiwiki.net][94]

Um Angebot und Nachfrage zusammenzubringen, haben sich verschiedene Intermediäre entwickelt. Diese übernehmen die Vermittlerrolle. Das sind Banken und Kapitalbeteiligungs- und -anlagegesellschaften sowie die Börse mit ihrem Primär- und Sekundärmarkt (Primärmarkt wird die Erstausgabe von Aktien/Anleihen genannt und Sekundärmarkt der Wiederverkauf). Tendenziell besteht ein Informationsungleichgewicht zwischen Kapitalgeber und Kapitalnehmer. Um dieses Informationsungleichgewicht auszugleichen, haben sich Wirtschaftsteilnehmer darauf spezialisiert, standardisierte Informationen zu liefern (Finanzanalysten, Wirtschaftsmedien, Ratingagenturen). Sie agieren nicht nur auf einem lokalen Markt, sondern auch über die Grenzen hinweg und bewirken damit eine Verteilung der Informationen zwischen verschiedenen Ländern.

Damit kann vorab bereits ein Aspekt geklärt werden: Es stellt sich nämlich überhaupt nicht die Frage, ob Sie investieren wollen oder nicht, Sie tun es automatisch, wenn Sie ein Bankkonto haben, weil Sie damit ein Teil der Wertschöpfung sind und die Bank für Sie den Rest übernimmt. Wenn Sie also automatisch bei der Bank investieren, stellt sich nun als nächste Frage, ob es Sinn macht, darüber nachzudenken, auch woanders zu investieren.

94 http://www.wiwiwiki.net/index.php?title=Datei:Kapitalmarktakteure.jpg (abgerufen am 7.5.2019).

Für die Beantwortung dieser Frage wurde ein einfaches Grundmodell entwickelt, das einen Überblick über die wichtigsten Zusammenhänge liefert. Als einer der Grundsteine für den Aufbau eines Portfolios gilt es, den Zusammenhang von Risiko, Rendite und Liquidität zu verstehen. Das sogenannte „Magische Dreieck" spiegelt die konkurrierenden Interessenslagen bei einer Investition wider.

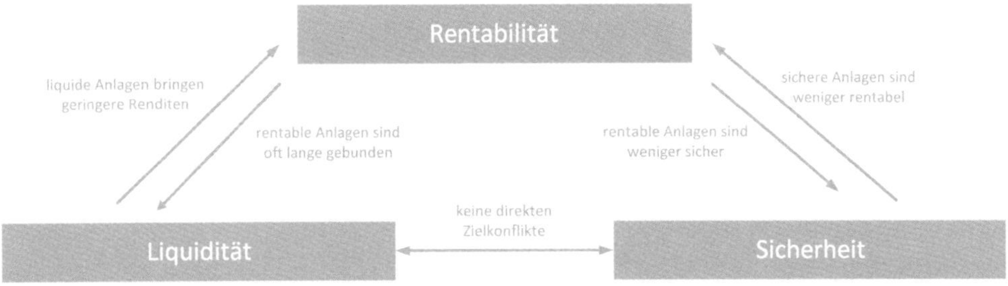

Abb 11: Das „Magische Dreieck" der Geldanlage [Quelle: www.wikipedia.org][95]

Je höher das Risiko ist, desto höher sollte die Rendite sein, um etwaige Risiken abdecken zu können. Mit einer höheren Rendite kann damit Vermögen aufgebaut werden, jedoch besteht die Gefahr, dass das Kapital verloren gehen kann. Die Liquidität sagt aus, wie schnell eine Veranlagung veräußert, dh wieder zu liquiden Mitteln gemacht werden kann. Je schwieriger eine Veräußerung möglich ist, umso höher ist tendenziell das Risiko – somit die Sicherheit geringer und die Rendite höher.

Um die Fragen nach Sicherheit, Liquidität und Rendite im Einzelfall beantworten zu können, kommt es darauf an, welche Ziele verfolgt werden. Je nach gestecktem Veranlagungsziel können unterschiedliche Veranlagungsstrategien in Frage kommen. Als Hilfestellung zur Veranlagungsstrategie kann die Veranlagungspyramide herangezogen werden. Das Fundament bildet dabei die erste Stufe mit der Risikoabsicherung, die vor dem Vermögensaufbau kommt. Dazu gehören die persönliche Absicherung (Absicherung des Vermögens), die persönliche Vorsorge (Absicherung des Einkommens) und die Schaffung von Basisrücklagen. Diese Absicherung kann über Versicherungen (zB Haftplicht-, Haushalts-, Berufsunfähigkeitsversicherungen) geschaffen werden. Die zweite Stufe (Kapitalerhalt) besteht darin, das Kapital zu erhalten, also Einkommen ohne Arbeitskraft zu verdienen. Dies kann dadurch erreicht werden, dass entweder andere Menschen für einen arbeiten, weil man Mitarbeiter oder outgesourcte Auftragnehmer hat, oder weil man sein Geld für sich arbeiten lassen kann, wobei das Risiko hierbei gering gehalten wird.

95 https://de.wikipedia.org/wiki/Magisches_Dreieck_der_Verm%C3%B6gensanlage (abgerufen am 7.5.2019).

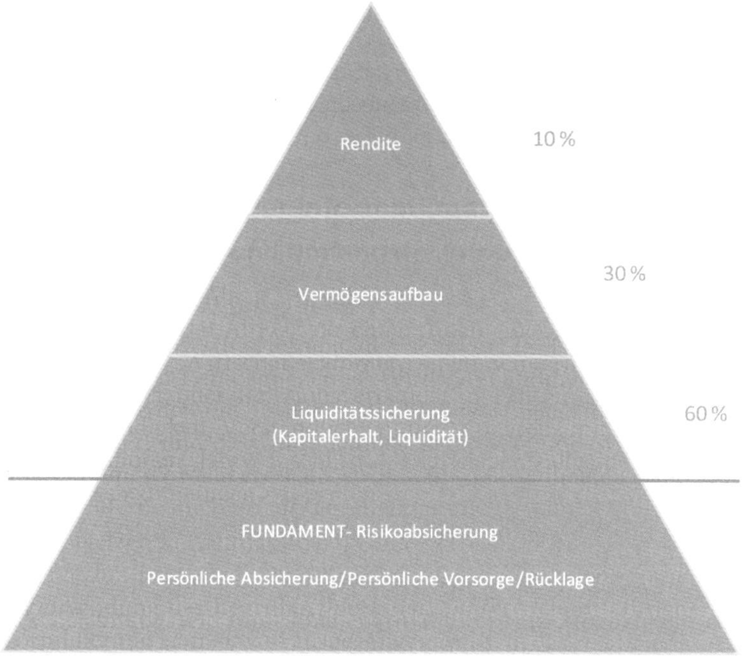

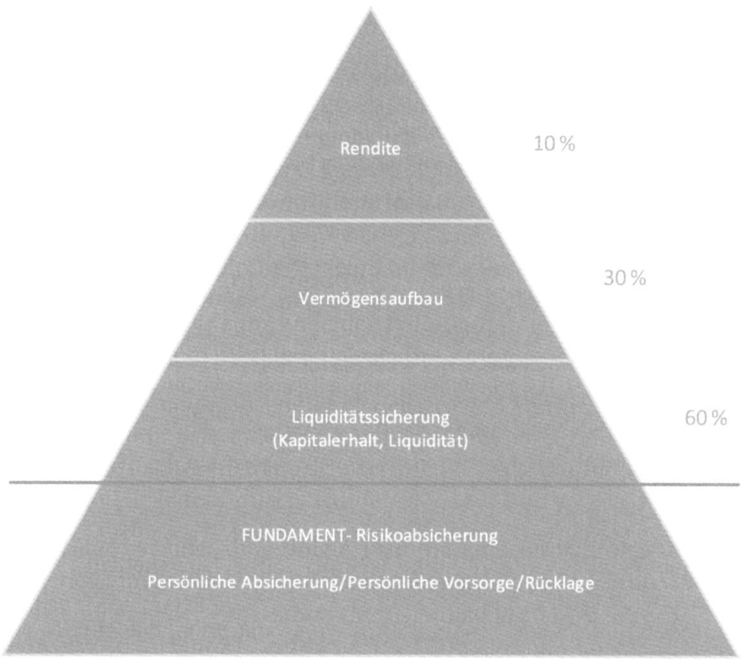

Abb 12: Vermögenspyramide[96]

---

96 http://www.tagesgeld-vergleich.net/ratgeber/vermoegenspyramide.html (abgerufen am 7.5.2019).

Je nach Risikobereitschaft kann die Aufteilung unterschiedlich gestaltet werden, jedoch sollte als Regel gelten, dass über 50 % in die Liquiditätssicherung investiert werden. Der Vermögensaufbau kann sich dabei individuell an der Risikobereitschaft des Investors orientieren. Um dies in einem für den täglichen Gebrauch vereinfachten Modell darzustellen, kann ein sogenanntes Konten-System angedacht werden:

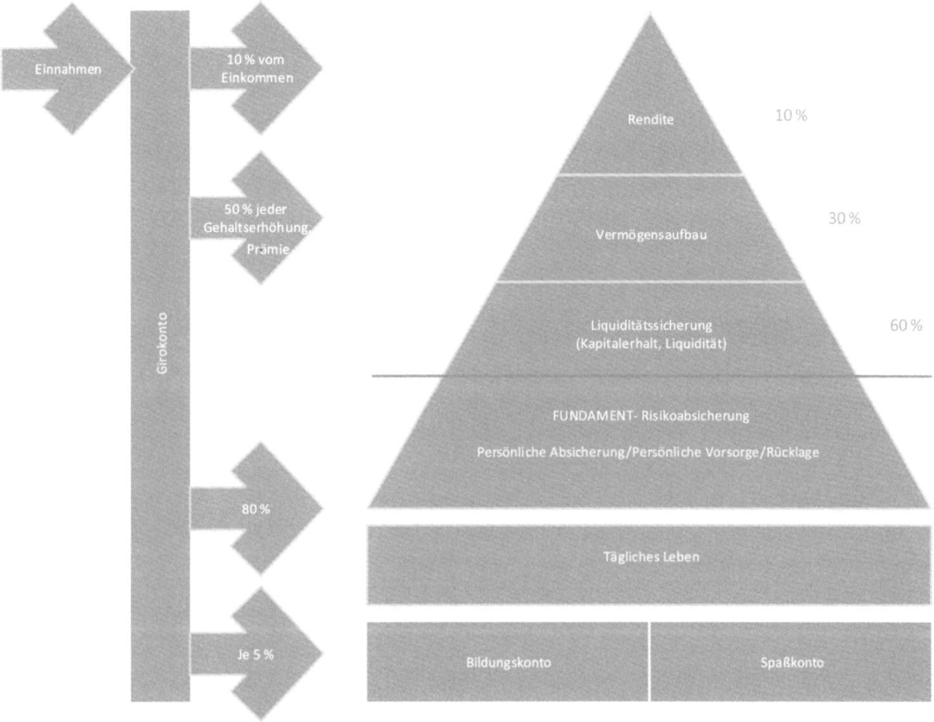

Abb 13: Vermögenspyramide erweitert[97]

Das monatliche Einkommen wird in der Form aufgeteilt, dass 10 % des Einkommens auf ein Konto für den Vermögensaufbau bereitgestellt werden. Zusätzlich können 50 % von sonstigen Einnahmen (Gehaltserhöhungen, Prämien) investiert werden. 5 % sollten genutzt werden, um ein Kapital für etwaige Bildungsmaßnahmen zu haben, und 5 % für persönliche Vorlieben übrig bleiben. Der Rest, also maximal 80 %, sollten für den täglichen Gebrauch genutzt werden.

4.2.1.1. Rentabilität

Die Rendite gibt wieder, um welchen Prozentsatz das eingesetzte Kapital gestiegen ist (oder dessen Anstieg erwartet wird), und wird gewöhnlich in Einheiten pro Jahr angegeben:

Gewinn/eingesetztes Kapital = Rendite

97 http://www.tagesgeld-vergleich.net/ratgeber/vermoegenspyramide.html (abgerufen am 7.5.2019; Erweiterung durch die Autoren).

In Beteiligungsangeboten wird die erwartete Rendite angegeben, die den erwarteten Gewinn in Bezug zum eingesetzten Kapital festlegt. Ein wichtiger Beurteilungsfaktor für den Investor ist die sogenannte Nettorendite. Diese muss beim eingesetzten Kapital auch sämtliche mit der Investition im Zusammenhang stehenden Kosten und die damit verbundenen Steuereffekte berücksichtigen.

Bei der Angabe einer jährlichen Rendite von zB 16 % wird somit beschrieben, dass das eingesetzte Kapital pro Jahr um 16 % steigt. Werden die jeweiligen Steigerungen aus dem Vorjahr nicht an den Investor ausgezahlt, so werden sie auf das eingesetzte Kapital aufgeschlagen, wodurch das Kapital nicht gleichmäßig, sondern exponentiell steigt. Dieser Effekt wird Zinseszins genannt. Bei einer Investition von 1.000 € und einer Rendite von 16 % steigt das Kapital im Jahr um 160 € auf 1.160 €. Im zweiten Jahr steigt das Kapital bereits um 185,60 €. Diese Entwicklung setzt sich immer stärker fort. Im Vergleich steigt das Kapital bei einer sofortigen Auszahlung immer nur um 160 €. Die ausgezahlten Wertsteigerungen müssen vom Investor selbst neu veranlagt werden. In der folgenden Abb wird der Zusammenhang mit dem Zinseszins nochmals dargestellt:

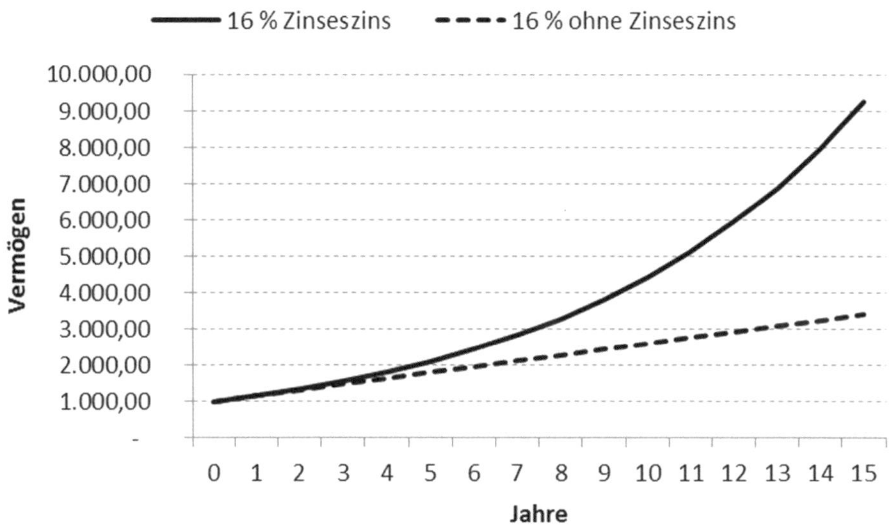

Abb 14: Vermehrung der Liquidität bei einer Investition von 1.000 € und einer Rendite von 16 %

Mit dem Zinseszins-Effekt braucht es etwa viereinhalb Jahre, bis sich die Veranlagung bei einem Zinssatz von 16 % verdoppelt. Dagegen braucht es bei laufenden Auszahlungen ohne eine Wiederveranlagung etwa sechs Jahre, bis sich das Kapital verdoppelt!

Renditen einzelner Anlageklassen entwickeln sich aber nicht jedes Jahr gleich. Verschiedene Anlageklassen haben in den letzten Jahren unterschiedlich hohe Renditen erwirtschaftet. Sehr stark ist zB die Wirtschaftskrise im Jahr 2008 für Aktien ersichtlich gewesen, dagegen sind dadurch die Renditen für Edelmetalle stark angestiegen. Im Jahr 2013 hat sich dieser Effekt wieder umgekehrt. Gerade bei kurzfristigen Investments ist es daher umso wichtiger zu verstehen, wie sich die Märkte bei wirtschaftlichen Veränderungen bewegen. Abb 15 veranschaulicht, wie stark sich die Renditen der einzelnen Anlageklassen von Jahr zu Jahr ändern.

Wertentwicklung verschiedener Anlageklassen in Euro im Vergleich (in Prozent)

Rang \ Jahr	2004	2005	2006	2007	2008	2009	2010	2011	2012	2013
1	16,7	53,3	22,0	26,1	24,2	74,1	55,8	19,2	29,1	26,1
2	12,2	51,6	20,8	22,3	11,5	41,3	28,4	14,0	18,2	25,5
3	10,0	38,8	18,6	14,0	5,4	32,4	27,2	12,7	16,1	20,4
4	8,3	27,1	16,8	2,4	1,5	28,3	23,1	7,5	14,0	2,2
5	7,6	26,7	5,2	0,6	−3,8	23,8	17,1	5,4	13,6	−1,8
6	7,3	20,0	4,0	0,0	−34,2	23,4	17,0	1,5	9,9	−6,3
7	3,0	17,7	0,5	−0,1	−37,4	15,7	16,1	−8,6	7,3	−6,9
8	0,7	15,3	−4,3	−2,3	−40,4	10,0	11,6	−9,2	5,8	−9,7
9	−1,7	5,1	−6,6	−4,6	−43,8	−0,5	8,4	−14,7	2,0	−12,0
10	−2,8	4,0	−8,2	−5,9	−51,3	−9,1	4,7	−15,8	1,7	−33,2
Ø	6,1	25,9	6,9	5,3	−16,8	24,0	21,0	1,2	11,8	0,4

Anlageklasse	Index
Aktien Deutschland	DAX
Aktien Europa	Dow Jones STOXX 600
Aktien USA	S&P 500
Aktien Schwellenländer	MSCI Emerging Markets
Staatsanleihen Deutschland	Bund Future
Staatsanleihen USA	US Treasury
Unternehmensanleihen Euro	Barclays Euro Corporate Bond
Unternehmensanleihen US-Dollar	Markit iBoxx USD Liquid Investment Grade Top 30
Rohstoffe	Commerzbank Commodity ex Agriculture
Edelmetalle[2]	Gold, Silber
Durchschnittliche Gesamtperformance	

[2] Gold zu 70 Prozent, Silber zu 30 Prozent gewichtet. Quelle: Commerzbank AG, Stand: 30.12.2013.

Abb 15: Weiterentwicklung verschiedener Anlageklassen in € im Vergleich [Quelle: Commerzbank AG][98]

Wie bereits oben angeführt, muss jedoch berücksichtigt werden, was die angegebene Rendite genau beschreibt. Wenn die Inflation und der Steuereffekt noch nicht berücksichtigt wurden, spricht man von einer Bruttorendite, die bei Investitionsangeboten sehr gerne angegeben wird. Die Nettorendite ergibt sich nach Abzug des Steuereffektes und der Inflation:

Bruttorendite – Steuereffekt – Inflation = Nettorendite

Die Inflation gibt die jährliche Preissteigerung wieder. Dabei wird als Basis der Verbraucherpreisindex herangezogen. Der Verbraucherpreisindex gibt an, um wie viel Waren teuer geworden sind. Für die Bestimmung wird ein fiktiver Einkaufskorb aus unterschiedlichen Waren und Dienstleistungen herangezogen und deren Preissteigerung im Vergleich zum Vorjahr bestimmt. Durch die Preissteigerung können damit bei gleichem Einkommen im darauffolgenden Jahr um diesen Prozentsatz weniger Waren und Dienstleistungen gekauft werden.

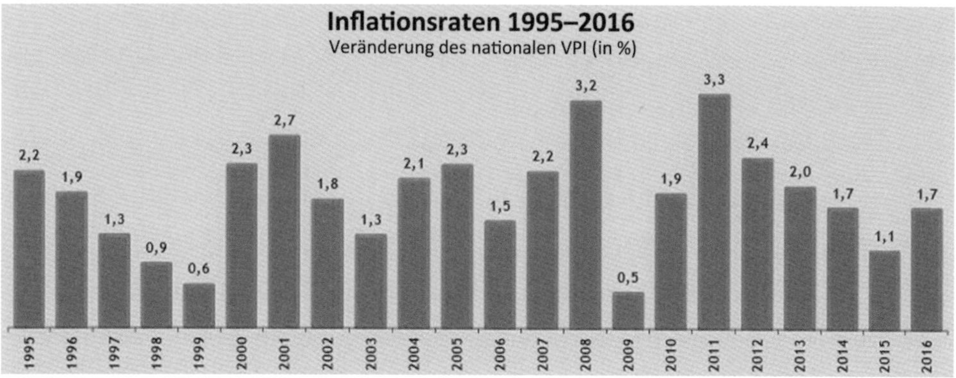

Abb 16: Inflationsraten 1995–2016 [Quelle: Statistik Austria, WIFO, Stand September 2015][99]

98 http://www.am.commerzbank.de/SiteContent/70/1/2/306/56/Anlagestruktur1Plus03-2017_2014-02.pdf März 2014, Seite 1 (abgerufen am 7.5.2019).
99 http://wko.at/statistik/prognose/inflation.pdf (abgerufen am 7.5.2019).

In Österreich betrug die Inflationsrate in den Jahren 1995–2015 zwischen 0,6 % und 3,3 %. Für 2016 wird eine Preissteigerung von 1,7 % vorhergesagt.

Der Steuereffekt auf die Investition hängt zum einen von der Art der Investition ab und zum anderen von den persönlichen Umständen des Investors. Im Wesentlichen sind hier folgende Punkte zu beachten:

- Ausländische Quellensteuer?
- Kapitalertragsteuerabzug: ja/nein?
- Einkommensteuerpflichtig?

Aufgrund des Steuereffekts kann unter gewissen Umständen eine Investition nicht mehr vorteilhaft sein bzw umgekehrt gerade wegen des Steuereffekts vorteilhaft werden:

Bruttorendite – Inflation – Steuer = Nettorendite									
Brutto	2,0 %	3,0 %	4,0 %		5,0 %		6,0 %	7,0 %	8,0 %
Inflation	–3,0 %	–3,0 %	–3,0 %		–3,0 %		–3,0 %	–3,0 %	–3,0 %
Steuer	–0,6 %	–0,9 %	–1,2 %		–1,5 %		–1,8 %	–2,1 %	–2,4 %
Netto	-1,6 %	-0,9 %	-0,2 %		0,5 %		1,2 %	1,9 %	2,6 %
	Kapitalabbau				Kapitalerhalt		Kapitalaufbau		

Tab 4: Zusammensetzung Bruttorendite [Quelle: Rentaplus Marketing GmbH][100]

Im oben angeführten Beispiel werden verschiedene Investitionsmöglichkeiten unter Berücksichtigung des Steuereffekts unwd der Inflationsrate betrachtet. Es zeigt sich, dass erst ab einem Zinssatz von 5 % eine Nettorendite erwirtschaftet wird.

Werden bei Investitionen nur die Auszahlungen angegeben, kann die jährliche Steigerung (Rendite) über den internen Zinsfuß berechnet werden.

n	=	Anzahl der Cashflows
CF_j	=	Cashflow der Periode j
IZF	=	Interner Zinsfuß

$$0=\sum_{j=1}^{k} CF_{j0} \times \left[\frac{1-(1+IZF)^{-n_j}}{IZF}\right] \times \left[(1+IZF)^{-\sum_{q<j} nq}\right] + CF$$

Abb 17: Interner Zinsfuß[101]

Die Formel des internen Zinssatzes berechnet vereinfacht, mit welchem Prozentsatz die einzelnen Zahlungen abgezinst werden müssen, damit sie genau dem investierten Kapital entsprechen. Mithilfe des internen Zinsfußes können einzelne Investitionen vereinfacht miteinander verglichen werden.

100 https://www.rentaplus.ag/dispatch.aspx?pageID1=04&pageID2=01&pageID3= (abgerufen am 26.11.2015).
101 Vgl http://www.rentalsoftware.com/internal_rate_of_return.html (abgerufen am 7.5.2019).

Investment	Jahr 1	Jahr 2	Jahr 3	Jahr …	Jahr XYZ	
–1.000	0	0	0	0	5000	= IKV (Summe Investment: Jahr XYZ)

Tab 5: Berechnung interner Zinssatz

Mit der Excel-Formel IKV (interne Kapitalverzinsung) kann der interne Zinssatz einfach berechnet werden. Alle Investments werden mit einem negativen und alle Auszahlungen vom Unternehmen an den Investor mit einem positiven Vorzeichen eingetragen. Wichtig ist, dass für jedes Jahr, in dem keine Zahlung erfolgt, eine Null vermerkt wird. Als Variante kann die Auszahlung vor und nach Steuern erfasst werden.

4.2.1.2. Sicherheit

Beim Thema Sicherheit geht es um die Frage, welche Sicherheiten vorliegen müssen, damit die vorhergesagten Rückflüsse aufgrund der Investition in ein Projekt/Unternehmen wieder zurückfließen. Je höher die Sicherheit, desto geringer werden die Renditen sein (wobei Ausnahmen natürlich möglich sind). Um sich das Thema Sicherheit vor Augen zu führen, sei zunächst betrachtet, was es bedeutet, wenn jemand 100 € in ein Projekt investiert und daraufhin diese Investition einen Verlust erwirtschaftet. In der folgenden Tab werden die benötigten Gesamtrenditen dargestellt, wenn ein Verlust der Investition zwischen 10 % und 95 % eintritt und aus dem restlichen Kapital wieder eine Rendite erwirtschaftet werden muss, damit der Verlust ausgeglichen wird. In diesem Bsp wird vereinfacht dargestellt, dass bei einem Verlust von 95 % der Investition und bei einer Wiederveranlagung der verbleibenden 5 € (95 % von 100 €) eine Rendite von 1.900 % erzielt werden muss.

Verlust	10 %	25 %	50 %	75 %	90 %	95 %
Vermögen nach Verlust	90 €	75 €	50 €	25 €	10 €	5 €
%-Anstieg auf 100 €	11 %	33 %	100 %	300 %	900 %	1.900 %

Tab 6: Um wie viel Prozent muss mein Vermögen nach einem Verlust steigen?

Demzufolge ist es natürlich wichtig, jene Investitionen zu selektieren, die ein geringeres Risiko bergen. Je mehr Kapital verloren ging, desto länger dauert es, bis der vormals bereits erreichte Status wiedererlangt werden kann. Deshalb sollte nie bloß in ein einziges Projekt investiert werden. Durch die Bündelung mehrerer Investitionen kann das Risiko verkleinert werden, weil vermutlich nicht alle Investitionen zur gleichen Zeit verloren gehen. Die Gesamtrendite wird dadurch aber geringer ausfallen. Eine der ersten Möglichkeiten, das Risiko zu bestimmen, ist, die Verlusthöhe abzuschätzen. Dies kann von einem Verlust etwaiger Zinsen (dh, es wird nur der Stamm zurückgezahlt) über den Verlust von Teilen des Stamms (bis hin zum gesamten Stamm) bis hin zu einer Nachschusspflicht alles bedeuten. Aus dieser Betrachtung lassen sich fünf Risikoklassen ableiten, die von keinem Verlustrisiko bis hin zu einem kompletten Verlust der Einlage reichen (siehe Kapitel 4.2.1.4.).

Neben dem Risiko, die Einlage zu verlieren, werden im Wesentlichen drei Arten von Risiken identifiziert, die in eine Überlegung einfließen sollten:

Zunächst bestimmt das **Länderrisiko**, wie hoch die Wahrscheinlichkeit ist, dass sich in einem Land die Wirtschaft negativ auf eine Investition auswirken kann. Dies ist insb bei internationalen Veranlagungen zu bedenken. Neben dem Länderrisiko spielt weiters das jeweilige **Branchenrisiko** eine wichtige Rolle. Aus der Beobachtung einer bestimmten Branche kann die Entwicklung der Vergangenheit analysiert werden und hieraus auf eine Weiterentwicklung in der Zukunft geschlossen werden. Abschließend sollte das Unternehmen oder die Investition selbst betrachtet werden: Für große Unternehmen gibt es dafür sogenannte Rating-Agenturen. In der folgenden Tab werden die unterschiedlichen **Ratingklassen** und deren Sicherheit verglichen.

Moody's		S&P		Fitch		DBRS	Englische Bezeichnung	Deutsche Bezeichnung
Long Term	Short Term	Long Term	Short Term	Long Term	Short Term			
AAA	P-1	AAA	A-1+	AAA	A1+	AAA	Prime	Triple A = Ausfallrisiko fast null
Aa1		AA+		AA+		AAhigh	High Grade	Sichere Anlage, wenn auch leichtes Ausfallrisiko
Aa2		AA		AA		AA		
Aa3		AA-		AA-		AAlow		
A1		A+	A-1	A+	A1	Ahigh	Upper Medium Grade	Die Anlage ist sicher, falls keine unvorhergesehenen Ereignisse die Gesamtwirtschaft oder die Branche beeinträchtigen
A2		A		A		A		
A3	P-2	A-	A-2	A-	A2	Alow		
Baa1		BBB+		BBB+		BBB-high	Lower Medium Grade	Durchschnittlich gute Anlage. Bei Verschlechterung der Gesamtwirtschaft ist aber mit Problemen zu rechnen.
Baa2	P-3	BBB	A-3	BBB	A3	BBB		
Baa3		BBB-		BBB-		BB-Blow		
Ba1	Not Prime	BB+	B	BB+	B	BBhigh	Non Investment Grade Speculative	Spekulative Anlage. Bei Verschlechterung der Lage ist mit Ausfällen zu rechnen.
Ba2		BB		BB		BB		
Ba3		BB-		BB-		BBlow		
B1		B+		B+		Bhigh	Highly Speculative	Spekulative Anlage. Bei Verschlechterung der Lage sind Ausfälle wahrscheinlich.
B2		B		B		B		
B3		B-		B-		Blow		

Moody's		S&P		Fitch		DBRS	Englische Bezeichnung	Deutsche Bezeichnung
Long Term	Short Term	Long Term	Short Term	Long Term	Short Term			
Caa1	Not Prime	CCC +	C	CCC	C	CCC	Substantial Risk	Nur bei günstiger Entwicklung sind keine Ausfälle zu erwarten.
Caa2		CCC				CC	Extremely Speculative	
Caa3		CCC-				C	In Default with Little Prospect for Recovery	Moody's: in Zahlungsverzug S&P: hohe Wahscheinlichkeit eines Zahlungsausfalls oder Insolvenzverfahren beantragt, aber noch nicht in Zahlungsverzug
Ca		CC						
		C						
C		D	/	DDD	/	D	In Default	Zahlungsausfall
/				DD				
/				D				

Tab 7: Ratingklassen [Quelle: Fitch Ratings][102]

Das Rating eines Unternehmens drückt die Wahrscheinlichkeit aus, mit der eine bestimmte Investition wieder zurückgezahlt werden kann. Diese Information liegt bei KMU meist nicht vor bzw wäre mit großen Kosten verbunden. In der Praxis werden dafür jedoch verschiedene Ansätze angeboten, um das Rating zumindest von Unternehmen, die bereits eine gewisse Geschichte haben und daher auch bereits Umsätze erzielen, zu bestimmen.

Für Unternehmen, die gerade neu gegründet worden sind, liegt diese Information meist nicht vor. Damit kann zumindest von einem hohen Risiko ausgegangen werden, da zukünftige Erträge nicht aus derzeitigen Erträgen abgeleitet werden können. Aus diesem Risikobewusstsein heraus muss jedoch überlegt werden, welchen Unternehmen aufgrund der persönlichen oder Experten-Einschätzung das größte Potential zugetraut wird, am Markt positive Erträge zu erwirtschaften und damit nachhaltig zu einem nicht nur positiven, sondern sehr guten Rating zu kommen, um damit auch die erwünschten Ziele zu erreichen. Diese Investition sollte immer nur gemeinsam mit anderen Investitionen eines Portfolios durchgeführt werden, damit es zu einer Risikostreuung kommt. Sonst wäre das Ausfallrisiko für das Investment zu hoch bzw würde man alles auf eine Karte setzen.

4.2.1.3. Liquidität

Die Liquidität drückt die Möglichkeit aus, eine Anlage wieder verkaufen zu können. Grundsätzlich gilt, dass eine liquide Anlage besser für den Anleger ist, da sie schneller

102 http://www.finanzen.net/nachricht/anleihen/Allianz-GI-Kolumne-Ratings-1972909 (abgerufen am 7.5.2019).

wieder abgestoßen und damit zu Bargeld gemacht werden kann. Aktien von großen börsenotierten Unternehmen können zB schneller verkauft werden als Immobilien und haben daher eine höhere Liquidität.

Bei Investitionen wird immer eine Vorhersage die Zukunft betreffend gemacht. Je länger die Bindung an eine Investition ist, desto länger muss die Entwicklung vorhergesagt werden können und desto weniger kann auf etwaige Schwankungen am Markt (zB durch Verkauf der Investition) reagiert werden. Es besteht eine geringere Sicherheit bei diesen Veranlagungen, was sich in der Rendite widerspiegeln muss. Geringere Liquidität wird daher in eine höhere Renditenerwartung münden.

Diese allgemeine Darstellung muss jedoch auf die verschiedenen Investitionsklassen unterschiedlich angewendet werden. Obwohl gilt, dass eine geringere Liquidität zu einer höheren Rendite führt, sollte der Investor auch darauf achten, dass die erwartete Rendite mit einer entsprechenden Wahrscheinlichkeit eintritt. Dies gilt es insb iZm der Investition in junge Unternehmen zu beachten. Gerade am Beginn der Unternehmensphase kann das Unternehmen vermutlich nicht sofort die gewünschte Entwicklung erreichen, da Erfahrungswerte zeigen, dass die Entwicklungen oftmals länger dauern. Wenn jedoch die Renditenerwartungen an entsprechende Umsatz- oder Unternehmenswertsteigerungen anknüpfen, die von einer bestimmen Entwicklung ausgehen, wird das Unternehmen exponentiell mehr wert, wenn man die Beteiligung länger hält. Werden daher die Investitionen frühzeitig zurückgezahlt, so ist der Unternehmenswert tendenziell niedriger, obwohl das Risiko gerade am Anfang sehr hoch ist.

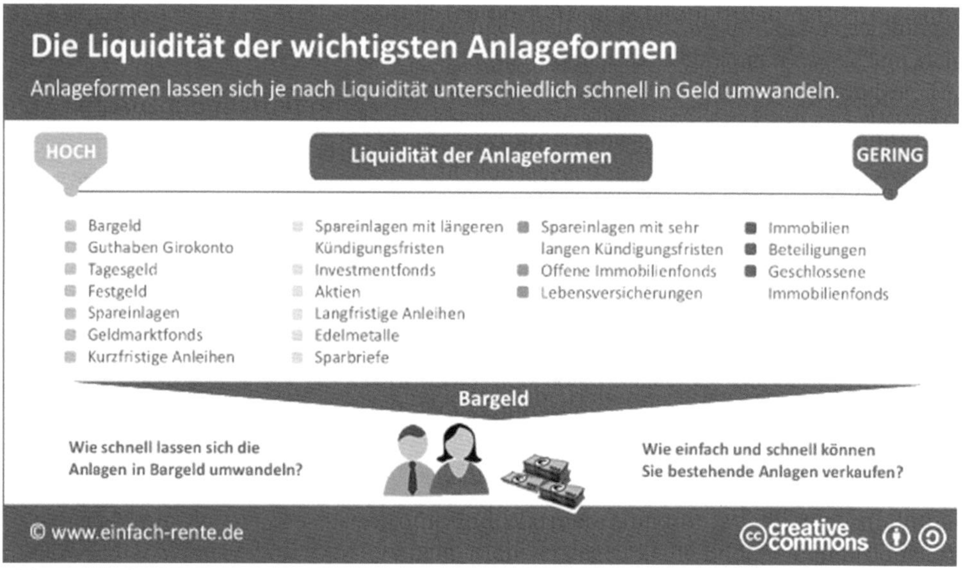

Abb 18: Liquidität der wichtigsten Anlageformen [Quelle: www.einfach-rente.de][103]

103 http://www.einfach-rente.de/infografik/liquiditaet-anlageformen.php (abgerufen am 7.5.2019).

In der Praxis werden häufig drei Veranlagungshorizonte unterschieden:

- **Kurzfristige Geldanlagen** sind Anlagen mit einer Laufzeit von bis zu zwölf Monaten. Diese können also relativ schnell wieder verkauft werden.
- **Mittelfristige Geldanlagen** umfassen Anlagen mit einer Laufzeit von einem Jahr bis zu sechs Jahren.
- **Langfristige Geldanlagen** haben eine Laufzeit zwischen sechs und zehn Jahren. Bei Immobilien und sehr kapitalintensiven Investitionen beträgt die Laufzeit über zehn Jahre.

4.2.1.4. Unterschiedliche Risikoklassen

Anhand des oben dargestellten magischen Dreiecks der Investition lassen sich die Risikoklassen wie in der folgenden Abb aufteilen.

Risikoklasse	Risikobereitschaft	Verlustrisiko
1	Keine	0 %
2	Geringe	Bis zu 20 %
3	Mittlere	Mehr als 20 % in Ausnahmefällen
4	Hohe	Bis zu 100 %
5	Sehr hohe	Mehr als 100 %

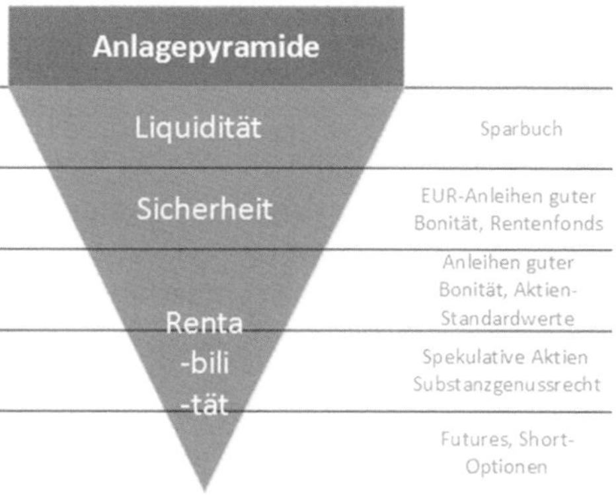

Abb 19: Risikoklassen

Die Risikoklassen geben eine stark vereinfachte Sichtweise auf einzelne Veranlagungen, sollen aber (wie im nächsten Kapital dargestellt) helfen, eine Risikostreuung durchführen zu können, um am Ende insgesamt eine positive Rendite zu erwirtschaften.

An dieser Stelle muss nochmals hervorgehoben werden, dass auch eine ausschließliche Investition in Risikoklasse 1 insgesamt zu einem Verlust führen kann. Bei einer Investition in Risikoklasse 1 besteht zwar nicht das Risiko des Verlusts der Investition, jedoch können auch keine bzw nur sehr geringe Renditen erwirtschaftet werden. Was daher beachtet werden muss, ist die Inflation. Durch die Inflation als Darstellung der Teuerung erfolgt real eine Verringerung des Vermögens.

Beispiel

Sie besitzen ein Sparbuch mit einer Einlage iHv 5.000 €. Bei einer Verzinsung von 0,5 % werden in zehn Jahren 5.255,70 € auf dem Konto stehen. Zu beachten ist jedoch, dass bei einer Inflation von 2 % die Produkte pro Jahr um 2 % teurer werden – insgesamt verfügen Sie daher in zehn Jahren real über ein Vermögen, das nur noch eine Kaufkraft von 4.101,74 € hat.

Deshalb ist es wichtig, jede Investition anhand der unterschiedlichen Risikoklassen und deren Funktion für das eigene Portfolio zu analysieren. Nur mithilfe dieser Betrachtung sind insgesamt eine positive Entwicklung und damit eine Wertsteigerung im eigenen Portfolio möglich.

Kategorie	Mögliches Verlustrisiko	Beispielhafte Produkte
1 – sehr geringe Risikobereitschaft	Ich will das Risiko von Verlusten zum Ende der Laufzeit möglichst vermeiden. Bei einem Verkauf vor dem Laufzeitende können geringe Verluste bis etwa 10 % eintreten.	• Anleihen von Emittenten bester Bonität (ö Staatsanleihen, ö fundierte Bankanleihen, Pfandbriefe) mit (Rest-)Laufzeit von max drei Jahren
2 – geringe Risikobereitschaft	Ich bin bereit, mögliche Verluste bis etwa 20 % zu akzeptieren.	• Anleihen im Euro-Raum von Emittenten guter Bonität (idR Ratingeinstufungen zw AAA bis BBB-) • Rentenfonds mit Schwerpunkt Euro-Raum • Geldmarktfonds
3 – mittlere Risikobereitschaft	Ich bin bereit, Verluste von mehr als 20 %, nicht jedoch den Totalverlust des eingesetzten Kapitals zu akzeptieren.	• Fremdwährungsanleihen und Anleihen außerhalb des Euro-Raums von Emittenten guter Bonität (idR Ratingeinstufungen zwischen AAA und BBB-) • Rentenfonds mit Anlageschwerpunkt außerhalb des Euro-Raums • Unternehmensanleihen- und High-Yield-Rentenfonds • gemischte Wertpapierfonds, Aktienfonds, Immobilienfonds • Direktinvestment in Aktien von Unternehmen guter Bonität (idR Ratingeinstufungen zwischen AAA und BBB-) • Zertifikate ohne Hebelwirkung von Emittenten guter Bonität (idR Ratingeinstufungen zwischen AAA und BBB-)
4 – hohe Risikobereitschaft	Ich nehme auch den gänzlichen Verlust des veranlagten Betrages in Kauf.	• Anleihen und Aktien von Emittenten schlechter Bonität (idR Ratingeinstufungen schlechter als BBB-) • Fonds in Wachstums- und Nebenmärkten • Optionen (long), Optionsscheine, Hedgeprodukte • Zertifikate von Emittenten schlechter Bonität (idR Ratingeinstufungen schlechter als BBB-) bzw Zertifikate mit Hebelwirkung

Kategorie	Mögliches Verlustrisiko	Beispielhafte Produkte
5 – sehr hohe Risiko-bereitschaft	Ich nehme nicht nur den gänzlichen Verlust des veranlagten Betrages in Kauf, sondern darüber hinaus auch das unlimitierte Risiko weiterer Zahlungsverpflichtungen.	• Futures, Optionen (short – dh als Verpflichteter verkauft)

Tab 8: Risikobereitschaft[104]

4.2.1.5. Risikostreuung

	Investment	Jahr 1	Jahr 2	Jahr 3	Jahr 4	Jahr 5	Jahr 6	Jahr 7	Jahr 8	Jahr 9	Jahr 10	Rendite
Projekt 1	-100	–	–	–	–	–	–	–	–	–	539,12	18,3 %
Projekt 2	-100	–	–	–	–	–	–	–	–	–	539,12	18,3 %
Projekt 3	-100	–	–	–	–	–	–	–	–	–	539,12	18,3 %
Projekt 4	-100	–	–	–	–	–	–	–	–	–	–	-100 %
Projekt 5	-100	–	–	–	–	–	–	–	–	–	–	-100 %
Projekt 6	-100	–	–	–	–	–	–	–	–	–	–	-100 %
Projekt 7	-100	–	–	–	–	–	–	–	–	–	–	-100 %
Projekt 8	-100	–	–	–	–	–	–	–	–	–	–	-100 %
Projekt 9	-100	–	–	–	–	–	–	–	–	–	–	-100 %
	-900	–	–	–	–	–	–	–	–	–	**1.617,35**	**6 %**

Tab 9: Risikostreuung

Nehmen Sie an, Sie möchten 900 € mit Crowdinvesting investieren. Ihnen ist bewusst, dass die Investition in junge Unternehmen mit einem hohen Risiko verbunden ist, da – und das wird im nächsten Kapital nochmals dargestellt – Hypothesen über einen zukünftigen Markt aufgestellt werden, die noch nicht validiert sind. Im vorliegenden Bsp wird angenommen, dass 66 % der Unternehmen nicht überleben.

Wie bereits angeführt, besteht ein Zusammenhang zwischen Rendite und Sicherheit. Wenn Sie in mehrere Unternehmen investieren, steigt die Wahrscheinlichkeit, dass Sie nicht die gesamte Investition verlieren – dafür sinkt die Rendite insgesamt.

Wenn im vorgelegten Bsp sechs der neun Investments ein Totalverlust sind, gilt Folgendes: Die drei überlebenden Unternehmen müssen mindestens eine jährliche Rendite von 18,3 % erwirtschaften, damit insgesamt das Portfolio eine Rendite von 6 % erwirtschaftet. Hätten Sie nur in das erste Projekte investiert, dann wäre die Rendite bei 18,3 % gelegen. Genauso hätte es aber auch das neunte Projekte sein können und das Investment wäre ein Totalverlust gewesen. Aus diesem Grund ist es wichtig, in verschiedene

104 http://www.boerse-live.at/eBusiness/blive_template1/212251493524270627-217604696286713925_665377425676367410-630842511446711117-NA-NA-NA-5-NA1214.html (abgerufen am 26.11.2015).

Projekte mit unterschiedlichen Risiken und Renditen zu investieren, damit insgesamt das Risiko reduziert, aber trotzdem eine zufriedenstellende Rendite erwirtschaftet werden kann.

4.2.2. Venture Capital für jeden

Ist Crowdinvesting eine gesellschaftliche Revolution? In den letzten zwei Jahren haben wir uns intensiv mit diesem Thema beschäftigt. Mithilfe von Crowdinvesting werden Barrieren reduziert, die bis jetzt eine direkte Beteiligung unmöglich gemacht haben. Es werden erstens die Beteiligungsbeträge reduziert, wodurch ein größerer Personenkreis in Unternehmen investieren kann, und zweitens werden die vertraglichen Vereinbarungen standardisiert und auf eine gemeinsame Ebene gehoben. Crowdinvesting bietet damit für jeden ein einfaches Instrument, um sich in einer frühen Phase an Unternehmen zu beteiligen. Wie jede Investition unterliegt jedoch auch Crowdinvesting besonderen Rahmenbedingungen, die beachtet werden müssen und die Teil des Modells sind.

Eine Beteiligung an einem Unternehmen bedeutet, dass man sich den Herausforderungen einer Unternehmensgründung und deren Entwicklung auch als Investor stellt. Dass der Markt ein Produkt oder eine Dienstleistung nicht annimmt, sich der Markt ändert oder andere Herausforderungen auftreten, gehört zu jeder Investition in ein Unternehmen. Es obliegt daher der Selbstverantwortung des Investors, das für sich erfolgversprechendste Unternehmen zu wählen, die Rahmenbedingungen abzufragen und mit einem guten Gefühl zu investieren.

Der Crowdinvestor muss insofern viele Entscheidungen treffen, die auch ein Business Angel oder Venture-Capital-Fonds-Manager zu treffen hat.

4.2.2.1. Was bedeutet Venture Capital?

Die Investition in junge Unternehmen kann auch als Risikokapital oder Venture Capital bezeichnet werden.

> **Risikokapital** – auch **Venture Capital** oder **Wagniskapital** genannt – ist außerbörsliches Beteiligungskapital („private equity"), das eine Beteiligungsgesellschaft (Venture-Capital-Gesellschaft) zur Beteiligung an als besonders riskant geltenden Unternehmungen bereitstellt. Das Wagniskapital wird in Form von vollhaftendem Eigenkapital oder eigenkapitalähnlichen Finanzierungsinstrumenten wie Mezzanine-Kapital oder Wandelanleihen ins Unternehmen eingebracht, oftmals durch auf dieses Geschäftsmodell spezialisierte Wagnisfinanzierungsgesellschaften, häufig „Venture-Capital-Gesellschaften" (abgekürzt VCG) genannt.[105]

Mit den Begriffen Risikokapital oder Venture Capital werden also Investitionen in Unternehmen zusammengefasst, die in einer tendenziell frühen Unternehmensphase mit dem Ziel, diese in die nächste Phase weiter zu bringen, vorgenommen werden. Jede Phase bedeutet für das Unternehmen, dass wesentliche Herausforderungen bereits gemeistert wurden und damit die nächsten Schritte in der Weiterentwicklung gesetzt werden können.

105 https://de.wikipedia.org/wiki/Risikokapital (abgerufen am 7.5.2019).

Um die Entwicklungen von Unternehmen fassen zu können, werden diese in unterschiedliche Phasen eingeteilt. Jede dieser Phasen bedeutet für das Unternehmen, dass bestimmte Aufgaben gelöst werden müssen, bevor es in die nächste Unternehmensphase gelangt.

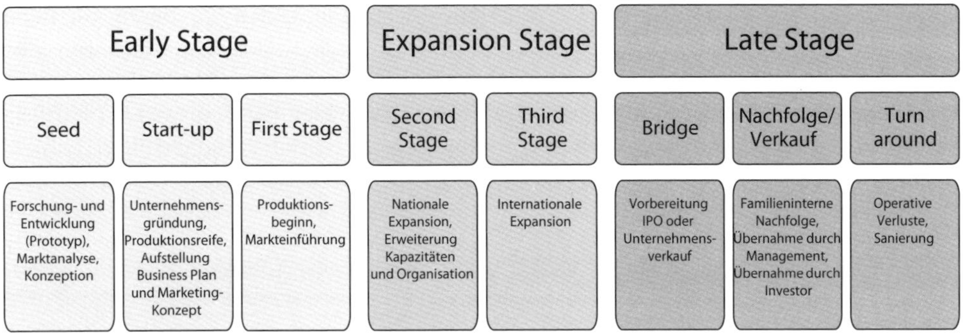

Abb 20: Unternehmensphasen

Ganz nach dem Leitsatz „panta rhei" (griechisch πάντα ῥεῖ für „alles fließt", eine dem griechischen Philosophen *Heraklit* zugeschriebene Wendung) dient das investierte Kapital dazu, das Unternehmen in die nächste Phase zu bringen. Jede Phase bringt jedoch besondere Herausforderungen mit sich, die mit einem Abbruch der weiteren Schritte verbunden sein können (insb in der Early-Stage-Phase).

Das Leben eines Unternehmens beginnt normalerweise in der **Seed-Phase**, in der die Konzepte für die spätere Unternehmensgründung entwickelt werden. In manchen Quellen[106] wird zudem auch noch von einer **Pre-Seed-Phase** gesprochen, bei der es zunächst um eine allgemeine Forschung für eine etwaige spätere Kommerzialisierung geht. In der Seed-Phase werden erste Hypothesen, wie ein zukünftiger Konsument auf das Produkt oder die Dienstleistung reagieren kann, durch das Unternehmen aufgestellt. Investitionen in dieser Phase dienen dazu, die Marktanalyse abzuschließen und den Prototypen fertigzustellen.

Mithilfe einer Investition in der **Start-up-Phase** wird die Produktionsreife sowie die Fertigstellung des Businessplans und der Konzepte entwickelt. Ein vollständiger Businessplan bzw ein Marketingkonzept liegt noch nicht vor bzw ist noch mit sehr vielen Hypothesen verbunden, da das Produkt noch nicht am Markt angeboten wurde. In dieser Phase besteht die Herausforderung darin, die Dienstleistung oder das Produkt fertigzustellen.

Die **First-Stage-Phase** dient dazu, die Produktion zu beginnen und das Produkt oder die Dienstleistung am Markt einzuführen. Hier können die Hypothesen über die zukünftigen Konsumenten erstmals validiert werden. In dieser Phase werden die Produkte und Dienstleistungen oftmals noch an etwaige geänderte Hypothesen angepasst. Durch eine Investition in dieser Phase wird es dem Unternehmen ermöglich, die Marketingaktivitäten zu finanzieren und die Produktion zu starten.

106 Siehe zB http://www.deutsche-startups.de/lexikon/investitionsphasen/ (abgerufen am 7.5.2019).

In der **Later-Stage-Phase** erfolgt die nationale und internationale Expansion in weitere Länder.

Nicht jedes Unternehmen ist jedoch ein potentielles Unternehmen, in das ein Fonds oder ein institutioneller Investor investieren würde. Unternehmen müssen dafür ein entsprechend schnelles Wachstum und Expansionsmöglichkeiten vorweisen, die dann zu einem entsprechenden Ergebnis führen. Aber nicht jedes Unternehmen muss zu einem schnellen Exit führen – gerade Unternehmen im regionalen Umkreis des Investors ohne Expansionspläne auf einen weltweiten Markt bieten nicht nur gesellschaftlich, sondern auch für Investoren nachhaltig interessante Investitionsmöglichkeiten. Es wird daher grundsätzlich zwischen zwei Arten von Unternehmenstypen unterschieden (nicht abschließende Aufzählung).

Expansionsbetriebe	Regionale Betriebe
Schnelles Wachstum	Langsames Wachstum
Internationaler Markt	Regionaler Markt
Hoher Kapitalbedarf	Keine oder langsame Expansion
Ziel: IPO/Verkauf	Ziel: Lokaler Markt, langsamer Aufbau

Tab 10: Vergleich Expansions- und regionaler Betrieb

Die zwei unterschiedlichen Unternehmensarten geben auch Auskunft darüber, welches Potential das jeweilige Unternehmen hat und welches Risiko damit verbunden ist. **Expansionsbetriebe** verfolgen das Ziel eines überdurchschnittlich schnellen Wachstums. Es wird hier sehr lange Geld in ein Unternehmen investiert, das noch kein oder nur ein geringes positives Jahresergebnis erzielt. Das Risiko ist daher sehr hoch. **Regionale Betriebe** haben hingegen meist einen geringeren Kapitalbedarf. Das Ziel ist es, ein regionales Bedürfnis zu erfüllen. Zwar ist das Risiko bei regionalen Betrieben genauso gegeben, jedoch ist das Ergebnis viel schneller sichtbar und meist sind weitere Kapitalrunden nur bedingt notwendig. Die Renditen werden bei diesen Unternehmen tendenziell geringer ausfallen.

Neben den verschiedenen Phasen und der Aufstellung des Unternehmens ist auch der Organisationsaufbau in Betracht zu ziehen. Eine Organisation ist aber kein starr geplanter Prozess. Im Kern besteht die Herausforderung der Unternehmensgründung darin, einen Prozess der Zusammenarbeit zu erzeugen. Mit jeder Unternehmensgründung werden neue Arbeitsplätze, neue Positionen und neue Berufsbilder geschaffen, anhand derer die entwickelten Hypothesen für einen zukünftigen Markt getestet werden müssen. Eine Unternehmensgründung geht daher mit der personellen Entwicklung des Gründerteams und allen Personen, die mit dem Gründerteam zusammenarbeiten, einher. Aus diesem Grund ist das Gründerteam für eine Beurteilung von Investitionen in Unternehmen sehr wichtig. Um das Verständnis für Unternehmen zu schärfen, werden die Phasen, die ein Unternehmen aus Organisationsentwicklungssicht durchläuft, in vier Phasen eingeteilt. Mit den Phasen der Unternehmensentwicklung geht auch eine Entwicklung der Organisation einher, weil sonst der nächste Meilenstein nicht geschafft werden kann. Weiters ist mit jeder neuen Unternehmensentwicklungsstufe meist auch die Anstellung von einer Person als Vergrößerung des Unternehmens verbunden.

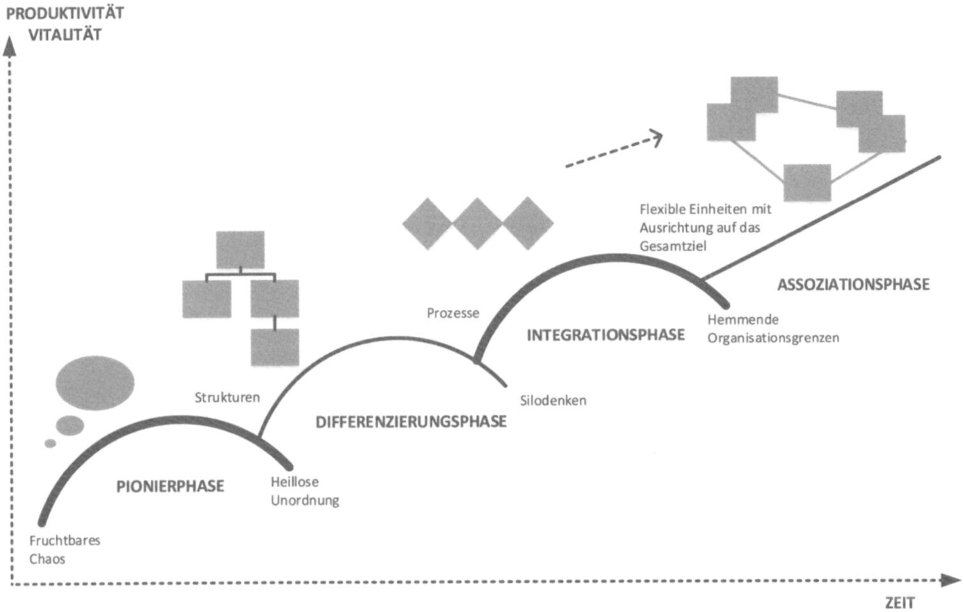

Abb 21: Entwicklungsphasen einer Organisation [Quelle: Lorenzen Consulting][107]

In Abb 21 werden die unterschiedlichen Phasen, die ein Unternehmen in der Organisationsentwicklung durchläuft, prototypisch dargestellt. Diese Phasen dauern in den Unternehmen unterschiedlich lange und können meistens nur schwer übersprungen werden. Unserer Erfahrung nach können Strukturen, die in einem Unternehmen geschaffen wurden, nicht einfach übernommen werden; auch dann nicht, wenn diese in Prozessen definiert und weitergeben werden. Jedes Unternehmen hat eine eigene Dynamik, die sich aus den teilnehmenden Mitarbeitern in dem Unternehmen ergibt. Bestehende Prozesse eines anderen Unternehmens passen daher meistens nicht und werden deshalb auch nicht angenommen.

Wie dargestellt, muss das Unternehmen von der Gründungsphase bis zur Expansion sehr viele Herausforderungen bewältigen. Jede Phase bedeutet für das Unternehmen, dass es sich neu ausrichten, die Organisation neu aufstellen und dabei den Markt im Auge behalten muss. Als Investor gilt es, diese Herausforderungen mitzubedenken und auf Basis der vorgelegten Informationen und eigenen Recherchen zu beurteilen.

107 http://www.lorenzenconsulting.de/organisationsentwicklung.php (abgerufen am 7.5.2019).

4.2.2.2. Der Beteiligungsprozess im Venture-Capital-Bereich

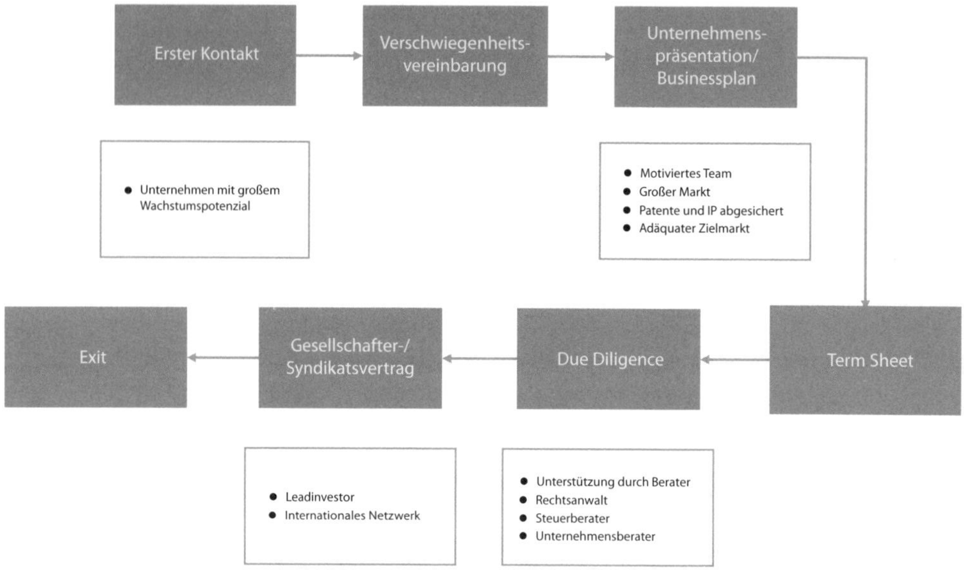

Abb 22: Beteiligungsprozess im Venture-Capital-Bereich [Quelle: Nanowerk][108]

Grundsätzlich verläuft jeder Beteiligungsprozess im Venture-Capital-Bereich unterschiedlich, da er an die individuellen Bedürfnisse der einzelnen Partner angepasst werden muss. Dennoch können sich einzelne Kernelemente herauskristallisieren. Diese werden in obiger Abb dargestellt.

Nach dem ersten Kontakt mit dem Unternehmen, dem meist eine längere Investorensuche vorangeht, gilt es, eine Verschwiegenheitserklärung zu unterzeichnen. Damit möchte das Unternehmen absichern, dass Informationen nicht für ein anderes Unternehmen, in das der Investor investiert oder investieren möchte, verwendet werden können. Nach Unterzeichnung der Verschwiegenheitserklärung werden dem Investor der Businessplan und die wichtigsten Informationen des Unternehmens vorgelegt. Dabei handelt es sich ist in erster Linie um eine Zukunftsbetrachtung des Unternehmens; damit liegt es am Investor, zu beurteilen, ob die Umsetzung des Unternehmens als realistisch angenommen werden kann.

Im nächsten Schritt werden die Rahmenbedingungen für die Beteiligung des Investors festgelegt, wobei es viele Ausgestaltungsmöglichkeiten gibt. Dies kann von einem vorgefertigten Term Sheet des Investors über eine mündliche Vereinbarung der Beteiligungshöhe bis hin zu einem langen Prozess zwischen den Rechtsanwälten des Investors und jenen des Unternehmens reichen. In der Praxis ist dieser Prozess gerade in frühen Unternehmensphasen sehr zielorientiert ausgerichtet und es wird versucht, unnötige Komplexitäten zu vermeiden.

108 http://www.nanowerk.com/nanotechnology/investing/funding_nanotechnology_companies_7.php (abgerufen am 7.5.2019).

Können sich beide Parteien auf die Form der Beteiligung des Investors einigen, erfolgt eine Detailprüfung des Unternehmens durch den Investor, die sogenannte Due Diligence. Diese kann eine technische, finanzielle, Steuer- oder Rechtsprüfung umfassen. Es hängt dabei sehr stark davon ab, wie alt das Unternehmen ist und welche möglichen Risiken es aus der Vergangenheit in die Zukunft mitnimmt.

Etwaige Risiken, die aufgrund der Due Diligence bekannt sind, werden anschließend im Shareholder Agreement über Garantieansprüche gegenüber dem Gründerteam abgesichert. Das Shareholder Agreement kann in der Praxis entweder im Gesellschaftsvertrag direkt (wenn es sehr einfach gehalten werden soll) oder in einem separaten Vertrag (auch Beteiligungsvertrag genannt) geregelt werden. Anschließend gilt es, die Beteiligung laufend im Auge zu behalten, bis der Ausstieg erfolgt.

4.2.2.3. Crowdinvesting auf dem Prüfstand

Crowdinvesting soll jedem die Beteiligung an Unternehmen über Venture Capital ermöglichen. Dabei sollen die Komplexität und der lange Prozess der Unternehmensbeteiligung über Venture Capital für den Crowdinvestor auf eine überschaubare Größe reduziert werden, damit der Crowdinvestor schließlich eine Entscheidung treffen kann. Die Komplexität einer Venture-Capital-Transaktion wird durch die Standardisierung vereinfacht und gerade dadurch wird eine Beteiligung mit kleinen Investitionsbeträgen ermöglicht. Auf unterschiedlichen Plattformen haben sich in den letzten Jahren unterschiedliche vertragliche Gestaltungen etabliert.

Abb 23: Prozess des Venture-Capital-Investments

Die Rolle einer Crowdinvesting-Plattform besteht darin, eine transparente Basis zu schaffen, anhand derer der Investor eine Investitionsentscheidung treffen kann. Damit ein komplexerer Venture-Capital-Prozess für Crowdinvesting eingesetzt werden kann, wird von der Crowdinvesting-Plattform Folgendes sichergestellt:

- **Transparenz** – sämtliche Informationen, die für eine Investitionsentscheidung notwendig sind, können auf der Plattform abgerufen werden;
- **Standardisierung** – die Rahmenbedingungen für eine Beteiligung werden durch standardisierte Verträge festgelegt und damit deren Komplexität reduziert.

Die Entscheidung, ob eine Investition durchgeführt werden soll, muss jeder Crowdinvestor für sich selbst treffen. Eine Crowdinvesting-Plattform kann keine Aussage über die zukünftige Entwicklung eines Unternehmens oder dessen Chancen am Markt treffen. Die Crowdinvesting-Plattform schafft jedoch durch Standardisierung die Transparenz und die Basis, dass überhaupt eine Beteiligung von mehreren Investoren ermöglicht wird.

Aus der Rolle der Crowdinvesting-Plattform als Präsentations- und Infrastrukturplattform ergeben sich für einen Crowdinvestor einerseits Möglichkeiten, aber andererseits auch Risiken, die in weiterer Folge im Detail betrachtet werden sollen. Festzuhalten sei hier nochmals, dass es nicht die Aufgabe der Crowdinvesting-Plattform ist, bestehende Finanzierungsinstrumente zu ersetzen, sondern gerade in den Bereichen eine Lösung zu bieten, in denen es derzeit keine Investitionsmöglichkeiten gibt. Die Entscheidung, ob und in welcher Höhe investiert werden soll, obliegt jedem Investor, aber durch die Crowdinvesting-Plattformen werden Möglichkeiten geschaffen, auch in diese junge Form von Unternehmen zu investieren.

Abb 24: Vor- und Nachteile Crowdfunding

4.2.2.3.1. Stärken

Zu den Stärken des Crowdinvesting zählen va die Crowdinvestoren. Zwar können sie keine gemeinsamen Entscheidungen darüber treffen, ob das Unternehmen eine Chance auf dem Markt hat, und auch kein erstes Marktfit geben, dafür aber können sie mitverantwortlich für den Aufbau des Unternehmens sein. Ein Unternehmen kann niemals alleine funktionieren, sondern braucht ein großes Netzwerk, das es im Aufbau unterstützt. Jede kleine Tat eines Investors stärkt das Unternehmen. Dies geht von positiven Kommentaren bis hin zu Feedback, Leistungen und dem Kauf der Produkte. So können Crowdinvestoren das Geschehen des Unternehmens aktiv mitgestalten.

Weiters liegt die Stärke des Crowdinvesting darin, dass hierdurch die Investition in Unternehmen erst ermöglicht wird. Kleine Unternehmen können sich den rechtlichen und organisatorischen Aufwand alleine oft nicht leisten, wodurch die Unterstützung durch eine Crowdinvesting-Plattform notwendig wird.

4.2.2.3.2. Schwächen

Die Stärke des Crowdinvesting ist gleichzeitig dessen Schwäche. Durch die große Anzahl an Personen müssen bestimmte Vorkehrungen getroffen werden, damit auch ein kleines Unternehmen mit wenigen Mitarbeitern handlungsfähig bleibt. Komplexe Entscheidungsprozesse im Rahmen von Gesellschaftersitzungen und im Aufsichtsrat können einen Aufwand bedeuteten, den das Unternehmen nicht bezahlen und dessen Verwaltung es nicht handhaben kann. Dadurch wird in den meisten Crowdinvesting-Beteiligungsmodellen die Mitbestimmung der Investoren auf ein Minimum reduziert oder ausgeschlossen.

4.2.2.3.3. Chancen

Durch Crowdinvesting wird es jedem ermöglicht, bereits mit kleinen Beträgen (zT bereits ab 5 €) in ein Unternehmen zu investieren und dadurch an dessen Wertsteigerung zu partizipieren.

Durch die Investition in Unternehmen kann bis zu einem gewissen Grad ein Inflationsschutz bewirkt werden. Mit der Inflation wird die Kaufkraft gesenkt. Inflationsschutz bedeutet, dass die Veranlagung mit der Inflation auch an realem Wert steigt und damit das Vermögen erhalten bleibt. Dies ist bei Sparbüchern oft nicht gewährleistet. Unternehmen dagegen, bei denen auch eine Beteiligung am Unternehmenswert vorliegt, bieten hier einen gewissen Schutz, weil durch die Inflation tendenziell auch der Wert des Unternehmens steigen wird.

Zusätzlich kann mit Investitionen in Unternehmen direkt in Sachwerte investiert werden. Dies schafft oft eine zusätzlich Belebung des Unternehmens, es werden neue Mitarbeiter eingestellt und durch das Unternehmen selbst wiederum Investitionen getätigt. Durch die getätigten Investitionen können andere Unternehmen profitieren, die ihrerseits in Arbeitsplätze investieren können.

Dadurch kann somit insgesamt eine Belebung in Regionen bewirkt werden, in denen sonst nur geringe Investitionen stattfinden. Es obliegt jedem einzelnen Crowdinvestor, zu entscheiden, ob er ein Unternehmen unterstützen möchte. Es müssen dabei nicht die von einer Regierung vorgegebenen Kriterien für eine Förderwürdigkeit oder die Anforderungen eines Fonds für eine schnelle Expansion in andere Länder erfüllt werden. Crowdinvesting ermöglicht es, Unternehmen, die einen regionalen Bedarf erfüllen, nachhaltig aufzubauen. Unternehmen, die anderenfalls schließen müssten, können so noch gerettet werden, weil Investoren einen Bedarf an deren Dienstleistungen sehen.

Für das Unternehmen bedeutet eine Crowdinvesting-Finanzierung oft, dass das Kapital langfristig angelegt wird, damit eine gewisse Zeit besteht, das Unternehmen aufzubauen. Herausforderungen, die das Unternehmen gerade am Anfang betreffen, können nicht dazu führen, dass in einer ungünstigen Zeit Kapital zurückgezahlt werden muss.

4.2.2.3.4. Risiken

Mit der Investition sind im Vergleich zu anderen Anlagemöglichkeiten besondere Risiken verbunden. Wie bereits im vorherigen Kapitel angeführt, muss das Unternehmen je nach Lebensphase unterschiedliche Herausforderungen meistern. In einer frühen Phase werden sehr viele Hypothesen über den Markt, die zukünftigen Kunden und das Produkt formuliert, die erst validiert werden müssen. Das Risiko, dass das Unternehmen nicht überleben wird, ist daher höher als bei anderen Investitionen.

Es können jedenfalls folgende Risiken nicht ausgeschlossen werden:

- **Insolvenzrisiko:** Damit wird die Gefahr beschrieben, dass das Unternehmen nicht mehr zahlungsfähig ist. Liegt eine Zahlungsunfähigkeit vor, treten schwerwiegende Folgen ein. Dies kann zu einem Totalverlust der Investition führen.
- **Totalverlustrisiko:** Ein Totalverlust des investierten Kapitals kann auch dann eintreten, wenn das Unternehmen den Betrieb einstellt und keine Vermögenswerte mehr vorhanden sind. Da es zu keiner Risikostreuung der Investitionen kommt, ist das Risiko auf das Einzelinvestment bezogen höher; dieses Risiko kann durch eine Streuung auf mehrere Investitionen verringert werden.
- **Malversationsrisiko:** Damit ist das Risiko gemeint, dass es im Unternehmen des Partners (zB Emittenten) zu strafbaren Handlungen von Mitarbeitern/Organen kommt. Diese können nie zur Gänze ausgeschlossen werden. Malversationen können die Gesellschaft des Partners mittelbar oder unmittelbar schädigen und sogar zur Insolvenz führen.
- **Klumpenrisiko:** Darunter versteht man jenes Risiko, das entsteht, wenn man keine oder nur eine geringe Streuung des Portfolios vornimmt. Von einem Investment in nur wenige Unternehmen ist daher abzuraten.
- **Erschwerte Übertragbarkeit von Veranlagungen:** Diese besagt, dass Investitionen gem § 1 Abs 1 Z 3 KMG (wie im vorliegenden Fall) nur unter besonderen Bedingungen übertragbar sind und dass es idR keinen Kurswert gibt. Hierüber muss der Kunde ausdrücklich aufgeklärt werden.

4.2.2.4. Zusammenfassung: Gibt es einen Gewinn für den Investor?

Mit der Investition in ein Unternehmen wird in der jeweiligen Phase ein bestimmtes Ziel verfolgt; das Unternehmen soll auf dem Weg in die nächste Unternehmensphase unterstützt werden. Für die Zurverfügungstellung des Kapitals erwartet sich der Investor neben der Rückzahlung des investierten Kapitals auch einen entsprechenden Gewinn auf das eingesetzte Kapital. Bei einer Investition in ein Unternehmen kann dies (vereinfacht dargestellt) über zwei Varianten erfolgen: laufende Auszahlungen und/oder Verkauf.

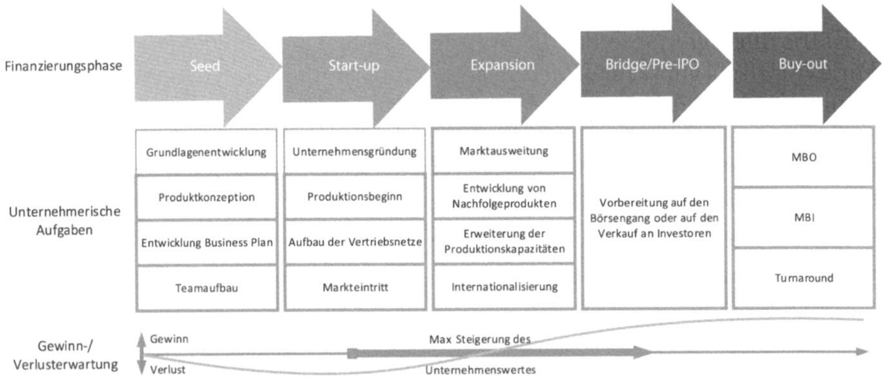

Abb 25: Phasen nach Investition [Quelle: Frankfurt School of Finance & Management][109]

109 http://www.frankfurt-school.de/content/de/newsroom/sonnemann/newsletter_mae12/fokusthema_ mae12.html (abgerufen am 4.12.2015; Erweiterung der Grafik durch die Autoren).

Gerade in den ersten Phasen werden sehr hohe Investitionen getätigt, um das Unternehmen am Markt positionieren zu können. Am Beginn wird sich das Unternehmen daher meistens in einer **Verlustphase** befinden und keinen Gewinn auszahlen können. Erst mit der Etablierung am Markt hat das Unternehmen die Möglichkeit, die laufenden Ausgaben zu decken und Gewinne zu erzielen. Dies kann mehrere Jahre dauern. Ab dem Zeitpunkt der **Gewinnzone** kann das Unternehmen dann Gewinne an die Eigentümer auszahlen.

Neben laufenden Auszahlungen steigt das Unternehmen laufend im Wert. Durch die getätigten Investitionen werden im Unternehmen – soweit richtig eingesetzt – Anlagen geschaffen oder ein Firmenwert aufgebaut. Der Firmenwert spiegelt das Potential wider, zukünftig Gewinne zu erwirtschaften, und ist daher stark von der jeweiligen Betrachtung der Zukunft abhängig. Je länger das Unternehmen existiert und kontinuierlich Gewinne erwirtschaftet, umso genauer können zukünftige Entwicklungen (abgesehen von unvorhergesehenen Ereignissen) abgeschätzt werden und der Unternehmenswert wird steigen. Am Ende der Investitionsperiode kann der Investor an dieser Wertsteigerung partizipieren, weil er am Beginn einen entscheidenden Teil des Risikos mitgetragen hat.

Die Auszahlungen für den Investor hängen daher stark mit der Phase, in der sich das Unternehmen befindet, zusammen. In einer frühen Phase werden noch keine Gewinne erwirtschaftet und zukünftige Investoren werden das Unternehmen daher tendenziell niedriger beurteilen, auch werden laufende Auszahlungen nur schwer möglich sein. Längere Investitionszeiträume in Unternehmen ermöglichen es hingegen, die gewünschten zu erzielenden Auszahlungen zu entwickeln.

4.3. Crowdinvesting – jetzt wird investiert

(Pöltner/Turki/Horak)

Nicht nur der Kauf eines Autos bedarf einer intensiven Auseinandersetzung mit dem Kaufobjekt. Ganz nach dem Motto *„nur in Unterfangen investieren, die man auch versteht"* gilt es gerade bei Crowdinvesting, sich selbst ein Bild von dem jeweiligen Unternehmen zu machen. Denn eine Beteiligung an einem Unternehmen ist mit einer langfristigen Beziehung zu vergleichen: Es kann in vielerlei Hinsicht sehr viel Freude bereiten, die Weiterentwicklung des Unternehmens zu sehen und sich aktiv einzubringen. Sollte jedoch die Kommunikation bzw die Darstellung des Unternehmens nicht mit den eigenen Vorstellungen übereinstimmen, dann sollte Vorsicht geboten sein.

Dieses Kapitel soll Anregungen geben, wie man selbst Crowdinvesting-Projekte beurteilen kann. Wie bereits im Kapitel über die Funktion von Crowdinvesting dargestellt, können die Potentiale von Crowdinvesting gerade darin gesehen werden, dass sehr viele Personen Crowdinvesting-Projekte unterstützten und damit sehr viel Erfahrung, Wissen und Feedback an die Unternehmen zurückgehen. Diese Rückmeldungen helfen dem Unternehmen, sich in den schwierigen Anfangsphasen zu orientieren; gleichzeitig hat jeder Crowdinvestor die Möglichkeit, damit die Entwicklung des Unternehmens aktiv zu beeinflussen.

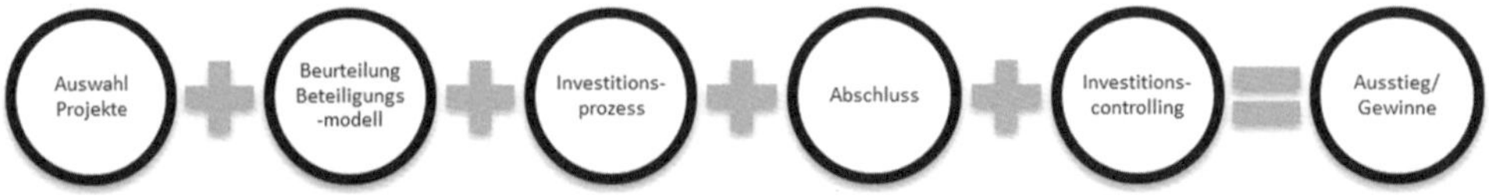

Abb 26: Beteiligungsprozess

Die entscheidende Phase beim Crowdinvesting mit der größten Einflussnahmemöglichkeit ist der Beteiligungsprozess. In dieser Phase können die Projekte ausgewählt, die Beteiligungsbedingungen beeinflusst und die Rahmenbedingungen für die zukünftige Beteiligung festgelegt werden. Dabei sollte immer bedacht werden, dass es sich bei durch Crowdinvesting unterstützten Unternehmen um Unternehmen handelt, die direkt „greifbar" sind. Offene Fragen, Anregungen oder Wünsche sollten über die jeweiligen Plattformen immer gleich abgestimmt werden. Im Kern bestehen die Unternehmen zu Beginn aus dem Gründerteam, das alles daran setzt, seine Idee in die Realität umzusetzen.

Soweit eine Auswahl des Projekts getroffen wurde, ist zu prüfen, ob die Rahmenbedingungen für die Beteiligung klar definiert sind und der Prozess der Beteiligung transparent gestaltet wird. Wichtig ist es in dieser Phase, die Konsequenzen der Beteiligung klar zu verstehen und operativ beurteilen zu können. Für die Investitionsentscheidung sollten folgende Aspekte beachtet werden: die Beurteilung des Investitionsprojektes, die rechtliche und wirtschaftliche Ausgestaltung der Verträge sowie die steuerlichen Auswirkungen bei Auszahlungen.

Nach Vornahme der Beteiligung ist jeder angehalten, sein unterstütztes Projekt voranzubringen. Jeder Investor kann hier seinen Beitrag leisten, sei es durch Feedback an das Unternehmen, durch Mundpropaganda oder die Teilnahme an Veranstaltungen. Crowdinvesting ist keine unpersönliche Beteiligung an einem Unternehmen, sondern hat zum Ziel, gemeinsam eine Idee in die Realität umzusetzen.

Konnten die ersten Phasen positiv abgeschlossen werden, erfolgt im letzten Schritt der Ausstieg aus dem Beteiligungsmodell. Dies wird primär von der Plattform selbst unterstützt und hier gilt es, die Bedingungen für die Beendigung und die Abrechnung genau zu kennen.

4.3.1. Auswahl eines geeigneten Crowdinvesting-Projekts

Investieren in ein Crowdinvesting-Projekt heißt, eine Entscheidung über die Zukunftsfähigkeit eines Unternehmens zu treffen.

In Deutschland, Österreich und der Schweiz gibt es bereits einige aktive Plattformen, auf denen Unternehmen ihre Crowdinvesting-Projekte präsentieren können (siehe auch Kapitel 1.2.). Der Informationsgehalt ist dabei sehr unterschiedlich, wodurch ein Vergleich oft erschwert wird. Bei der Beurteilung eines Projektes sollte sich jeder Investor auf sein eigenes Beurteilungsvermögen verlassen und ein Verständnis dafür bekommen, wie das Unternehmen in Zukunft Gewinne erwirtschaften möchte – und ob dies auch realistisch ist. Zur Unterstützung dieses Prozesses wendet CONDA ein **Drei-Phasen-Model** an. In der **ersten Phase** werden die fünf nicht monetären Hypothesen des Unternehmens beurteilt (wie in Abb 27 dargestellt: Alleinstellungsmerkmal, Geschäftsmodell, Marketing und Vertriebsziele, Marktsituation, Team). Dies ermöglicht einen ersten Eindruck und schafft zunächst die Grundlage für eine Go-/No-Go-Entscheidung.

BEURTEILUNGSKRITERIEN

	sehr schwach (1)	schwach (2)	mittel (3)	hoch (4)	sehr hoch (5)
Alleinstellungsmerkmal	kein Vorteil gegenüber Konkurrenz	Basis-technologie	solide Technologie, nicht stark differenzierend	High level proprietäre Technologie	einzigartige Spitzentechnologie
Geschäftsmodell	unklare Geschäftsstrategie	Strategie nicht sehr relevant oder nicht präzise definiert	nicht differenzierend, aber mit Potential	überzeugendes Geschäftsmodell	bewiesene, gut durchdachte und originelle Strategie
Marketing & Vertriebsziele	unklare/keine Markteintrittsstrategie	schwache Markteintrittsstrategie	valide Strategie, limitierte Reichweite	klare Strategie, weitere Feinanpassung nötig	Strategie klar und großteils validiert
Marktsituation	(noch) kein Markt oder schrumpfender Markt	kleiner Markt mit kleiner Wachstumsrate	relativ großer Markt mit niedrigen Wachstumsraten	solider Markt, gute Wachstumsrate, wenig Konkurrenz	stark wachsender Markt mit wenig Konkurrenz
Team	unerfahrenes Team	wenig Erfahrung, grundlegende Managementlücken	gewisse Erfahrung, unkomplettes C-Level	gute C-Level-Struktur, gewisse Lücken	hochrangiges Team mit allen nötigen Kompetenzen
Finanzierung & Planzahlen	keine Finanzplanung vorhanden	rudimentäre Finanzplanung, Finanzierung nicht sichergestellt	Finanzplanung vorhanden, Finanzierung noch fraglich	solide Finanzplanung vorhanden, Finanzierung zu 80 % sichergestellt	gut durchdachte Finanzplanung, Finanzierung sichergestellt

Abb 27: Beurteilung der nicht monetären Angaben [Quelle: www.conda.eu][110]

In der **zweiten Phase** werden die monetären Kriterien beurteilt, im Wesentlichen also, ob das Unternehmen die nächsten Monate mit dem vorhandenen Kapital überleben kann und wie eine etwaig benötigte Folgefinanzierung aussehen kann (Finanzierung und Planzahlen). In der **dritten Phase** wird der aktuelle Stand des Unternehmens dokumentiert (was hat das Unternehmen bis jetzt erreicht?). Soweit diese Information auf der Plattform nicht ersichtlich ist oder vom Unternehmen nicht zur Verfügung gestellt wird, sollte sie angefordert werden.

Wohl wissend, dass jedes dieser Themen wissenschaftlich sehr unterschiedlich betrachtet werden könnte, gilt es, ein abstrahiertes, aber doch umfassendes Gesamtbild vom Unternehmen zu erhalten. Dieses Gesamtbild soll helfen, die Kernpunkte der Herausforderungen des jeweiligen Unternehmens zu erkennen und so für sich zu beurteilen, ob das Unternehmen diese Herausforderungen meistern können wird. Mithilfe der Checkliste in Abb 27 kann diese Beurteilung schnell projektbezogen durchgeführt werden.

4.3.1.1. Alleinstellungsmerkmal

BEURTEILUNGSKRITERIEN

	sehr schwach (1)	schwach (2)	mittel (3)	hoch (4)	sehr hoch (5)
Alleinstellungsmerkmal	kein Vorteil gegenüber Konkurrenz	Basis-technologie	solide Technologie, nicht stark differenzierend	High level proprietäre Technologie	einzigartige Spitzentechnologie

Abb 28: Alleinstellungsmerkmal [Quelle: www.conda.eu][111]

110 https://www.conda.eu/crowdinvesting/ihr-investitionsleitfaden/ (abgerufen am 7.5.2019).
111 https://www.conda.eu/crowdinvesting/ihr-investitionsleitfaden/ (abgerufen am 7.5.2019).

Schlüsselkriterien, die es anhand der zur Verfügung gestellten Unterlagen zu eruieren gibt, sind ua die Qualität der Technologie bzw Innovation. Darüber hinaus gilt es, die Nachhaltigkeit sowie die Abgrenzung dieser Technologien und Innovationen zum Mitbewerb zu beurteilen. Kernfrage ist der Kundennutzen (Customer Value Proposition). In diesem Zusammenhang sind folgende Fragen zu beantworten: Welches fundamentale Kundenbedürfnis bedient das Produkt und wie unterscheidet es sich dabei von der Konkurrenz? Welche wesentlichen Vorteile hat der Kunde durch die Nutzung des Produktes? Kann sich dieser Vorteil im Vergleich zu Konkurrenzprodukten in einer höheren Zahlungsbereitschaft ausdrücken?

Eine Innovation als Selbstzweck ist nett, aber aus Investorensicht ohne Bedeutung

Liegt eine wesentliche Technologie-, Produkt- oder Geschäftsmodellinnovation vor, soll jedenfalls auch untersucht werden, ob diese langfristiger Natur ist (die meisten Crowdinvesting-Beteiligungsmodelle sehen eine Laufzeit von einigen Jahren vor) und ob das Unternehmen Maßnahmen trifft, um sein geistiges Eigentum zu schützen. Dabei stellen sich folgende Fragen: Wie nachahmbar ist die Technologie/Innovation? Wurden ein oder mehrere Patente eingereicht? Wurden ein oder mehrere Patente gewährt? Liegt der Patentschutz für den Technologievorsprung des Unternehmens oder für eine andere eventuell unwichtige Innovation vor?

Patente sind allerdings kein Allheilmittel. Während der Schutz von geistigem Eigentum in manchen Branchen sehr effektiv ist (zB in der Pharmabranche), kann er in manchen Fällen auch einfach umgangen werden. Sogenanntes „designing around“ beschreibt die Praxis, am Patentschutz vorbei zu entwickeln.

Insb in der Frühphase eines Unternehmens ist die Durchsetzung von Rechten an geistigem Eigentum schwierig. In Extremfällen können dadurch die Liquidität und das Überleben des Unternehmens gefährdet werden.

Folgende Fragen sollten beachtet werden:

- Wie einzigartig ist die Technologie/Innovation überhaupt?
- Schützt das Unternehmen sein geistiges Eigentum vor Nachahmung?
- Bietet die Technologie/Innovation dem Unternehmen einen relevanten Vorteil gegenüber der Konkurrenz?
- Wie nachhaltig ist diese Technologie/Innovation?
- Besteht eine Balance zwischen der wirtschaftlichen Entwicklung, der sozialen Gerechtigkeit sowie der ökologischen Sicht des Unternehmens?
- Entspricht die Technologie/Innovation den Bedürfnissen der heutigen Generation, ohne dabei die Möglichkeiten künftiger Generationen, zB ihre eigenen Bedürfnisse zu befriedigen und ihren Lebensstil zu wählen, zu gefährden?

4.3.1.2. Geschäftsmodell

BEURTEILUNGSKRITERIEN

	sehr schwach (1)	schwach (2)	mittel (3)	hoch (4)	sehr hoch (5)
Geschäftsmodell	unklare Geschäfts-strategie	Strategie nicht sehr relevant oder nicht präzise definiert	nicht differenzierend, aber mit Potential	überzeugendes Geschäftsmodell	bewiesene, gut durchdachte und originelle Strategie

Abb 29: Geschäftsmodell [Quelle: www.conda.eu][112]

Jedes Unternehmen muss Geld verdienen, damit es langfristig überleben kann. Das Geschäftsmodell beschreibt, wie das Unternehmen plant, mit seiner Strategie tatsächlich Geld zu verdienen. Als Crowdinvestor sollten Sie daher das Geschäftsmodell sehr kritisch hinterfragen:

- Wie originell und nachhaltig ist die Unternehmensstrategie? Sind Sie von dem Geschäftsmodell überzeugt?
- Wird die Leistung des Unternehmens auch noch am Ende der Laufzeit der Beteiligung relevant sein?
- Hat das Unternehmen eine Vision?
- Wie überzeugend ist die Produktstrategie?
- Wie sieht der Vorsprung gegenüber der Konkurrenz aus? Gibt es einen?
- Wie realistisch ist das Timing?

Schlüsselkriterien, die die Glaubwürdigkeit des Business-Modells ausmachen, sind ua die Unternehmensstrategie sowie die Vision des Unternehmens. Es muss überlegt werden, ob auch das Unternehmen seinen wesentlichen Vorsprung erkannt hat und seine Wertschöpfung darauf konzentriert. Unterziehen Sie die Milestone-Planung des Unternehmens einem Plausibilitätscheck und prüfen Sie, ob diese mit dem Finanzplan übereinstimmt. Achten Sie darüber hinaus auf Aussagen über die Konkurrenzfähigkeit. Besonders in der Frühphase sind Unternehmen mit hohem Risiko behaftet. Deshalb ist es für Investoren wichtig, dass das Unternehmen langfristig Wachstum und Wertsteigerung anstrebt. Beurteilen Sie deshalb die Qualität der Vision. Eine schwache Vision ist oft unreflektiert und oberflächlich.

Das Potential, Geld zu verdienen, spiegelt sich auch in der Strategie, welche Kernleistungen im Unternehmen selbst erwirtschaftet werden und was an andere Partner ausgelagert wird, wider. Um dies beurteilen zu können, ist in diesem Zusammenhang auch die Preisstrategie des Unternehmens zu hinterfragen. Diese kann, um auf den Markt zu gelangen, sehr aggressiv sein (was niedrige Preise bedeutet), jedoch kann das Unternehmen dadurch nicht kostendeckend arbeiten. Es stellt sich die Frage, ob es möglich ist, die Preise später wieder anzuheben. Auf der anderen Seite erschweren hohe Kosten am Beginn die Positionierung auf dem Markt und es ist fraglich, ob die geplanten Kunden so überhaupt erreicht werden können.

Gerade am Beginn eines Unternehmens muss das Geschäftsmodell oft angepasst werden. Die Unternehmer starten mit einer gewissen Annahme auf den Markt und müssen

112 https://www.conda.eu/crowdinvesting/ihr-investitionsleitfaden/ (abgerufen am 7.5.2019).

ausprobieren, ob die Produkte in dieser Form angenommen werden. Feedback, das die Unternehmer in dieser Zeit bekommen, muss schnell in das Geschäftsmodell einfließen, damit auf die Wünsche der Kunden Rücksicht genommen werden kann.

Für die Beurteilung ist daher auch die Fähigkeit des Teams relevant, auf diese sich ändernden Bedürfnisse schnell eingehen zu können und das Unternehmen dementsprechend zu steuern.

4.3.1.3. Marketing und Vertriebsziele: Die Go-to-Market-Klarheit

BEURTEILUNGSKRITERIEN

	sehr schwach (1)	schwach (2)	mittel (3)	hoch (4)	sehr hoch (5)
Marketing & Vertriebsziele	unklare/keine Markteintrittsstrategie	schwache Markteintrittsstrategie	valide Strategie, limitierte Reichweite	klare Strategie, weitere Feinanpassung nötig	Strategie klar und großteils validiert

Abb 30: Marketing und Vertriebsziele [Quelle: www.conda.eu][113]

Die Go-to-Market- oder Markteinführungs-Strategie definiert, ganz allgemein formuliert, wie ein Unternehmen seine Kunden erreichen und zugleich einen Vorsprung gegenüber der Konkurrenz erzielen will.

Für die Markteinführung kann der Zeitpunkt besonders kritisch werden und sollte daher wohl überlegt sein. Neben dem „Wann?“ ist das „Wo?“ ein kritischer Faktor der Go-to-Market-Strategie. Es muss überlegt werden, wo das neue Produkt oder Service eingeführt werden soll. Dazu müssen wiederum die einzelnen Gebiete nach ihrer Attraktivität bewertet werden. Bewertungskriterien wie das Marktpotential, die Kosten der Warenverteilung, die Kosten für Kommunikation, der Einfluss des Gebietes auf andere Gebiete oder auch die Wettbewerbslage müssen hier analysiert und entschieden werden.

Ein Crowdinvestor sollte folgende Fragen stellen, um die Klarheit der Go-to-Market-Strategie des Unternehmens zu analysieren:

- Ist das Timing realistisch und plausibel?
- Sind die Zielmärkte klar definiert und die Markteinführung in diese plausibel erklärt?
- Ist das Marktpotential realistisch?
- Stehen die Kosten für die Markteinführung in Relation zu den geplanten Unternehmensgewinnen?
- Sind die Zielgruppen klar definiert und voneinander unterscheidbar?
- Wie werden diese Zielgruppen angesprochen? Welche Kommunikationsmaßnahmen wurden dafür geplant?
- Sind alle Maßnahmen zielführend und die Kosten dafür plausibel?
- Hat das Unternehmen ein bestehendes Partnernetzwerk?
- Ist das Team gut aufgestellt? Sind genügend Ressourcen für die geplanten Maßnahmen vorhanden?

113 https://www.conda.eu/crowdinvesting/ihr-investitionsleitfaden/ (abgerufen am 7.5.2019).

Ein weiterer Schlüsselfaktor sind der Zielkunde und die Fragen „Wer?“ bzw „Welche Kundensegmente sollen angesprochen werden und wie werden diese definiert?“. Wenn diese Fragen beantwortet sind, stellt sich noch die Frage des „Wie?“. Hier sollte das Unternehmen einen Maßnahmenplan für die Einführung in den Zielmärkten entwickeln.

4.3.1.4. Marktsituation: Marktgröße/-wachstum

BEURTEILUNGSKRITERIEN

	sehr schwach (1)	schwach (2)	mittel (3)	hoch (4)	sehr hoch (5)
Marktsituation	(noch) kein Markt oder schrumpfender Markt	kleiner Markt mit kleiner Wachstumsrate	relativ großer Markt mit niedrigen Wachstumsraten	solider Markt, gute Wachstumsrate, wenig Konkurrenz	stark wachsender Markt mit wenig Konkurrenz

Abb 31: Marktsituation [Quelle: www.conda.eu][114]

Als Investor gilt es zu beurteilen, ob das Unternehmen eine Chance hat, die benötigte Anzahl an Produkten oder Dienstleistungen verkaufen zu können. Dazu muss sich das Unternehmen entscheiden, einen bestimmten Markt zu bearbeiten. Jeder Markt hat unterschiedliche Rahmenbedingungen und bietet daher für das Unternehmen unterschiedliche Chancen und Herausforderungen. Der Investor muss die Angaben des Unternehmens diesbezüglich hinterfragen, um dessen Wachstum abschätzen zu können. Kann das Unternehmen die angestrebten Umsätze auf dem geplanten Markt erzielen? Dazu müssen die Marktgröße, das Marktwachstum und das Marktpotential beurteilt werden.

Sie sollten sich vor einer Unternehmensbeteiligung jedenfalls folgende Fragen stellen:

- Wie groß ist der Markt und ist die Marktgröße plausibel definiert?
- Wie groß ist das Marktwachstum und wie ist dieses begründet?
- Wie schnell wird dieser Markt wachsen?
- Wie sieht die Konkurrenzsituation auf diesen Märkten aus?
- Ist das Marktpotential groß genug, um weitere Marktteilnehmer zuzulassen?

Unternehmen haben idR eine Vielzahl von Marktchancen, die Sie zuerst ermitteln, anschließend bewerten und schlussendlich miteinander vergleichen werden müssen. Es ist die Aufgabe des Unternehmens, Ihnen diese zu erläutern, als Investor sollten jedoch auch eigene Recherchen durchgeführt werden.

Die Ermittlung der Nachfrage ist ein besonders kritischer Faktor für ein Unternehmen. Wenn diese Forecasts (Vorhersagen) zu stark von der Realität abweichen und es dem Unternehmen in Folge nicht möglich ist, seine Planung und Durchführung schnell genug anzupassen, kann dies entweder zu Überkapazitäten und somit zu hohen Lagerständen führen oder das Unternehmen verpasst eine Chance, seine Umsätze zu maximieren, indem es nicht genügend produzieren bzw liefern kann. Das gleiche Prinzip gilt natürlich auch für Dienstleistungen.

Am erfolgversprechendsten sind sicherlich neue große Märkte mit wenig Konkurrenz. Diese Märkte sind aber meist mit einem entsprechend großen Risiko verbunden. Das

114 https://www.conda.eu/crowdinvesting/ihr-investitionsleitfaden/ (abgerufen am 7.5.2019).

Risiko kann darin liegen, dass es einen großen Kapitaleinsatz benötigt, um in diesen Markt einsteigen zu können, es lange dauert, den Markt zu erreichen oder, falls die Konkurrenz den Markt schnell erreichen kann, das Unternehmen seinen Vorsprung nur eine kurze Zeit zu halten vermag.

In diesem Zusammenhang wird oft von disruptiven Innovationen gesprochen, die eine Branche oder einen Markt völlig neu definieren. Das Unternehmen besitzt dann einen Vorsprung, den andere Unternehmen nicht so schnell aufholen können. Dieser Vorsprung sollte dann auf einen Markt angewendet werden, der es ermöglicht, schnell zu wachsen.

4.3.1.5. Team: Management-Skalierbarkeit und Erfahrungen

BEURTEILUNGSKRITERIEN

	sehr schwach (1)	schwach (2)	mittel (3)	hoch (4)	sehr hoch (5)
Team	unerfahrenes Team	wenig Erfahrung, grundlegende Managementlücken	gewisse Erfahrung, unkomplettes C-Level	gute C-Level-Struktur, gewisse Lücken	hochrangiges Team mit allen nötigen Kompetenzen

Abb 32: Team [Quelle: www.conda.eu][115]

All dies klingt in der Theorie positiv, aber es benötigt Menschen, um die Business-Strategie umzusetzen und das Projekt erfolgreich zu machen. Aus diesem Grund sollte unbedingt das Team des Projekts betrachtet werden. Der beste Businessplan ist nichts wert, wenn es kein Team gibt, das diesen Plan umsetzen kann. Oder anders gesagt: Ein gutes Team ist in der Lage, aus einem mittelmäßigen Business-Modell ein erfolgreiches Unternehmen aufzuziehen.

Im Rahmen der Meinungsbildung über jene Personen, die hinter dem Projekt stehen, sollte man sich folgende Fragen stellen:

- Welche Erfahrungen besitzen die Personen hinter dem Projekt?
- Was haben diese Personen zuvor gemacht?
- Welche Positionen gibt es in dem Unternehmen und von wem werden sie eingenommen?
- Welche Qualifikationen und welche Expertise bringen die Teammitglieder ein?
- Ist die Unternehmensorganisation klar definiert und sind die Schlüsselfunktionen richtig besetzt (CEO, Technologie, Marketing etc)?

Das Team –insb das Management – ist einer der wichtigsten Erfolgsfaktoren für die erfolgreiche Umsetzung eines Unternehmens. Ein sehr gutes Team kann auch eine zweitklassige Unternehmensidee zum Erfolg führen. Erfahrungen sollten dabei nicht nur auf der technischen Seite vorliegen; insb wirtschaftliche Erfahrungen sind sehr wichtig und es sollte Hand in Hand mit der Technik gearbeitet werden. Es gilt, das Geschäftsmodell hinsichtlich seiner Monetarisierungsmöglichkeit zu überprüfen (dh dahingehend, wie das Unternehmen tatsächlich Gewinn erwirtschaftet). Darüber hinaus sind Erfahrungen im Aufbau und der Strukturierung von Gesellschaften hilfreich und inwieweit die Ex-

115 https://www.conda.eu/crowdinvesting/ihr-investitionsleitfaden/ (abgerufen am 7.5.2019).

pertisen der Gründer bereits in anderen Rollen und Positionen unter Beweis gestellt werden konnten. Folgende Bewertungsskala hilft dabei, die Kompetenz des Gründungsteams zu beurteilen:

- **Sehr schwach** (1 Punkt): Hat das Team keine Erfahrung, weder aus früheren Positionen bei anderen Unternehmen noch aufgrund von anderen Unternehmensgründungen, so ist dieser Punkt mit 1 zu bewerten.
- **Schwach** (2 Punkte): Das Team hat vereinzelt Mitglieder mit Erfahrungen in Teilbereichen, ist jedoch nicht vollständig. ZB liegen Erfahrungen für die technische Umsetzung vor, aber keine organisatorischen oder Marketing-/Vertriebserfahrungen. Das Unternehmen stellt sich damit als nicht ausreichend strukturiert dar.
- **Mittel** (3 Punkte): Im Team sind gewisse Erfahrungen vorhanden, jedoch ist das Top-Level-Management für die erfolgreiche Umsetzung des Unternehmens nicht vollständig. Es sind technische, wirtschaftliche und Marketing-Erfahrungen vorhanden, jedoch fehlen internationale bzw organisatorische Visionen. Das Unternehmen weist auch geringe Anreize auf, die fehlenden Kompetenzen mithilfe weiterer Top-Manager zu vervollständigen.
- **Hoch** (4 Punkte): Im Team ist ein gutes Top-Level-Management vorhanden. Einzelne Lücken können durch die Attraktivität des Unternehmens durch neue Schlüsselmitarbeiter/-manager ausgeglichen werden. Das Unternehmen ist auf einem guten Weg, ein umfassendes Team aufzubauen.
- **Sehr Hoch** (5 Punkte): Das Team ist vollständig aufgestellt. Alle Voraussetzungen wurden getroffen, um auch bei einem größer werdenden Team schnell wachsen zu können.

Insgesamt gilt es daher, sich ein Bild vom Management und dessen Erfahrungen sowohl durch deren Lebenslauf als auch durch direkten Kontakt zu machen. Um dies auch bei Crowdinvesting-Projekten zu ermöglichen, bieten die meisten Crowdinvesting-Plattformen den direkten Austausch mit dem Management-Team an. Es sollten diese Möglichkeiten genutzt sowie Fragen zu den geplanten Entwicklungen und deren Vorgehensweisen gestellt werden.

Tipp

Sollten Sie die für Sie wichtigen Fragen anhand der vorhandenen Informationen nicht beantworten können, fragen Sie nach! Nutzen Sie die Möglichkeiten, das Gründerteam oder das Unternehmen direkt zu kontaktieren, sei es bei Veranstaltungen, bei Webinaren oder auf elektronischem Weg (per E-Mail oder anhand von Feedbackfunktionen direkt auf der Plattform). Die Unternehmer beantworten Investorenfragen immer gerne, da sie selbst dadurch dazulernen. Und Sie können Ihren Teil dazu beitragen, die Projektinformationen zu verbessern.

Insgesamt stellt sich ein erfolgreiches Top-Level-Management so zusammen, dass zumindest die fachlichen und betriebswirtschaftlichen Fragestellungen sowie der Verkauf abgebildet werden können:

- **Sales:** Know-how darüber, wie das Produkt tatsächlich verkauft werden kann.
- **Business:** Finanzielles Wissen zur Planung eines Unternehmens und zur Kommerzialisierung des Geschäftsmodells.

- **Tech:** Fachliches Know-how zum Aufbau des Unternehmens.
- **Design:** Hand in Hand mit Sales und den technischen Experten kommt es auf die richtige Präsentation an.

Je nach Unternehmen können diese Anforderungen unterschiedliche stark ausgeprägt sein.

4.3.1.6. Finanzierung und Planzahlen

BEURTEILUNGSKRITERIEN

	sehr schwach (1)	schwach (2)	mittel (3)	hoch (4)	sehr hoch (5)
Finanzierung & Planzahlen	keine Finanzplanung vorhanden	rudimentäre Finanzplanung, Finanzierung nicht sichergestellt	Finanzplanung vorhanden, Finanzierung noch fraglich	solide Finanzplanung vorhanden, Finanzierung zu 80 % sichergestellt	gut durchdachte Finanzplanung, Finanzierung sichergestellt

Abb 33: Finanzplanung [Quelle: www.conda.eu][116]

Das Unternehmen muss für die Beurteilung der jeweiligen Unternehmensidee Hypothesen über eine etwaige zukünftige Entwicklung des Marktes und der zu verkaufenden Produkte präsentieren. Mittels dieser Hypothesen kann überprüft werden, ob es für die Investoren realistisch ist, dass diese Märkte angesprochen und erreicht werden können. Genauso wichtig ist es, einerseits zu beurteilen, ob das Unternehmen bei Erreichen der entsprechenden Ziele die Produkte auf dem Markt verkaufen kann, also ob damit Geld verdient werden kann, und andererseits, ob das Unternehmen genügend Liquidität und damit Vermögen hat, um die entsprechenden Meilensteine zu finanzieren. Für diese Beurteilung ist es notwendig, die Hypothesen, die vom Gründerteam angenommen werden, zu kennen, um die Kosten für die Umsetzung und den Zeitpunkt, an welchem dem Unternehmen Kapital zugeführt werden soll, abschätzen zu können.

Es muss beachtet werden, dass die von den Unternehmen in dieser frühen Phase erstellten Planrechnungen ebenso nur auf Hypothesen beruhen, die von den Unternehmen an etwaig geänderte Marktbedürfnisse angepasst werden müssen. Genauso wie ein Businessplan oder eine Go-to-Market-Strategie angepasst werden muss, ist es nötig, dass sich auch der Finanzplan des Unternehmens ständig anpasst und sich an die geänderten Rahmenbedingungen angleicht.

Um ein umfängliches Bild von den geplanten Geldströmen im Unternehmen zu erhalten, sollte von dem Unternehmen eine **integrierte Planrechnung** durchgeführt werden. Diese integrierte Planrechnung betrachtet das Unternehmen und dessen Entwicklungen im Wesentlichen aus drei Blickwinkeln: der Erfolgsrechnung, Planbilanz und Cashflow-Rechnung (oder Finanzplanung als Variante der Cashflow-Rechnung).

Die **Erfolgsrechnung** gibt darüber Auskunft, in welcher Periode Unternehmenserträge erwirtschaftet werden; dies entspricht jedoch nicht den tatsächlichen Zahlungsflüssen, da Kunden meist spätere Zahlungstermine vereinbart haben. Die tatsächlichen Zahlungszeitpunkte werden in der **Cashflow-Rechnung** abgebildet. Um den tatsächlichen Stand der Vermögenslage im Unternehmen zu einem bestimmten Zeitpunkt sehen zu

116 https://www.conda.eu/crowdinvesting/ihr-investitionsleitfaden/ (abgerufen am 7.5.2019).

können, wird die Planbilanz benötigt. In der **Planbilanz** ist einerseits ersichtlich, welche Anlagen gekauft und welche Vorräte vorhanden sind sowie welches Bargeld sich am Konto befindet, und andererseits, wer dies finanziert (Investoren, Darlehen usw).

Eine detaillierte Analyse der jeweiligen Positionen ist oftmals sehr schwer, weil die Details der Berechnung für den Investor nicht in der gesamten Tiefe vorhanden sind. Für eine Investition als Crowdinvestor in ein entsprechendes Unternehmen sollten aber jedenfalls die in der Checkliste in Kapitel 4.3.1. gestellten Fragen beantwortet werden.

Gerade bei Unternehmen in der frühen Phase ist die Liquidität einer der wichtigsten Aspekte für das Unternehmen. Die Ziele können noch so niedrig gesteckt sein – wenn die Liquidität nicht vorhanden ist, kann selbst das kleinste Ziel nicht erreicht werden. Sollten Fragen zur Liquidität nicht auf der Projektseite beantwortet werden, lohnt es sich, diese Fragestellungen direkt an das Unternehmen weiterzuleiten.

Abb 34: Erfolgsrechnung

Im Wesentlichen sollte das Unternehmen folgende Fragen beantworten können:

- Wurde der gesamte benötigte Kapitalbedarf, um die angegebenen Ziele zu erreichen, richtig eingeschätzt?
  In der Erfolgsrechnung werden entsprechende Umsatzziele für die nächsten (meist drei) Jahre angegeben. Diese spielen oft auch eine Rolle bei der Bewertung des Unternehmens durch das Gründerteam selbst. Zur Erreichung dieser Ziele entstehen auf der einen Seite laufende Kosten, aber auf der anderen Seite auch Investitionen, um die Infrastruktur aufbauen zu können. Das Gründerteam sollte verstehen, welche Kosten im Unternehmen entstehen, wann Umsätze realistisch erzielt werden und wann das Unternehmen frisches Kapital braucht. Es sollte daher eine ungefähre Schätzung vornehmen, wie viel Kapital benötigt wird, um die gesteckten Ziele umsetzen zu können. Dies gibt auch Auskunft darüber, wie realistisch die gesamte Umsetzung ist.
- Wie lange reicht die im Unternehmen vorhandene Liquidität?
  Das Unternehmen in einer sehr frühen Phase muss Hypothesen über einen zukünftigen, vielleicht noch nicht existierenden Markt abgeben. Diese Hypothesen werden anhand der Erreichung der einzelnen Meilensteine am Markt getestet. Mit jedem erreichten Meilenstein kann das Unternehmen neue Investoren für sich interessieren.

Das Unternehmen wird daher nicht den gesamten benötigten Kapitalbedarf mit der ersten Finanzierungsrunde bzw durch das Crowdinvesting-Projekt aufstellen können. In diesem Zusammenhang sollte aber überlegt werden, wie lange die Finanzierung (zB über Crowdinvesting) reicht, damit Folgefinanzierungen realistisch erscheinen.

- Werden die Schritte für die Folgefinanzierung realistisch eingeschätzt?
  Abgeleitet aus der Frage der Liquidität, die vorhanden ist, sollten die Schritte der Folgefinanzierung dargestellt bzw besprochen werden.
- Gibt es Verbindlichkeiten im Unternehmen, die die Liquidität kurzfristig gefährden?
  Als letzter Punkt sollte hinterfragt werden, ob das Unternehmen bestehende Schulden hat, die vielleicht kurzfristig wieder zurückgezahlt werden müssen oder auch langfristig sämtliche positiven Cashflows vernichten und damit eine Umsetzung als nicht mehr realistisch erscheinen lassen können.

Insgesamt soll auf Basis der Finanzplanung eine persönliche Einschätzung vorgenommen werden, anhand derer beurteilt werden kann, ob die Finanzierung dieses Investments realistisch erscheint und damit eine Umsetzung überhaupt möglich gemacht werden kann.

4.3.1.6.1. Erfolgsrechnung

ERFOLGSRECHNUNG
(alle Werte in 1.000 €)
Bespielunternehmen

Beispielplanrechnung	Ist	Ist	Ist	Ist	Ist	Plan	Hope	Plan	Plan	Plan	Plan	Plan	Plan
	2009	2010	2011	2012	11.10/ 2013	11.12/ 2013	2013	Q1 2014	Q2 2014	Q3 2014	Q4 2014	2014	2015
Umsatzerlöse	3.757	2.865	3.806	4.568	4.766	706	5.472	1.407	1.398	1.276	1.203	5.284	5.766
Bestandsveränderungen	–58	–312	246	29	–220	168	–52	0	0	0	170	170	–21
Sonstige betriebliche Erträge	147	140	221	260	111	276	387	79	12	52	107	250	255
BETRIEBS-LEISTUNG	3.846	2.694	4.273	4.857	4.657	1.150	5.807	1.486	1.410	1.328	1.480	5.704	6.000
Materialaufwand	742	721	834	809	1.026	350	1.376	360	250	338	94	1.042	1.345
ROHERTRAG	3.105	1.973	3.439	4.048	3.360	800	4.431	1.127	1.160	989	1.387	4.663	4.655
ROHERTRAGS-QUOTE (%)	80,7 %	73,1 %	80,5 %	83,3 %	78,0 %	69,6 %	76,3 %	75,8 %	82,3 %	74,5 %	93,7 %	81,7 %	77,6 %
Personalaufwand	1.956	1.784	2.203	2.227	2.057	405	2.462	671	558	704	628	2.562	2.556
Abschreibungen	151	459	545	580	465	101	566	146	146	146	146	585	549
Sonst betriebl Aufwendungen	1.034	906	867	953	669	173	842	213	235	238	250	937	889
davon													
Sonstiger Aufwand	491	427	423	537	359	72	431	93	110	135	135	473	455
Leasingaufwand	400	359	315	219	155	74	230	73	59	61	61	253	243

Instandhaltungen	84	39	77	109	95	16	111	23	37	20	34	115	117
Fahrzeugkosten	47	48	38	58	40	10	51	13	23	18	11	65	54
Werbung	12	33	14	29	19	1	20	11	6	5	9	30	21
BETRIEBS- vor FINANZ-ERGEBNIS (EBIT)	-36	-1.176	-175	288	440	121	561	97	220	-100	362	579	660
EBIT-MARGE (%)	-0,9 %	-43,7 %	4,1 %	5,9 %	9,4 %	10,5 %	9,7 %	6,5 %	15,6 %	-7,5 %	24,4 %	10,1 %	11,0 %
Finanzergebnis	-80	-256	-172	-221	-194	-34	-229	-49	-47	-44	-42	-182	-140
BETRIEBS- UND FINAN-ZERGEBNIS (EGT)	-116	-1.432	-347	67	246	86	332	47	173	-144	320	397	520
Außer-ordentliches Ergebnis	0	0	0	0	0	0	0	0	0	0	0	0	0
JAHRES-ERGEBNIS VOR STEUERN	-116	-1.432	-347	67	246	86	332	47	173	-144	320	397	520
Steuern vom Einkommen und Ertrag	2	2	2	22	0	83	83	0	0	0	99	99	130
JAHRESÜBER-SCHUSS/ FEHLBETRAG	-118	-1.434	-348	45	246	3	249	47	173	-144	221	298	390
Auflösung und Zuweisung	0	0	0	0	0	0	0	0	0	0	0	0	0
JAHRES-GEWINN/ VERLUST	-118	-1.434	-348	45	246	3	249	47	173	-144	221	298	390

Tab 11: Erfolgsrechnung

Die Erfolgsrechnung beschäftigt sich mit der Ermittlung des Unternehmenserfolgs innerhalb eines Zeitabschnitts (Periode).

Anhand der Erfolgsrechnung kann man die Vorgehensweise des Gründerteams analysieren und abschätzen, wie dieses das Unternehmen die nächsten Jahre steuern möchte. Es lassen sich der geplante Ertrag, der Personalaufwand, die sonstigen Aufwendungen und Finanzierungskosten herauslesen.

Der Ertrag gibt Auskunft darüber, ab wann das Unternehmen Einnahmen erzielen möchte. Weiters wird eine Schätzung ermöglicht, wie schnell sich diese Einnahmen verdoppeln oder verdreifachen werden. In diesem Zusammenhang ist die Logik des Geschäftsmodells des Unternehmens wichtig. Anhand der Planung des Ertrags lässt sich erkennen, wie das Unternehmen Umsatzerlöse zu erwirtschaften plant. Details, die auf der Webseite nicht dargestellt werden, sollten beim Gründerteam direkt erfragt werden. Dies betrifft zB folgende Fragen: Wie viele Stücke des Produkts müssen verkauft werden, um den geplanten Umsatz zu erzielen? Wie wird sich die Stückzahl in den nächsten Jahren ändern bzw steigern? Wird der Umsatz pro Stück sinken, wenn die Stückzahl steigt?

Dabei sollte bedacht werden, dass es sich hier um **Planwerte** handelt. Das bedeutet, dass diese Werte eine Schätzung sind und sich ändern werden. Für eine Beurteilung ist es wichtig, die Einschätzung des Gründerteams, inwieweit die Zusammenhänge funktionieren, zu verstehen und zu hinterfragen, ob man selbst an diese Zusammenhänge glaubt.

Die **Personalplanung** gibt darüber Auskunft, wie personalintensiv das Unternehmen geführt wird. Plant man ein stark skalierbares Geschäftsmodell, werden die Personalkosten wesentlich geringer steigen als der Umsatz. Trifft dies auf ein Unternehmen zu, ist daher genau zu prüfen, ob es sich tatsächlich um ein derart skalierbares Unternehmen handelt oder die Personalkosten unterschätzt werden. Auch zu hinterfragen ist, ob das Geschäftsführergehalt entsprechend eingeplant wurde.

Anhand der **sonstigen Aufwendungen** ist ersichtlich, wer für die Umsetzung des Unternehmens sonst noch zur Rate gezogen und was benötigt wird, um das Unternehmen zu entwickeln oder am Leben zu erhalten. In den **Finanzierungsaufwendungen** sind die Kosten für Kredite enthalten.

4.3.1.6.2. Bilanz

BILANZ
(alle Werte in 1.000 €)
Bespielunternehmen

Beispielplanrechnung	Ist	Ist	Ist	Ist	Ist	Plan	Hope	Plan	Plan	Plan	Plan	Plan
	2009	2010	2011	2012	11.10/ 2013	11.12/ 2013	2013	Q1 2014	Q2 2014	Q3 2014	2014	2015
Aktiva												
A. ANLAGEVERMÖGEN	1.514	5.156	5.275	4.743	4.218	3.864	3.763	3.746	3.710	3.614	3.467	3.103
I. Vorräte	426	494	156	490	662	378	591	577	601	321	635	944
II. Forderungen und sonstige Vermögensgegenstände	722	506	1.046	1.065	686	685	966	869	984	741	849	905
davon												
Forderungen LL	422	395	424	805	655	600	634	791	892	696	766	685
Sonstige Forderungen und Vermögensgegenstände	300	111	621	260	31	85	332	77	2	45	83	220
III. Wertpapiere und Anteile	0	0	0	0	0	0	0	0	0	0	0	0
IV. Kassenbestand, Guthaben bei Kreditinstituten	268	17	14	148	1	150	150	150	150	150	150	150
B. UMLAUFVERMÖGEN	1.416	1.017	1.216	1.703	1.349	1.213	1.706	1.595	1.644	1.211	1.633	1.999
C. AKTIVE RECHNUNGS-ABGRENZUNG	0	0	0	0	0	0	0	0	0	0	0	0
BILANZSUMME AKTIVA	2.930	6.173	6.491	6.445	5.567	5.077	5.469	5.342	5.354	4.824	5.101	5.102
Passiva												
A. EIGENKAPITAL	2.022	2.405	972	623	669	914	918	965	1.138	994	1.125	1.606
B. UNVERSTEUERTE RÜCKLAGEN	0	0	0	0	0	0	0	0	0	0	0	0
C. RÜCKSTELLUNGEN	198	287	248	457	400	355	355	355	355	355	355	355

D. VERBINDLICHKEITEN	710	3.481	5.271	5.365	4.499	3.807	4.196	4.021	3.861	3.475	3.530	3.141
davon												
Verbindlichkeiten gegenüber Kreditinstituten	0	3.290	4.835	4.100	3.846	3.000	3.556	3.361	3.348	3.147	3.085	2.692
Bankverbindlichkeiten lfr	0	2.500	4.500	4.100	3.500	3.000	2.900	2.750	2.600	2.450	2.300	1.700
Bankverbindlichkeiten kfr	0	790	335	0	346	0	0	0	0	0	0	0
Finanzbedarf/Überschuss	0	0	0	0	0	0	656	611	748	697	785	992
Verbindlichkeiten LL	231	257	334	539	454	482	305	350	274	141	332	363
Sonstige Verbindlichkeiten	479	-65	102	726	199	325	335	310	239	187	113	85
E. RECHNUNGS-ABGRENZUNGSPOSTEN	0	0	0	0	0	0	0	0	0	0	0	0
BILANZSUMME PASSIVA	2.930	6.173	6.491	6.445	5.567	5.077	5.469	5.342	5.354	4.824	5.101	5.102

Tab 12: Bilanz

Die Planbilanz dient der Ermittlung und Darstellung der künftig notwendigen Mittelbindung und Finanzierung.

Anhand der **Aktivseite** der Bilanz ist ersichtlich, wofür das Kapital verwendet wird. Es handelt sich einerseits um Anlagegüter, andererseits um Umlaufvermögen. **Anlagegüter** sind Güter, die die Basis für das Unternehmen darstellen, zB Patente, Maschinen, Bürogebäude, Einrichtung etc. Bei größeren Unternehmen sind meist auch Beteiligungen vorhanden. Das **Umlaufvermögen** stellt das Vermögen dar, das für die tägliche operative Arbeit benötigt wird. Dieses umfasst zunächst ein Bankkonto, um die laufenden Ausgaben und Einnahmen zu verwalten, aber auch Waren und Forderungen gegenüber Kunden.

Auf der **Passivseite** wird die Mittelherkunft dargestellt, wobei zwischen **Eigenkapital** und **Fremdkapital** unterschieden wird. Die Differenzierung dient dazu, die Rangfolge im Falle einer Insolvenz und bei der Rückzahlung zu definieren. Je weiter hinten im Rang die Rückzahlung steht, umso mehr ist sie dem Bereich des Eigenkapitals zuzuordnen. Crowdinvesting ist oft eine Zwischenform von Fremd- und Eigenkapital. Das investierte Kapital ist langfristig dem Unternehmen beigegeben, nachrangig gegenüber anderen Verbindlichkeiten und führt zu einer etwaigen Beteiligung am Unternehmenswert.

Die Bilanz ist immer eine Stichtagsdarstellung und ermöglicht es zu erkennen, wie das Unternehmen zu diesem Zeitpunkt finanziert ist.

4.3.1.6.3. Cashflow

CASHFLOW-RECHNUNG (alle Werte in 1.000 €) Bespielunternehmen													
Beispielplanrechnung	Ist	Ist	Ist	Ist	Ist	Plan	Hope	Plan	Plan	Plan	Plan	Plan	Plan
	2009	2010	2011	2012	11.10/ 2013	11.12/ 2013	2013	Q1 2014	Q2 2014	Q3 2014	Q4 2014	2014	2015
Kapitalflussrechnung													
(Jahres-)Periodenüberschuss/-fehlbetrag	-118	-1.434	-348	45	146	3	249	47	173	-144	221	298	390
Abschreibung	151	459	545	580	465	101	566	146	146	146	146	585	549
Cashflow aus Jahresergebnis	33	-975	196	625	710	105	815	193	319	2	367	883	939
Erlöse Verkauf AV	0	0	0	0	0	0	0	0	0	0	0	0	0
Erhöhung (-)/Senkung (+) Vorräte	-67	338	-334	-173	284	-213	71	14	-24	281	-315	-44	-309
Erhöhung (-)/Senkung (+) Forderungen	27	-29	-381	150	55	-34	21	-157	-101	196	-70	-132	81
Erhöhung (-)/Senkung (+) Verbindlichkeiten LL	26	77	204	-85	28	-177	-149	45	-76	-133	191	27	31
Saldo sonstige Forderungen/ Verbindlichkeiten kfr	-365	-343	985	-397	72	-237	-165	230	5	-95	-112	27	-165
Erhöhung (-)/Senkung (+) Rückstellung kfr	89	-39	210	-58	-44	0	-44	0	0	0	0	0	0
Working Capital (+/-)	-281	4	685	-463	395	-661	-266	132	-197	248	-306	-122	-362
Cashflow aus dem operativen Ergebnis	-248	-970	881	162	1.105	-556	549	325	123	251	62	761	578
Cashflow aus Investitionsaktivitäten	-3.793	-578	-12	-55	-111	0	-111	-130	-110	-50	0	-290	-185
Cashflow aus der Gesellschaftersphäre	501	0	0	0	0	0	0	0	0	0	0	0	0
Cashflow aus Finanzierungsaktivitäten	3.290	1.545	-735	-254	-846	-100	-946	-150	-150	-150	-150	-600	-600
Veränderung liquider Mittel lt Kapitalflussberechnung	-205	-3	133	-147	149	-656	-507	45	-137	51	-88	-129	-207
Veränderung liquider Mittel lt Bilanz	250	3	-133	147	-149	0	-149	0	0	0	0	0	0
Bedarf Überschuss lt Kapitalflussberechnung	0	0	0	0	0	-656	656	45	-137	51	-88	-129	-207
Bedarf Überschuss lt Finanzplan Akk	0	0	0	0	0	-656	656	-611	-748	-697	-785	-785	-992

Tab 13: Cashflow-Rechnung

Der Cashflow gibt als Finanzindikator darüber Auskunft, ob ein Unternehmen aus eigener Kraft Investitionen tätigen kann und somit auch in Zukunft wettbewerbsfähig ist und in welcher Höhe Barmittel für Schuldentilgung, Zinszahlungen und zur Ausschüttung an die Gesellschafter vorhanden sind.

Bei einer integrierten Planrechnung fließen die Erfolgsrechnung, die Cashflow-Planung und die Bilanz ineinander. Das Ergebnis der Cashflow-Planung ist die Darstellung des Bankkontos in der Bilanz. Wurde alles richtig gemacht, ergeben Aktiva und Passiva in der Bilanz denselben Betrag.

Die **Cashflow-Planung** stellt die Zahlungsflüsse des Unternehmens dar, also wann welche Erträge tatsächlich vereinnahmt und welche Aufwendungen gezahlt werden. Daraus abgeleitet ergibt sich ein zusätzlicher Finanzierungsbedarf oder ein Überhang, der für Investitionen genutzt werden kann.

Vereinfacht kann man sich das Ergebnis der Cashflow-Planung wie ein Bankkonto vorstellen, das keinen Überziehungsrahmen bietet. Sollte der Cash-Bestand negativ sein, muss sich das Unternehmen überlegen, wie es diesen finanzieren kann. Dies kann durch weitere Zuzahlungen durch die Gesellschafter erfolgen, durch Bankenfinanzierung oder Crowdinvesting.

Zur Beurteilung eines Unternehmens ist es in diesem Zusammenhang wichtig, einschätzen zu können, wie lange das Unternehmen überleben kann, bis ein weiterer Kapitalbedarf vorliegt bzw ob überhaupt ein weiterer Kapitalbedarf besteht. In einem zweiten Schritt können dann die Werte aus der Ertragsrechnung überprüft und kann überlegt werden, wie sich der Cashflow ändert, wenn der Umsatz zB nur zur Hälfte erzielt wird.

4.3.2. Beurteilung des Beteiligungsmodells

In Österreich sind in den letzten Jahren mehrere Plattformen entstanden, die jeweils ein eigenes Beteiligungsmodell für Crowdinvesting entwickelt haben. Jedes dieser Beteiligungsmodelle hat für den Investor unterschiedliche wirtschaftliche und steuerrechtliche Auswirkungen.

1000x1000.at	CONDA	dasErtragReich Einfach.Mehr.Wert	GREEN ROCKET	Regional funding
www.1000x1000.at	www.conda.eu	www.dasertragreich.at	www.greenrocket.at	www.regionalfunding.at
Graz	Wien	Wien	Graz	Gars am Kamp
Substanzgenussrecht	Nachrangdarlehen	Nachrangdarlehen	Substanzgenussrecht, Nachrangdarlehen	Substanzgenussrecht
Unternehmen, Start-up, Immobilien	Unternehmen, Start-up	Unternehmen, Start-up	Unternehmen, Start-up	Unternehmen, Start-up

Abb 35: Beteiligungsmodelle Österreich

Die gängigsten Modelle in Österreich sind derzeit das qualifizierte Nachrangdarlehen und das Substanzgenussrecht. Alle Beteiligungsmodelle haben gemeinsam, dass die Beteiligung am Unternehmen auf Basis eines Vertrages erfolgt. Dieser Vertrag kann sehr unterschiedlich ausgestaltet sein, weshalb es umso wichtiger ist, sich alle vertraglichen Details genau anzusehen. In diesem Kapital werden die wirtschaftlichen Kriterien hinterfragt, die mit den Beteiligungsmodellen verbunden sind.

Zusätzlich zur rechtlichen Beurteilung und zur Beurteilung des Investitionsprojektes ist es essenziell zu verstehen, wann eine Rückzahlung vom Unternehmen zu erwarten ist und welches Risiko hinsichtlich einer etwaigen Nichtrückzahlung aufgrund des Beteiligungsmodells besteht. Es gibt diesbezüglich verschiedene Herangehensweisen. Einerseits müssen die einzelnen Klauseln des Vertrages beurteilt werden, andererseits kann berechnet werden, welche Rückzahlungen zu welchem Zeitpunkt erwartet werden und wie wahrscheinlich eine solche Rückzahlung ist. Damit die Modelle vergleichbar sind, kann der interne Zinsfuß für jedes Investitionsprojekt berechnet werden. Zu beachten ist aber, dass in die Berechnung miteinfließen sollte, wie hoch die Wahrscheinlichkeit ist, dass die Zahlungen tatsächlich erfolgen. Für eine Beurteilung ist es wichtig zu verstehen, was die jeweilige Ausgestaltung wirtschaftlich bedeutet. Wirtschaftlich gesehen sollte va hinterfragt werden, wann Auszahlungen erfolgen.

Zahlungszeitpunkte	Unter welchen Bedingungen kann das Unternehmen den Vertrag kündigen?
	Unter welchen Bedingungen kann der Investor den Vertrag kündigen?
	Wann erfolgt eine Auszahlung?
	Können die Anteile übertragen werden und wenn ja, unter welchen Voraussetzungen?
Berechnung der Auszahlungen	Wie werden Auszahlungen berechnet?
	Wie bekomme ich am Ende mein Geld wieder zurück?
Wie sieht es im Worst Case aus?	Kann es passieren, dass ich mein Geld nicht mehr zurückbekomme?
	Was kann gegen eine Auszahlung sprechen?

Tab 14: Wirtschaftliche Rahmenbedingungen

4.3.2.1. Beurteilung der Zahlungszeitpunkte

Die Verträge können eine unterschiedlich lange Laufzeit haben. Grundsätzlich ist hier zwischen befristeten und unbefristeten Verträgen zu differenzieren. **Befristete Verträge** haben einen definierten Zeitpunkt, an dem der Vertrag endet und das Unternehmen eine Auszahlung tätigen muss. **Unbefristete Verträge** laufen grundsätzlich weiter, jedoch ist die Kündigungsmöglichkeit zu beachten.

Die meisten Verträge beinhalten einen **Kündigungsverzicht**, der meist einen Zeitraum von fünf bis zehn Jahren betrifft. Der Kündigungsverzicht kann sowohl für das Unternehmen als auch für den Investor gelten. Meistens gilt der Verzicht in den ersten Jahren für beide Seiten. Der Kündigungsverzicht definiert, wie lange das Investment im Unternehmen bleiben muss. Dies ist in zweierlei Hinsicht zu beurteilen: Das Unternehmen nimmt Geld auf, um damit das Unternehmen zu entwickeln. Es muss den Kündigungszeitraum daher so wählen, dass es zum erstmaligen Kündigungszeitpunkt in der Lage ist, das Geld wieder an die Investoren zurückzuzahlen. Andererseits möchte das Unternehmen das Geld nicht zu lange im Unternehmen behalten, weil das Unternehmen meist immer mehr wert wird und es daher – soweit eine Bindung an eine Unternehmenswertsteigerung erfolgt – immer teurer wird, das Kapital zurückzuzahlen. Aus Investorensicht möchte der Investor einerseits sein Kapital so bald als möglich wieder aus dem Unternehmen herausbekommen, damit er auch in andere Unternehmen investieren kann. Andererseits sollte das Kapital so lange im Unternehmen bleiben, dass auch ein entsprechender Wert bei der Rückzahlung erzielt werden kann. Ist der Unternehmenswert in der geplanten Zeit nicht gestiegen, dann ist die Auszahlung entsprechend geringer. Bei einer längeren Laufzeit ist die Chance größer, dass ein entsprechender Unternehmenswert auch erreicht werden kann.

Es sind daher zwei Punkte zu beachten: die Laufzeit des Vertrages und der Zeitraum des Kündigungsverzichts. Die meisten Verträge enthalten einen definierten Endzeitpunkt. Bei unbefristeten Verträgen wird das Unternehmen vermutlich zu dem Zeitpunkt den Vertrag kündigen, an dem der Kündigungsverzicht ausläuft bzw – falls das Geld im Unternehmen zu diesem Zeitpunkt nicht vorhanden ist – sobald ein Großteil der Investoren kündigt, weil dann die Verwaltung des Beteiligungsmodells zu teuer wird. Bei befristeten Verträgen entspricht die Laufzeit meist der Zeitspanne des Kündigungsverzichts, wodurch sowohl befristete als auch unbefristete Verträge in der Praxis vermutlich ähnliche Auswirkungen haben.

Als **Sonderkündigungsgrund** findet sich in einigen Verträgen der **Verkauf des Unternehmens**. Es gibt verschiedene Möglichkeiten, wie mit einem solchen umgegangen wird. Er kann zu einem sofortigen Ende des Vertrages führen. In diesem Fall könnte es ein Problem darstellen, wenn nur ein Teil verkauft wird und das Unternehmen nicht das Geld hat, um alle Investoren auszuzahlen. Dann könnten eventuell Verkäufe nicht durchgeführt werden, die aber für das Unternehmen sehr wichtig wären, um einen zusätzlichen Investor zu gewinnen. Eine andere Variante ist die, dass der Vertrag auch bei einem Verkauf weiterläuft und dem Unternehmen ein Kündigungsrecht eingeräumt ist. Dadurch kann sich das Unternehmen bestmöglich auf seine Weiterentwicklung vorbereiten.

Als letzter Punkt sollte hinterfragt werden, ob die Anteile auch verkauft werden können. Für einen Investor kann ein möglicher Exit auch der Verkauf der Anteile sein. Hier muss mit großer Vorsicht vorgegangen werden, weil es noch keinen Markt zum Verkauf der Anteile gibt. Es ist daher praktisch sehr schwer, einen Käufer für die Anteile zu finden.

4.3.2.2. Beurteilung der Auszahlung

Um die einzelnen Investitionsprojekte vergleichbar zu machen, kann mit einer einfachen Berechnung angefangen werden: dem internen Zinsfuß (siehe Kapitel 4.2.1.1.) Anhand dessen wird vereinfacht dargestellt, zu welchem Zeitpunkt welche Auszahlungen zu erwarten sind.

Investment	Jahr 1	Jahr 2	Jahr 3	Jahr …	Jahr XYZ	
-1.000	0	0	0	0	5000	= IKV (Summe Investment: Jahr XYZ)

Tab 15: Interner Zinsfuß

Einer der wesentlichen Punkte ist das Verständnis darüber, wann Auszahlungen vom Unternehmen an den Investor erfolgen, wie diese berechnet werden und was Ausschlussgründe für eine Auszahlung sein können. Grundsätzlich lassen sich hier zwei Anknüpfungspunkte feststellen: der laufende Jahresgewinn und eine Unternehmenswertsteigerung. Damit werden bereits zwei unterschiedliche Rückzahlungszeitpunkte mitberücksichtigt. Zum einen das Ende der Laufzeit und zum anderen ein Rückzahlungszeitpunkt während der Laufzeit pro Jahr.

Auszahlungen auf Basis von laufenden **Jahresgewinnen** können sich sehr unterschiedlich gestalten. Dabei ist zu berücksichtigen, dass Unternehmen gerade in den ersten Jahren vermutlich keine Gewinne erwirtschaften, weil das Unternehmen sich in dieser Phase im Aufbau befindet und daher Investitionen getätigt werden müssen, die höher sind als der Umsatz des jeweiligen Jahres. Auszahlungen, die sich daher nur auf diese Größe beziehen, werden – zumindest in den ersten Jahren – keine Auszahlungen an die Investoren zulassen. Dafür können in den späteren Jahren wieder höhere Auszahlungen möglich sein. Weiters ist zu beachten, dass auch aus Unternehmenssicht gerade zu Beginn eine Auszahlung an Investoren nicht erwünscht ist, weil das Unternehmen stark in die eigene Expansion investieren muss. Diese ist in beiderseitigem Interesse, damit schneller eine gewisse Marktgröße erzielt wird.

Neben dem Anspruch auf den laufenden Gewinn werden oft Ansprüche auf einen Anteil am **Unternehmenswert** (oder Firmenwert) definiert. Dies deshalb, weil das Unternehmen gerade in den Anfängen stark in das eigene Wachstum investiert und daher keine laufenden Gewinne erwirtschaften wird. Die Ausgestaltung dieses Anspruches sollte sehr genau geprüft werden – va, wie sich ein derartiger Anspruch berechnet. Als wesentliche Rahmenbedingung ist zu beachten, dass sich das Unternehmen in einer ständigen Weiterentwicklung befindet. Durch diese Weiterentwicklung/Expansion wird das Unternehmen womöglich angehalten sein, weiteres Kapital aufzunehmen. Durch dieses zusätzliche Kapital kann – so dies richtig umgesetzt wurde – der Unternehmenswert entsprechend stärker und schneller steigen. Aufgrund dieser Tatsache möchte der neue Investor jedoch auch einen Anteil am Unternehmenswert erhalten. Durch die Beteiligung des neuen Investors müssen daher alle Investoren einen Teil ihres prozentuellen Anteils abgeben; dieser Prozess wird auch als **Verwässerung** bezeichnet. Mit der Verwässerung steigt der Wert des Unternehmens, aber der prozentuelle Anteil sinkt. Da Unternehmen diesem dynamischen Prozess unterliegen, müssen auch Beteiligungsverträge diese Umstände berücksichtigen, weil sonst keine zukünftigen Investoren gefunden werden können und dem Unternehmen die Liquidität ausgeht. Für die Beurteilung des zukünftigen Anteils am Unternehmenswert sind daher die prozentuelle Beteiligung (die eventuell verwässert wird) und die Berechnung des Unternehmenswerts relevant. Die Unternehmensbewertung wird daher auf vielen Plattformen angegeben und definiert, wie hoch der Anspruch des Investors am Unternehmenswert bei einem zukünftigen Ausstieg sein wird. Die Berechnung des Unternehmenswertes kann durch unterschiedliche Methoden erfolgen. Wichtig ist es zu verstehen, welchen Einfluss die Bewertung auf die spätere mögliche Auszahlung haben wird.

Die Bewertung selbst ist gerade für junge Unternehmen sehr schwer durchzuführen, da eine ungewisse Zukunft beurteilt werden soll. An dieser Stelle ist es sinnvoll, sich zu überlegen, was die Funktion der Unternehmensbewertung in dieser Phase ist. Sie soll der Vereinbarung, mit welchem Prozentsatz der Investor am Unternehmen beteiligt ist, zugrunde liegen. Vereinfacht gesagt drückt sie aus, wie wertvoll das Gründerteam sowie das Geld und das Know-how der Investoren sind und ob sich diese darauf einigen können, unter bestimmten Voraussetzungen zusammenzuarbeiten. Für den Investor müssen zwei Fragen beantwortet werden:

- Fühle ich mich mit der Beteiligung in der entsprechenden Höhe und meinem Beitrag wohl? (Nur dann werde ich das Unternehmen auch weiterhin unterstützen.)
- Werde ich bei diesen Rahmenbedingungen am Ende der Laufzeit auf Basis meiner eigenen Beurteilung die von mir angestrebte Rendite erzielen?

Es müssen daher sowohl von dem Unternehmen als auch von den Investoren Schätzungen vorgenommen bzw Vorhersagen über die Zukunft getroffen werden.

Damit hat die Unternehmensbewertung für Crowdinvesting eine einfache Funktion. Sie soll die prozentuelle Beteiligung eines Investors am Unternehmen definieren. Die Analyse sollte daher auf die Unternehmensbewertung gerichtet werden, um zu beurteilen, wie hoch die jeweilige Beteiligung des Investors am Unternehmen sein sollte, um die Erwartung des Investors zu erfüllen. Sehr vereinfacht gesprochen hilft die Bewertung zu definieren, welchen Anteil die aktuelle Beteiligung am Unternehmen umfasst und wie hoch die Verwässerung ist, wenn ein neuer Investor einsteigt. Daraus abgeleitet kann die prozentuelle Beteiligung bei einem zukünftigen Ausstieg prognostiziert werden. Es handelt sich dabei jedoch nur um eine unsichere Prognose, weil die tatsächlichen Änderungen im Unternehmen im betreffenden Zeitraum nicht abschließend vorhergesagt werden können.

Für die eigene Beurteilung der Unternehmensbewertung kann die einfache Zinsfußberechnung herangezogen werden. Bei dieser Berechnung werden die Auszahlungen an den Investor pro Jahr angegeben. Die Auszahlung am Ende der Laufzeit ist vom Unternehmenswert abhängig und dabei von der prozentuellen Beteiligung des Investors.

	Investment	Jahr 1	Jahr 2	Jahr 3	Jahr …	Jahr XYZ	
Unternehmenswert am Ende						1.000.000	
Mein Anteil						5 %	
Meine Auszahlung						5.000	
	–1.000	0	0	0	0	5.000	= IKV (Summe Investment: Jahr XYZ)

Tab 16: Berechnung Unternehmenswert, Anteil und Auszahlung

Bestehende **Methoden der Unternehmensbewertung** sind primär darauf ausgelegt, Unternehmen unter der Annahme des Fortbestands des aktuellen Geschäftsbetriebes zu beurteilen. Zu beachten ist, dass eine Unternehmensbewertung grundsätzlich immer eine Momentaufnahme zu einem definierten Stichtag darstellt. Für eine Unternehmensbewertung gilt es, klar zu definieren, was bewertet werden soll, zu welchem Stichtag die Bewertung durchgeführt wird und zu welchem Zweck die Bewertung des Unternehmens erfolgt. Je nachdem werden andere Parameter für die Bewertung des Unternehmens herangezogen. Essenziell ist daher zu verstehen, was die Parameter, zu denen eine konkrete Unternehmensbewertung durchgeführt wird, sind. Um zu einem Unternehmenswert zu kommen, haben sich daher in den Jahren sehr viele Varianten entwickelt, anhand derer eine Bewertung durchgeführt werden kann. Jede Bewertung verwendet andere Methoden und andere Parameter, um den Wert des Unternehmens zu errechnen. Dabei ist festzuhalten, dass grundsätzlich versucht wird, einen Wert zu definieren, den ein Dritter für das Unternehmen zahlen würde.

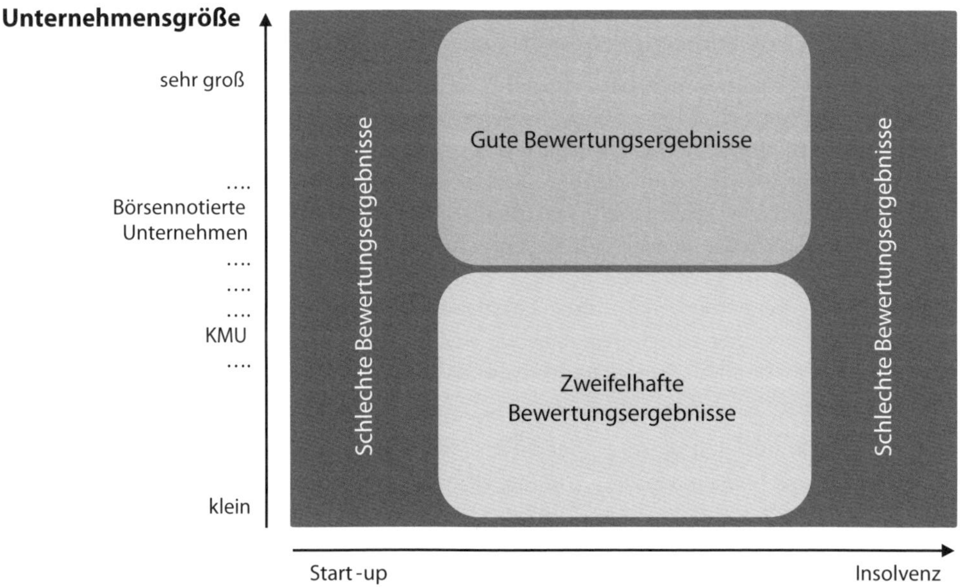

Abb 36: Unternehmenslebensdauer [Quelle: *Martin Buchegger*, Präsentation Juni 2015]

In Abb 36 wird dies grafisch dargestellt. Weder in der Start-up-Phase noch im Insolvenzfall kann auf einem bestehenden Geschäftsbetrieb, der fortgeführt wird, aufgebaut werden. In dieser Phase ist die Unsicherheit, die mit einer Antizipation der Zukunft verbunden ist, wesentlich höher. Bestehende Methoden müssen daher laufend angepasst werden, um beurteilen und verstehen zu können, wie sich der Unternehmenswert in verschiedenen Szenarien verändern kann, um selbst eine Schätzung des Potentials vornehmen zu können.

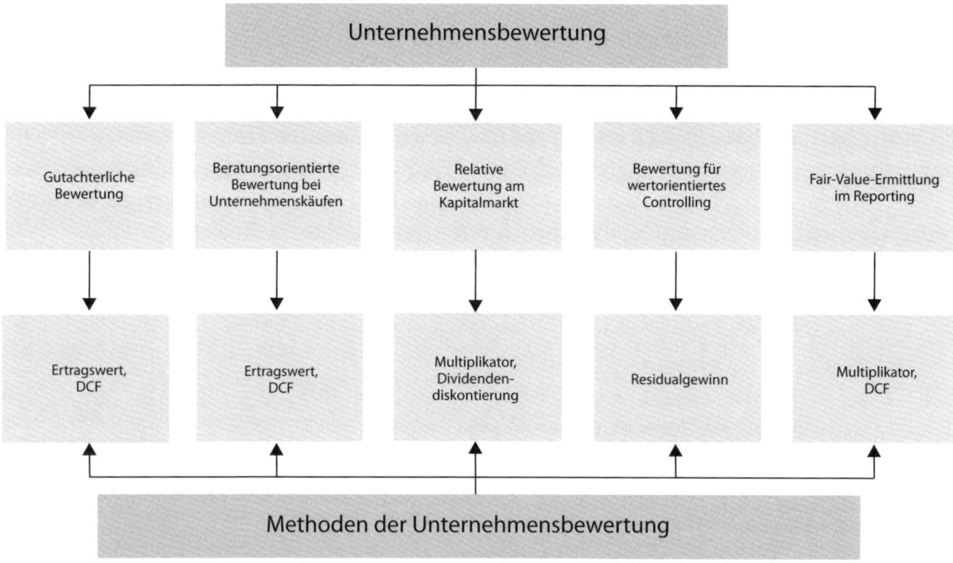

Abb 37: Unternehmensbewertung [Quelle: *Michael Kort*][117]

Anhand der Unternehmensbewertung soll der Kaufpreis eines Dritten ermittelt werden. Als Basis dafür dient oft das Potential des Unternehmens, Renditen für den Investor zu erzielen. Die gängigste Methode ist die **Discounted-Cashflow-Methode**. Dabei werden die zukünftigen Cashflows herangezogen und mit einem definierten Zinssatz auf den heutigen Tag (den Bewertungsstichtag) abgezinst. Es werden daher die zukünftigen Rückflüsse aus dem Unternehmen beurteilt.

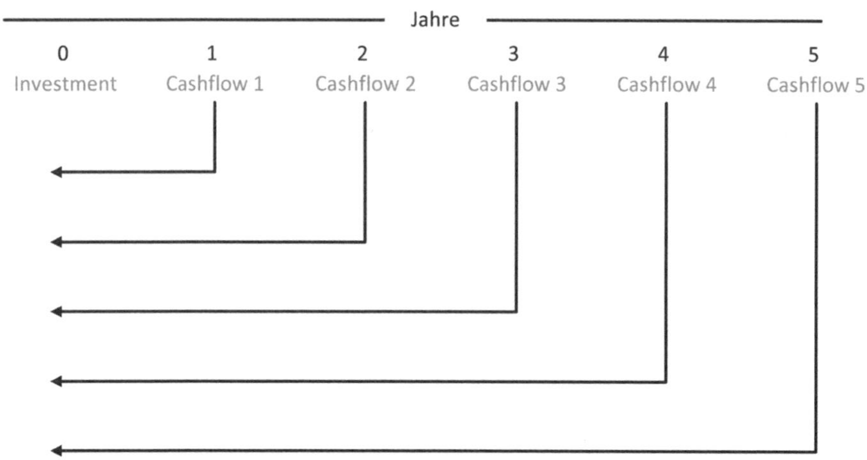

Abb 38: Discounted-Cashflow-Methode

117 *Kort*, Eine kritische Analyse von Value-Driver-Konzepten im Rahmen von Unternehmensbewertungen (2009) http://www.grin.com/de/e-book/141490/eine-kritische-analyse-von-value-driver-konzepten-im-rahmen-von-unternehmensbewertungen (abgerufen am 7.5.2019; Erweiterung der Grafik durch die Autoren).

Eine andere Methode ist die **Multiple-Methode**. Die Multiple-Methode erlaubt es, auf Basis von vergangenen Transkationen den Marktwert in Bezug zum Umsatz (EBIT) oder zu einer anderen Kennzahl zu sehen. Dies ist eine praktische und einfache Methode und kann Aufschluss darüber geben, wie viel das Unternehmen in Zukunft wert sein kann, wenn es zB einen bestimmten Umsatz erzielen wird. Dieser zukünftige Unternehmenswert wird dann auf den heutigen Tag abgezinst. In Tab 17 werden verschiedene Multiples aus dem Finance Magazin abgebildet. Prof. *Damodaran* berechnet ebenfalls Multiples auf Basis von börsennotierten Unternehmen, die jährlich publiziert werden (siehe Anhang 1).

EBIT- und Umsatzmultiplikatoren für den Unternehmenswert, Juli 2015														
BRANCHE	BÖRSEN-MULTIPLES		EXPERTEN-MULTIPLES SMALL-CAP				EXPERTEN-MULTIPLES MID-CAP				EXPERTEN-MULTIPLES LARGE-CAP			
	EBIT-Multiple	**Umsatz-Multiple**	**EBIT-Multiple**		**Umsatz-Multiple**		**EBIT-Multiple**		**Umsatz-Multiple**		**EBIT-Multiple**		**Umsatz-Multiple**	
			von	bis	von	bis	von	bis	von	bis	von	bis	von	bis
Beratende Dienstleistungen	–	–	6,0	8,1	0,66	1,11	6,8	9,1	0,7	1,13	8,2	10,8	0,78	1,33
Software	13,1	0,97	7,4	9,6	0,92	1,37	8,0	10,7	1,05	1,54	8,6	11,5	1,22	1,94
Telekommunikation	15,0	1,65	6,8	8,7	0,76	1,09	7,6	9,7	0,86	1,27	7,9	10,6	1,06	1,59
Medien	16,0	3,73	6,3	8,7	0,87	1,35	7,4	10,2	1,07	1,62	8,4	11,4	1,18	1,81
Handel und E-Commerce	9,1	0,50	6,2	8,4	0,57	0.90	7,7	10,4	0,72	1,16	8,1	12,7	0,74	1,35
Transport, Logistik und Touristik	10,1	0,56	6,9	8,3	0,51	0,85	7,7	10,0	0,64	0,96	7,9	10,9	0,62	1,02
Elektrotechnik und Elektronik	12,9	1,25	6,8	9,1	0,60	0,99	7,5	9,4	0,68	1,03	7,8	10,5	0,74	1,12
Fahrzeugbau und -zubehör	12,5	1,13	6,2	8,00	0,61	0,96	6,7	9,0	0,69	0,97	7,7	10,3	0,71	1,11
Maschinen- und Anlagenbau	14,1	1,22	6,3	8,5	0,61	1,0	7,3	9,5	0,66	1,01	7,8	10,3	0,76	1,17
Chemie und Kosmetik	12,0	1,22	7,00	9,2	0,91	1,37	7,4	9,8	0,88	1,32	9,0	12,1	1,09	1,63
Pharma	12,6	1,72	8,1	10,1	1,17	1,73	8,6	10,9	1,26	1,82	9,1	12,1	1,09	1,63
Textil und Bekleidung	12,3	1,27	6,00	8,00	0,71	1,15	6,7	8,8	0,76	1,13	7,9	10,5	0,87	1,35
Nahrungs- und Genussmittel	7,7	0,49	6,3	8,4	0,83	1,29	7,8	10,3	0,78	1,18	8,6	11,4	0,9	1,46
Gas, Strom, Wasser	13,7	0,64	6,1	8,3	0,78	1,21	7,2	9,0	0,72	1,05	7,5	10,0	0,81	1,21
Umwelttechnologie und erneuerbare Energien	–	–	6,00	8,1	0,71	1,14	7,8	10,4	0,76	1,15	7,1	9,9	0,69	1,13
Bau und Handwerk	13,7	1,57	5,9	7,2	0,54	0,83	6,7	8,0	0,51	0,73	6,8	9,0	0,51	0,81

Tab 17: EBIT- und Umsatzmultiplikatoren für den Unternehmenswert [Quelle: Finance Research, Frankfurt][118]

118 http://www.finance-magazin.de/uploads/media/Finance_Multiples_Juli_August_2015.pdf (abgerufen am 7.5.2019).

In Tab 18 wird ein Unternehmen vergleichsweise mit unterschiedlichen Bewertungsmethoden beurteilt. Hier ist zu erkennen, wie die unterschiedlichen Parameter Einfluss auf die Bewertung nehmen können.

Berechnung Unternehmenswert mit Discounted Cashflow und EBITDA-Multiple

Planrechnung (in TEUR)

Kalenderjahr (endet am 31.12.)	2016	2017	2018	2019	2020	2021
						Basis ewige Rente
EBITDA	2.000	2.060	2.122	2.185	2.251	2.251
Less D&A	200	206	212	219	225	225
EBIT	1.800	1.854	1.910	1.967	2.026	2.026
Abzüglich (Tax-Shield 25 %)	450	464	477	492	506	506
Tax-adjusted EBIT	**1.350**	**1.391**	**1.432**	**1.475**	**1.519**	**1.519**
Zuzüglich Abschreibungen	200	206	212	219	225	225
Abzüglich Kapitalkosten	150	150	150	150	150	150
Abzüglich Änderung Working Capital	50	52	53	55	56	56
Unlevered Free Cash Flow	**1.350**	**1.395**	**1.441**	**1.489**	**1.538**	**1.538**

Vergleich Unternehmensbewertung Discounted Cashflow bei unterschiedlichen Abzinsungsfaktoren

Abzinsungsfaktor		11 %			12 %	
Langfristiges Wachstum	1,00 %	2,00 %	3,00 %	1,00 %	2,00 %	3,00 %
2015 Unlevered FCF	1.538	1.538	1.538	1.538	1.538	1.538
Bewertung ewige Rente	15.383	17.092	19.228	13.984	15.383	17.092
Barwert ewige Rente	9.129	10.143	11.411	7.935	8.729	9.698
Barwert Cashflows (2016–2020)	5.296	5.296	5.296	5.163	5.163	5.163
Unternehmenswert vor Schulden	**14.425**	**15.439**	**16.707**	**13.098**	**13.891**	**14.861**
Abzüglich Schulden	2.143	2.143	2.143	2.143	2.143	2.143
Wert des Eigenkapitals	**12.282**	**13.296**	**14.564**	**10.955**	**11.748**	**12.718**

Vergleich Unternehmensbewertung EBITDA-Multiple bei unterschiedlichen Abzinsungsfaktoren

Abzinsungsfaktor		11 %			12 %	
Terminal EBITDA Multiple	6,0 x	7,0 x	8,0 x	6,0 x	7,0 x	8,0 x
2015 EBITDA	2.251	2.251	2.251	2.251	2.251	2.251
Ewige Rente Basis EBITDA-Multiple	13.506	15.757	18.008	13.506	15.757	18.008
Barwert ewige Rente	8.015	9.351	10.687	7.664	8.941	10.218
Barwert Cashflows (2016–2020)	5.296	5.296	5.296	5.163	5.163	5.163
Unternehmenswert vor Schulden	**13.311**	**14.647**	**15.983**	**12.826**	**14.104**	**15.381**
Abzüglich Schulden	2.143	2.143	2.143	2.143	2.143	2.143
Wert des Eigenkapitals	**11.168**	**12.504**	**13.840**	**10.683**	**11.961**	**13.238**

Tab 18: Bewertungsmethoden für Unternehmen

Die Berechnung der Rendite der Investition ist oft schwierig, weil sehr viele Annahmen über die Zukunft getroffen werden müssen (zB Beteiligungsansatz inkl Verwässerung, zukünftiger Unternehmenswert, jährlicher Gewinn). Für die eigene Beurteilung ist es daher wichtig zu verstehen, wie das konkrete Modell funktioniert, wie die Auszahlungen erfolgen und ob unter Berücksichtigung von Abschlägen aufgrund der Angaben des Unternehmens eine positive Rendite erwartet werden kann bzw bis zu welchen Grenzen diese möglich ist. Daraus kann abgeleitet werden, ob der Investor an die Angaben und die Entwicklung des Unternehmens nicht nur glaubt, sondern auch ein monetär positiver Ausstieg für ihn möglich ist.

4.3.2.3. Worst Case: Was passiert, wenn die gesteckten Ziele nicht erreicht werden?

Als letzter Punkt sollten noch die Worst-Case-Szenarien überlegt werden. Was passiert, wenn ein Unternehmen die geplanten Ziele nicht erreichen kann? Dabei ist zu beurteilen, in welchem Rang die Verbindlichkeit im Unternehmen steht, also welche anderen Verbindlichkeiten zuerst bedient werden müssen, bevor die eigene Verbindlichkeit gezahlt wird.

<table>
<tr><td>Eigenkapital</td><td>GmbH-Anteile</td><td>3</td></tr>
<tr><td rowspan="3">Mischform (Eigen-/Fremdkapital je nach Vertragsgestaltung)</td><td>Genussrechte</td><td rowspan="3">2</td></tr>
<tr><td>Stille Gesellschaft</td></tr>
<tr><td>Nachrangdarlehen</td></tr>
<tr><td rowspan="2">Fremdkapital</td><td>Langfristige Darlehen</td><td rowspan="2">1</td></tr>
<tr><td>Lieferantenverbindlichkeiten</td></tr>
</table>

Tab 19: Rang der Verbindlichkeiten

Zuerst wird, vereinfacht dargestellt, das **Fremdkapital** zurückzahlt. Dieses umfasst Lieferantenverbindlichkeiten und Darlehen meist gegenüber Banken. Einen Rang dahinter werden die **Mischformen** bedient. Diese sind meist nachrangig gegenüber den offenen Verbindlichkeiten. Es handelt sich dabei um Genussrechte, stille Gesellschaften und Nachrangdarlehen. Im letzten Schritt wird das **Eigenkapital** bedient. Dieses besitzt das größte Risiko und ist daher meist auch mit den größten Renditen verbunden.

Im Zusammenhang mit der Rangfolge ist auch zu überlegen, welche Sicherheiten das Unternehmen für die Verbindlichkeiten geben musste. Dies betrifft Vermögen, das das Unternehmen zur Sicherung der jeweiligen Verbindlichkeit zahlen muss und daher im Fall der Insolvenz sofort an Gläubiger ausgezahlt wird (zB Bankdarlehen).

Beim Crowdinvesting handelt es sich um Risikoinvestment. Es ist dem Eigenkapital näher und es müssen zunächst die anderen Verbindlichkeiten gezahlt werden, bevor die Crowdinvestoren ihr Geld bekommen. Sie stehen jedoch meistens noch vor den Eigenkapitalgebern selbst. Aufgrund dieser Rangfolge sollte eine entsprechende Rendite erwartet werden können, um Ausfälle aus einem Unternehmen ausgleichen zu können.

4.3.3. Der Investitionsprozess

Auf jeder Plattform wird ein eigener Investitionsprozess definiert. Im Rahmen des Investitionsprozesses müssen einerseits regulatorische Anforderungen erfüllt werden, andererseits gilt es, die Beteiligung mit dem jeweiligen Unternehmen abzuschließen.

Im Zuge des Investitionsprozesses wird der Investor sich als erstes die Projektseite ansehen. Auf der Projektseite werden alle Informationen dargestellt, die für die Beurteilung der Investition benötigt werden. Sollten Informationen fehlen, kann der Investor diese – bei den meisten Plattformen – in einem eigenen Bereich anfordern.

Als obligatorische Informationen sollte sich der Investor den Beteiligungsvertrag genau durchlesen und die Kundeninformation (diese ist in jedem Land unterschiedlich ausgestaltet) herunterladen. Danach kann der nächste Schritt gesetzt werden.

Als regulatorische Anforderung muss jeder Investor auf der Plattform identifiziert werden. Dies bedeutet, dass sich die Person gegenüber der Plattform und dem Unternehmen, in das investiert wird, eindeutig ausweisen muss. Es gibt unterschiedliche Möglichkeiten, wie dies umgesetzt werden kann. Einzelne Serviceprovider bieten im Internet Lösungen an, die bereits mithilfe einer Kamera und dem Reisepass funktionieren. Weitere Verfahren sind das sogenannte Postident-Verfahren, bei dem die Identifikation in einer Postfiliale erfolgt oder durch den Vergleich der Passkopie mit einer Überweisung von einem europäischen Bankkonto, das auf denselben Namen läuft.

Nach der Identifikation kann in ein Unternehmen investiert werden. Die Investition selbst erfolgt durch Auswahl des jeweiligen Unternehmens auf der Plattform. Danach müssen die persönlichen Daten kontrolliert und die Investition abgeschlossen werden. Nach der erfolgreichen Investition muss das investierte Kapital noch auf ein Projektkonto überwiesen werden.

In dieser Phase der Investition sind zwei Limits zu unterscheiden: das Fundinglimit und die Fundingschwelle. Die **Fundingschwelle** gibt an, ab welchem Zeitpunkt das Projekt umgesetzt und das Geld an das Unternehmen überwiesen wird. Das **Fundinglimit** definiert, welchen Geldbetrag das Unternehmen insgesamt maximal einsammeln möchte. Zu beachten ist, dass auch ein erfolgreich finanziertes Projekt nicht zwangsläufig umgesetzt werden muss. Das Unternehmen muss am Schluss die Finanzierung annehmen. Das Unternehmen kann – unter gewissen Umständen – entscheiden, dass es diese Finanzierung doch nicht in Anspruch nehmen möchte. In diesem Fall wird das gesamte Kapital wieder an die Investoren zurückgezahlt.

Nach der erfolgreichen Überweisung erhält der Investor von der Plattform eine kurze Bestätigung über die Investition. Danach muss der Investor meist einige Tage oder Wochen warten, bis entweder der Beteiligungszeitraum abgeschlossen oder die Fundingschwelle erreicht worden ist.

Wurde das Projekt erfolgreich finanziert, erhält der Investor eine weitere Bestätigung mit sämtlichen Informationen.

Zu beachten ist, dass die Beteiligung an Crowdinvesting immer mit einem Aufwand und mit Fristen verbunden ist. Deshalb kann es einige Tage dauern, bis der Investor über die erfolgreiche Finanzierung informiert wird.

4.3.4. Monitoring/Support

Während der Beteiligungsdauer gilt es, seine eigenen Beteiligungen im Auge zu behalten und sich laufend über den aktuellen Stand der Entwicklungen zu informieren. Die Plattformen beschäftigen sich derzeit unterschiedlich intensiv mit dem Thema des Investitionscontrollings. Im Wesentlichen kann dieses in zwei Teilbereiche geteilt werden: einerseits laufende Information und Unterstützung der Projekte und andererseits eigenes Portfolio-Management.

Die Projekte/Unternehmen werden zumeist von den Plattformen angehalten, laufend Informationen über den aktuellen Entwicklungsstand des eigenen Unternehmens zu liefern. Wie bereits erläutert, stehen die Unternehmen zumeist am Beginn ihres Lebenszyklus und müssen ihre Hypothesen betreffend den Markt und den Konsumenten erst abtasten. Es wird daher in der Branche sehr intensiv darüber diskutiert, wie weit sich ein Unternehmen von den Angaben im eigenen Businessplan weiterentwickeln darf, um den Anforderungen am Markt zu entsprechen.

Beispiel Wohnwagon – Fortsetzung

Das Projekt Wohnwagon hat bereits wichtige Milestones erarbeiten können. Das Unternehmen ist sehr stark am Markt des autarken Wohnens aktiv und hat erkannt, dass es derzeit – jedenfalls in Österreich – keine Anbieter gibt, die entsprechende Lösungen online anbieten. Für die Entwicklung des Wohnwagons hat sich das Gründerteam sehr intensiv mit diesem Thema beschäftig und die relevanten Anbieter ausfindig gemacht. In der Weiterentwicklung des Unternehmens hat sich daher ergeben, dieses Gebiet weiter zu stärken und als Händler für diese Art von Produkten zu fungieren. In den neuen Businessplan wurde dies aufgenommen.

Ein weiterer wichtiger Punkt ist die aktive Unterstützung der jeweiligen Projekte. Die Unternehmen stehen unter einem entsprechenden Konkurrenzdruck mit anderen Unternehmen am Markt; sehr selten sind Unternehmen alleine auf einem Markt aktiv. Jeder Investor kann hier das Unternehmen laufend unterstützen. Dies kann über Feedback und Ideen erfolgen, aber auch über die Vernetzung in der jeweiligen Community.

Beispiel

Bei einem Projekt, das in der Getränke-Branche aktiv ist, wollte ein Investor das Getränk nicht nur aus Wien bestellen, sondern dass sein lokaler Supermarkt dieses Getränk auch listet. Durch das Engagement des Investors wurde das Getränk in das Sortiment dieses Supermarkts aufgenommen.

Neben diesen Aktivitäten ist das Unternehmen angehalten, den Investor laufend über Zahlen und Daten des Unternehmens zu informieren.

4.3.5. Ausstieg (Exit)

Am Ende der Laufzeit gilt es, das investierte Kapital vom Unternehmen zurückzuverlangen. Hier ist zunächst zu unterscheiden, wann die Laufzeit überhaupt endet. Dabei sind zwei Vertragsvarianten zu differenzieren: Verträge mit unbestimmter und Verträge mit bestimmter Laufzeit (siehe Kapitel 4.3.2.1.).

In der Praxis werden die Unterschiede zwischen beiden Verträgen nicht sehr groß sein. Es gibt bei beiden Vertragsversionen einen definierten Zeitraum, in dem beide Parteien nicht kündigen können. Sobald eine Kündigung möglich ist, wird vermutlich ein Großteil der Investoren den Vertrag beenden. Da für das Unternehmen die Weiterführung des Beteiligungsmodells für eine geringe Anzahl von Investoren sehr teuer werden kann (weil der Unternehmenswert weiter steigt und die Verwaltung kostenintensiv sein kann), wird das Unternehmen zum frühestmöglichen Zeitpunkt kündigen. Es kann daher davon ausgegangen werden, dass auch bei einem Vertrag auf unbestimmte Zeit nach Ablauf des Kündigungsverzichts eine Kündigung des Vertrages stattfinden wird und es daher in beiden Fällen nach der Mindestvertragszeit zu einer Kündigung und damit zu einem Exit kommt.

Zur Laufzeit sei nochmals festgehalten, dass die Ausgestaltung auf den einzelnen Plattformen sehr unterschiedlich sein kann, jedoch meistens zwischen fünf und zehn Jahren liegt. Nur in Ausnahmefällen ist die Laufzeit kürzer. Sowohl für den Investor als auch für das Unternehmen hat die Laufzeit eine wichtige Auswirkung: Je länger die Laufzeit ist, desto größer wird bei einer positiven Entwicklung vermutlich der Unternehmenswert ausfallen; das Unternehmen erhält länger Zeit, die geplanten Ziele zu erreichen. Für ein Unternehmen bedeutet daher eine längere Laufzeit, dass die Finanzierung teurer wird. Auf der anderen Seite muss das Unternehmen überlegen, zu welchem Zeitpunkt es die Investoren wieder auszahlen kann. Das Unternehmen muss dafür auf einer entsprechend soliden Basis stehen.

Neben der Laufzeit, die bestimmt oder unbestimmt sein kann, und dem Zeitraum des Kündigungsverzichtes ist das Vorliegen eines außerordentlichen Kündigungsrechts für Investoren oder Unternehmen von Bedeutung. Das **außerordentliche Kündigungsrecht** wird benötigt, um auf sich ändernde Umstände reagieren zu können. Ein wesentlicher außerordentlicher Umstand ist der Verkauf des Unternehmens oder der Eintritt eines neuen großen Investors, der mehr als 50 % des Unternehmens übernimmt. Zu diesem Zeitpunkt kann sich die Strategie des Unternehmens ändern. Das Unternehmen muss die Möglichkeit erhalten, sich bestmöglich so zu strukturieren, dass der Investor es entsprechend weiterführen kann.

Somit kann sich der Zeitpunkt des Exits bzw Ausstiegs unterschiedlich gestalten. Ist der Tag des Exits eingetreten, müssen die Anforderungen aus dem Vertrag erfüllt werden. Bei der Beteiligung an der Unternehmenswertsteigerung ist diese zu berechnen und die Investoren werden über die Entwicklung des Unternehmens informiert. Damit eine Auszahlung erfolgen kann, sind die Daten der Investoren auf der Webseite zu überprüfen. Im nächsten Schritt erfolgen die formale Kündigung des Vertrages und die Bekanntgabe des Auszahlungsbetrages, welcher schließlich an die Investoren zurückgezahlt wird. Es kann auch sein, dass ein Unternehmen das geplante Ziel nicht erreicht und insolvent wird. Dies hat zur Folge, dass uU nur noch ein Teil des investierten Kapitals zurückgezahlt werden kann.

4.3.6. Die Plattform CONDA als Beispiel

4.3.6.1. Das Beteiligungsmodell

Unterschiedliche Finanzierungsprojekte verlangen verschieden ausgestaltete Beteiligungsverträge. Es sollen differenzierte Formen der Rückzahlung und der Chancen innerhalb des Finanzierungsprojekts genutzt werden können. Als Beispiele sollen drei mögliche Varianten vorgestellt werden:

Start-up-Unternehmen

Junge Unternehmen befinden sich im Aufbau. Sie können gerade zu Beginn keine Rückzahlungen leisten, weil das Geld für den Aufbau benötigt wird. Das Risiko bei einem Neuaufbau ist oft entsprechend höher als bei existierenden Unternehmen. Aus diesem Grund wird es bei jungen Unternehmen zu Beginn keine oder nur geringe Auszahlungen geben, während Gewinne am Ende der Laufzeit oder bei einem Verkauf erzielt werden.

Photovoltaikprojekte

Diese sind anders aufgebaut: Es wird eine Anlage gekauft, die innerhalb weniger Monate aufgebaut ist. Ab diesem Zeitpunkt muss das Investment erwirtschaftet werden und es kann sofort eine Rückzahlung an den Investor erfolgen. Am Ende der Laufzeit wird die Photovoltaikanlage jedoch weniger wert sein und nicht mehr, dh es wird am Ende eher keine Wertsteigerung geben.

Computerspielprojekte

Computerspielprojekte können – je nach Aufbau – in kurzer Zeit entwickelt und am Markt angeboten werden. In den ersten Jahren wird der Großteil der Gewinne erzielt, danach gibt es neue Versionen oder andere Spiele, die zum Einsatz kommen. Daher ist hier eine Beteiligung am laufenden Gewinn sinnvoll.

Von CONDA werden Musterverträge entwickelt, die von Unternehmen für die Umsetzung ihrer Finanzierungsprojekte genutzt werden können. Damit ein Investor sich leichter zurechtfindet, wurde von CONDA eine Symbolwelt geschaffen, die eine schnelle Identifikation der Verträge ermöglichen soll. Diese umfasst fünf Symbole:

 Abb 39: Vertragsversion[119]	Vertragsversion
 Abb 40: Landeszuordnung	Land, in dem das Unternehmen seinen Sitz hat

119 Alle Abb dieses Kapitels sind der CONDA-Homepage entnommen: https://www.conda.eu/ (abgerufen am 7.5.2019).

 Abb 41: Laufende Auszahlungen	Laufende Auszahlungen
 Abb 42: Unternehmenswertbeteiligung	Beteiligung am Unternehmenswert
 Abb 43: Leadinvestor	Vorhandensein eines Leadinvestors
 Abb 44: Vertragsversion	

Vertragsversion: Die unterschiedlichen Vertragsversionen werden mittels einer Versionsnummer unterschietden. Jede Crowdinvesting-Kampagne auf der Plattform basiert auf einem CONDA-Mustervertrag.

V 1	Die erste Vertragsversion enthielt ein Substanzgenussrecht. Auf dieser Basis wurden die ersten Crowdinvesting-Projekte im Jahr 2013/2014 umgesetzt.
V 2	Ab dem Jahr 2014 wurde auf ein qualifiziertes Nachrangdarlehen umgestellt. Das qualifizierte Nachrangdarlehen dient als Standardmodell für sämtliche Beteiligungsmodelle ab dem Sommer 2014 und wird insb für Start-ups und junge Unternehmen eingesetzt.
V 3	Im Jahr 2015 wurde die Version 3 entwickelt, die speziell an die Bedürfnisse für die Umsetzung von Computerspielprojekten angepasst ist.

Tab 20: Vertragsversionen CONDA

Abb 45: Landeszuordnung

Landeszuordnung: Neben der Vertragsversion ist für ein Investment relevant, auf welches Land sich der Vertrag bezieht. Die Flaggensymbole sollen dabei helfen, auf den ersten Blick zu erkennen, welches Land als Basis für den Vertrag gilt und wo das Unternehmen seinen Sitz hat.

Abgesehen von Landeszuordnung und Version kann jeder Vertrag unterschiedliche Ausprägungen haben. Diese speziellen Ausgestaltungen werden anhand der nächsten drei Symbole dargestellt:

Abb 46: Laufende Auszahlungen

Laufende Auszahlungen: Gem den Bestimmungen des Vertrages hat der Investor jedes Jahr Anspruch auf fixe Zinszahlungen durch das Unternehmen. Diese Zinszahlung erfolgt jedoch nur, wenn das Unternehmen im Vorjahr einen Gewinn erwirtschaftet hat (einen positiven EBITDA – Earnings before interest, tax, depreciation and amortization – aufweist). Werden keine Zinsen ausgezahlt, so wird der Zinsbetrag ins nächste Jahr vorgetragen und weiter verzinst. Dies erfolgt so lange, bis das Unternehmen einen Gewinn erwirtschaftet, dann werden die Zinsen (inkl etwaiger vorgetragener Zinsen) ausgezahlt.

Abb 47: Unternehmenswertbeteiligung

Unternehmenswertbeteiligung (optional – vom Projekt abhängig): Der Investor hat Anspruch auf einen Teil der Unternehmenswertsteigerung, die während seiner Beteiligung erwirtschaftet wird. Je erfolgreicher das Unternehmen ist, desto besser. Der Unternehmenswert bei Beteiligungszeichnung wird vom Unternehmen selbst vorgeschlagen. Der Investor findet diesen auf der jeweiligen Projektseite. Der Unternehmenswert bei Laufzeitende wird auf zwei Arten berechnet, die vertraglich festgelegt sind. Der jeweils höhere Wert gilt.

Jeder Investor soll auf Basis der zur Verfügung gestellten Informationen eine persönliche Einschätzung treffen, ob der Unternehmenswert auf der Projektseite die zukünftige Unternehmensentwicklung gut abbildet und das Risiko ausreichend berücksichtigt wird.

Abb 48: Leadinvestor

Leadinvestor (optional – vom Projekt abhängig): Der Vertrag sieht die Beteiligung eines Leadinvestors vor. Mit einem Leadinvestor gibt es einen Gesellschafter, der sich intensiv mit dem Unternehmen beschäftigt und selbst in das Unternehmen investiert hat. Er übernimmt eine aktive, treibende Rolle in der Unternehmensentwicklung. Sowohl Crowdinvestoren als auch der Leadinvestor haben ein großes Interesse am Erfolg des Unternehmens. Der Leadinvestor erhält im Erfolgsfall für seine aktive Unterstützung eine Erfolgsprämie von 15 % des Anteils, der für die Ausschüttung der Unternehmenswertbeteiligung vorgesehen ist.

Der Aufbau des Beteiligungsvertrages stellt sich so dar, dass auf der ersten Seite zunächst alle wichtigen Eckpunkte des Vertrages zusammengefasst werden.

Darlehensbetrag:	–	Laufzeitende:	30.6.2025
Basiszinssatz:	4,5 % pa (act/360)	Zinszahlungstermin:	30.6.
Wertsteigerungszins (Laufzeitende/ Kündigung):	Unternehmenswert gem Punkt 5.1	Umsatz-Multiplikator:	1,45
Alt-Gesellschafter:	Namen der Altgesellschafter	Darlehensnominale pro 100 € Darlehensbetrag:	4,942
		Leadinvestor:	Namen des Leadinvestors
Zeichnungsfrist:	19.6.2015, 24:00 Uhr CET	Verlängerungsoptionsfrist:	3 Monate
Fundingschwelle:	30.000 €	Fundinglimit:	250.000 €

Tab 21: Aufbau des CONDA-Beteiligungsvertrages

Auf diese Werte wird in den folgenden Paragraphen des Vertrages Bezug genommen.

Beispiel: Berechnung von Kapitalerhöhung und Verwässerung

Über das Stammkapital wird der Anteil der Gesellschafter an der Kapitalgesellschaft definiert. Investiert ein neuer Gesellschafter, erhöht sich das Stammkapital, aber der prozentuelle Anteil pro Investor sinkt (dies nennt man auch Verwässerung, siehe bereits Kapitel 4.3.2.2.).

	Stammkapital	Unternehmenswert	Anteil
Gründerteam	10.000	200.000	66,7 %
	Darlehensnominale		
Neuer Investor	?	100.000	33,3 %
	?	300.000	100 %

In eine Gesellschaft mit einem Stammkapital von 10.000 € sollen 100.000 € investiert werden. Der Investor schätzt den Unternehmenswert auf 200.000 € und fordert für sein Kapital einen Anteil von 33,3 %. Um seinen Anteil im Stammkapital widerzuspiegeln, muss das Stammkapital um 5.000 € erhöht werden, auf insgesamt 15.000 €. Er hält nun 5.000 € von 15.000 €, also 33,3 %. Die Darlehensnominale beträgt daher 5.000 €.

Vom Anspruch auf eine Auszahlung ist die tatsächliche Auszahlung zu unterscheiden. Das Unternehmen muss über die notwendige Liquidität (Barmittel) verfügen, um seine Investoren auszahlen zu können. Dies kann in verschiedenen Fällen vertraglich oder rechtlich eingeschränkt sein. Weiters sind bei der Auszahlung etwaige Kosten für die Verwaltung zu berücksichtigen.

4.3.6.1.1. Vorbemerkung

In der Vorbemerkung des Vertrages werden die Vorgehensweise für die Durchführung von Crowdinvesting und das Zustandekommen des Vertrages erklärt. Bei dem Vertrag handelt es sich um einen Vertrag über ein qualifiziertes Nachrangdarlehen, wobei das Unternehmen seine Investoren einlädt, ein Angebot für ein Nachrangdarlehen zu stellen. Anhand dieser Konstruktion kann das Darlehen am Ende der Zeichnungsfrist zu einem gemeinsamen Stichtag von dem Unternehmen angenommen werden.

Weiters werden zwei wesentliche Schwellen definiert: die Fundingschwelle und das Fundinglimit. Die Fundingschwelle ist der Maximalbetrag, der eingesammelt wird, und die Fundingschwelle jener Betrag, ab dem das Unternehmen die Nachrangdarlehen annehmen kann. Wird die Fundingschwelle nicht erreicht, muss das Unternehmen das Geld zurückzahlen.

Vertragsauszug: Punkt 2 – Vorbemerkungen

2.1 Die Gesellschaft ist eine Gesellschaft mit beschränkter Haftung nach [österreichischem/deutschen] Recht mit dem Sitz in […] und der Geschäftsadresse […], eingetragen im [Firmenbuch/Handelsregister] des […] unter [FN/HRB] […]. Gegenstand des Unternehmens der Gesellschaft ist […]. Das Stammkapital der Gesellschaft beträgt […] € und ist [zur Gänze in bar] eingezahlt.

2.2 Die Gesellschaft beabsichtigt, für Zwecke der Unternehmensfinanzierung qualifiziert nachrangige, unverbriefte, partiarische Darlehen (kurz „Nachrangdarlehen“) aufzunehmen.

2.3 Zu diesem Zweck lädt die Gesellschaft Crowdinvestoren über eine von der Crowdinvestment-Plattform CONDA zur Verfügung gestellte Website (nachfolgend „Website“) ein, sich für ein solches Nachrangdarlehen zu interessieren und ein Angebot zur Gewährung eines solchen Nachrangdarlehens an die Gesellschaft zu stellen. Die Annahme dieser Angebote und daher die Aufnahme des Nachrangdarlehens durch die Gesellschaft hängt ua davon ab, ob der in Punkt 1 genannte Mindestbetrag („Fundingschwelle“) durch die Angebote der Crowdinvestoren erreicht wird.

2.4 Die Gesellschaft wird im Rahmen des gegenständlichen Crowdinvesting Nachrangdarlehen höchstens bis zu einem in Punkt 1 genannten Gesamtbetrag („Fundinglimit") von Crowdinvestoren aufnehmen und akzeptieren.

2.5 Der Crowdinvestor gewährt mit dem vorliegenden Vertrag der Gesellschaft ein nachrangiges, unbesichertes partiarisches Darlehen. Ein Darlehen vermittelt keine gesellschaftsrechtliche Beteiligung an der Gesellschaft und die Zahlungsansprüche des Crowdinvestors sind qualifiziert nachrangig, dh insb, dass die Gesellschaft Zahlungen jeweils nur soweit ausführen wird, soweit die Durchführung der jeweiligen Zahlung keine Insolvenz der Gesellschaft bewirkt und nicht zu einem Insolvenzgrund führt. Im Gegenzug erhält der Crowdinvestor Anspruch auf Wertsteigerungszinsen, einerseits abhängig vom Gewinn der Gesellschaft und andererseits bei Endfälligkeit und etwaiger vorzeitiger Kündigung aufgrund eines Kontrollwechsels bzw bei Aufnahme eines Surrogatkapitals. Dem Crowdinvestor ist bewusst, dass die Investition in Form des Nachrangdarlehens nicht nur Chancen, sondern auch Risiken, bis hin zu einem möglichen Totalausfall des Investments, mit sich bringt. Es sollen daher nur Crowdinvestoren entsprechende Angebote zur Gewährung eines Nachrangdarlehens abgeben, die einen Totalausfall des investierten Betrags verkraften können und wirtschaftlich nicht auf entsprechende Rückflüsse aus dem Investment angewiesen sind.

2.6 Der Crowdinvestor stellt das Angebot zur Gewährung des Nachrangdarlehens an die Gesellschaft und wird gleichzeitig (als Teil dieses Angebots) den entsprechend angebotenen Darlehensbetrag über die Bezahlfunktion, wie näher auf der Website beschrieben, zahlen. Im Fall der Annahme des Angebots durch die Gesellschaft wird der Darlehensbetrag an die Gesellschaft ausgezahlt, ansonsten wird der vom Crowdinvestor gezahlte Darlehensbetrag an den entsprechenden Crowdinvestor refundiert.

2.7 Crowdinvestoren können während der auf der Website und unter Punkt 1 bekanntgegebenen Zeichnungsfrist Angebote zur Zeichnung von Nachrangdarlehen abgeben. Die Zeichnungsfrist kann von der Gesellschaft im Fall einer vorzeitigen Erreichung der Fundingschwelle und/oder des Fundinglimits verkürzt werden, ebenso kann die Zeichnungsfrist von der Gesellschaft bis zu der in Punkt 1 genannten Verlängerungsoptionsfrist verlängert werden. Der Crowdinvestor bleibt während der (allenfalls verkürzten oder verlängerten) Zeichnungsfrist an sein Angebot gebunden.

2.8 Durch die Auswahl eines Betrages, den der Crowdinvestor in Form des Nachrangdarlehens investieren will, und entsprechender Bestätigung durch Anklicken des Bestätigen-Buttons auf der Website, auf der sich der Crowdinvestor zuvor registriert hat, gibt der Crowdinvestor ein Angebot auf Abschluss eines Darlehensvertrages zur Gewährung eines Nachrangdarlehens gemäß den Bestimmungen dieses Vertrages ab. Alternativ kann das Angebot auf Abschluss eines Darlehensvertrages zur Gewährung eines Nachrangdarlehens gemäß den Bestimmungen dieses Vertrages auch schriftlich durch Übersendung eines Zeichnungsscheins an die Gesellschaftsadresse abgegeben werden. Eine Annahme des Angebots eines Crowdinvestors auf Abschluss des Nachrangdarlehens durch die Gesellschaft erfolgt am Ende der Zeichnungsfrist durch Übermittlung eines E-Mails an die vom Crowdinvestor bei Registrierung auf der Website bzw im Zeichnungsschein bekanntgegebene E-Mail-Adresse nach entsprechender Bekanntgabe des Zeichnungsschlusses auf der Website. Die Gesellschaft behält sich auch die Ablehnung einzelner Angebote von Crowdinvestoren ohne weitere Gründe vor (so zB auch, wenn die Gesellschaft die Befürchtung hat, dass ein Crowdinvestor eigentlich ein Wettbewerber der Gesellschaft ist). Crowdinvestoren, deren Angebote abgelehnt werden, erhalten kein E-Mail zur Annahme ihres Angebots und werden, nach Möglichkeit, gesondert per E-Mail verständigt. Ab Annahme der Angebote haben die Crowdinvestoren das Recht, binnen 14 Tagen von dem solcherart geschlossenen Darlehensvertrag zurückzutreten. Der Darlehensvertrag steht weiters unter der auflösenden Bedingung, dass durch Rücktritte von Crowdinvestoren der Gesamtdarlehensbetrag unter die Fundingschwelle fällt; diesfalls hat die Gesellschaft keine Zinsen zu zahlen.

2.9 Diese Vorbemerkungen sind ein integraler Bestandteil dieses Vertrags.

4.3.6.1.2. Zeichnungsfrist und Dauer

Das qualifizierte Nachrangdarlehen ist ein befristeter Vertrag. Die Laufzeit beträgt meist zwischen fünf und zehn Jahren. Das genaue Enddatum wird auf der ersten Seite des Vertrages angegeben.

Wie bereits angeführt, gibt der Investor ein Angebot für ein Nachrangdarlehen ab. Dieses Nachrangdarlehen wird vom Unternehmen am Ende der Zeichnungsfrist angenommen. Danach hat der Investor ein 14-tägiges Rücktrittsrecht.

Vertragsauszug: Punkt 3 – Zeichnungsfrist, auflösende Bedingung, Dauer und Rückzahlung

3.1 Der Crowdinvestor gewährt der Gesellschaft ein qualifiziert nachrangiges, partiarisches Darlehen gemäß den Bestimmungen dieses Vertrags in Höhe des vom Crowdinvestor auf der Website durch Anklicken des Bestätigen-Buttons bzw des auf dem Zeichnungsschein ausgewählten und im Anschluss gezahlten Betrages. Die Gesellschaft nimmt den Antrag durch die Übersendung einer Annahme-E-Mail an.

3.2 Die Gesellschaft ist berechtigt die Zeichnungsfrist zum Erreichen der Fundingschwelle bis zur in Punkt 1 genannten Verlängerungsoptionsfrist zu verlängern. Der Crowdinvestor ist an sein Angebot während der gesamten (allenfalls solcherart verlängerten) Zeichnungsfrist gebunden.

3.3 Der Vertrag ist auflösend bedingt durch das Nichterreichen der Fundingschwelle bis zur Zeichnungsfrist (oder deren Unterschreiten aufgrund erfolgter Rücktritte bzw Widerrufe von Crowdinvestoren binnen der 14-Tagesfrist nach Annahme der Darlehensangebote durch die Gesellschaft).

3.4 Das partiarische Darlehen hat eine Laufzeit bis zu dem in Punkt 1 genannten Laufzeitende.

3.5 Am Ende der in Punkt 1 genannten Vertragslaufzeit ist das Darlehen samt aller bis dahin aufgelaufener und nicht bezahlter Zinsen zur (Rück-)Zahlung an den Crowdinvestor auf das vom Crowdinvestor im Rahmen seiner Registrierung auf der Website bekanntgegebene Bankkonto (oder eines anderen vom Crowdinvestor mittels Aktualisierung seiner Registrierung auf der Website bekanntgegebenen Kontos) fällig. Jegliche Zahlung der Gesellschaft auf das vom Crowdinvestor auf der Website registrierte (und jeweils aktualisierte) Konto hat für die Gesellschaft schuldbefreiende Wirkung.

4.3.6.1.3. Darlehensbetrag

Der Darlehensbetrag ist vom Investor einmal zu zahlen. Es besteht keine Nachschusspflicht.

Vertragsauszug: Punkt 4 – Darlehensbetrag

4.1 Der Crowdinvestor leistet einen Darlehensbetrag in Höhe des auf der Website bzw am Zeichnungsschein von ihm ausgewählten Betrages (nachfolgend „Darlehensbetrag"). Der Darlehensbetrag ist vom Crowdinvestor bei Stellung seines Angebots schuldbefreiend an das auf der Website angegebene Konto zu zahlen. Nach entsprechendem Eingang des vom Crowdinvestor zu leistenden Darlehensbetrags hat die Gesellschaft im Fall der Angebotsannahme keine weiteren Ansprüche gegen den Crowdinvestor auf Zahlung des Darlehensbetrags (keine Nachschusspflicht).

4.3.6.1.4. Zinsberechnung

Die Zinsberechnung ist der komplexeste Punkt des Vertrages. Es wird festgelegt, wie ein Investor an der Wertsteigerung des Unternehmens partizipieren kann. Dabei werden im

Wesentlichen zwei Varianten definiert: die laufende Auszahlung an den Investor und die Beteiligung an der Unternehmenswertsteigerung. Unter Punkt 5.1 des Vertrages werden zunächst die Begriffe für die Berechnung definiert, in Punkt 5.2 die laufende Beteiligung und unter 5.3 die Unternehmenswertbeteiligung (siehe Vertragsauszug unten).

Die laufende Beteiligung erfolgt auf Basis eines definierten Zinssatzes. Dieser Zinssatz wird auf der ersten Seite angegeben und beträgt meist 4,5 %. Die Auszahlung erfolgt nur dann, wenn das Unternehmen auch einen Gewinn erwirtschaftet (dh das EBITDA positiv ist). Kann keine Auszahlung durchgeführt werden (zB wegen eines negativen Eigenkapitals aufgrund der Nachrangigkeit), so wird der Anspruch vorgetragen und die Auszahlung erfolgt im nächsten Jahr, sofern ein positives EBITDA erzielt werden kann. Die vorgetragenen Zinsen werden wiederum verzinst.

Die Beteiligung an der Unternehmenswertsteigerung erfolgt auf Basis einer Bewertung des Unternehmens. Die Unternehmenswertbeteiligung wird am Ende der Laufzeit bestimmt und definiert den Bonus, den Sie als Investor erhalten, wenn sich das Unternehmen erfolgreich entwickelt hat. Damit profitieren Sie von der Wertsteigerung des Unternehmens. Für die Berechnung der Unternehmenswertbeteiligung benötigen Sie folgende Informationen:

Stammkapital der Gesellschaft **Darlehensnominale laut Vertrag**
Summe aller Darlehensnominalen **Unternehmenswert**

Die Berechnung des jeweiligen Anteils am Unternehmenswert erfolgt anhand folgender Formel:

$$\text{Ihr Anteil} = \frac{\text{Ihre Darlehensnominale laut Vertrag}}{\text{Stammkapital + Summe aller Darlehensnominalen}}$$

Bei weiteren Finanzierungen (Einstieg weiterer Investoren) steigt der Wert des Unternehmens, aber Ihr Anteil verringert sich. Es wird damit im Vertrag ein virtuelles Stammkapital nachgebildet (die Kapitalbasis). Über dieses virtuelle Stammkapital beteiligt sich der Crowdinvestor mit der gleichen Logik am Unternehmenswert wie auch die Eigenkapitalgeber.

Die Darlehensnominale im Crowdinvesting-Vertrag entspricht dem Stammkapital einer Gesellschaft. Über das Stammkapital wird der Anteil der Gesellschafter an der Kapitalgesellschaft definiert. Investiert ein neuer Gesellschafter, erhöht sich das Stammkapital, aber der prozentuelle Anteil pro Investor sinkt (Verwässerung). Siehe dazu auch das Bsp zur Berechnung von Kapitalerhöhung und Verwässerung in Kapitel 4.3.6.1.

Die Unternehmenswertbeteiligung (Ihr Anteil an der Unternehmenswertsteigerung) wird wie folgt berechnet:

$$\text{Ihre Unternehmenswertbeteiligung} = \text{(Unternehmenswert am Laufzeitende} \times \text{Ihr Anteil)} - \text{Darlehensbetrag} - \text{Kosten für Abwicklung laut Vertrag}$$

Der Darlehensbetrag (bzw das investierte Kapital) wird am Laufzeitende zunächst zurückgezahlt und reduziert daher die Unternehmenswertbeteiligung des Investors. Ist die Unternehmenswertbeteiligung negativ, so erfolgt keine zusätzliche Auszahlung, der Investor bekommt aber jedenfalls seinen Zeichnungsbetrag zurück.

Der Unternehmenswert zum Laufzeitende wird auf zwei Arten berechnet, wobei der höhere Wert gilt:

- **Umsatz-Multiple-Methode:** Im Vertrag wird ein Umsatz-Multiple angegeben. Dieser Umsatz-Multiple wird mit dem Umsatz des Unternehmens laut dem letzten Jahresabschluss multipliziert und ergibt (vereinfacht) den Unternehmenswert. Davon sind sämtliche Verbindlichkeiten abzuziehen.
- **Bewertungsgutachten:** Durch einen Wirtschaftstreuhänder (unabhängigen Dritten) ist eine Unternehmensbewertung nach KFS/BW 2 durchzuführen.

In Punkt 5.4 des Vertrages werden Verzugszinsen definiert. Diese werden fällig, wenn das Unternehmen das Nachrangdarlehen aufgrund der Nachrangigkeit nicht zurückzahlen kann.

Vertragsauszug: Punkt 5 – Zinsen

5.1 Begriffsbestimmungen

Für Zwecke dieses Vertrags haben die nachfolgenden Begriffe die ihnen nachfolgend zugewiesene Bedeutung:

„Wertsteigerungszins" (Unternehmenswertbeteiligung): Der Wertsteigerungszins berechnet sich durch Multiplikation des Beteiligungsanteils mit dem Unternehmenswert oder dem Umsatz-Multiple-Unternehmenswert (je nachdem, welcher Wert höher ist) abzüglich des Gesamtbetrags des Nachrangdarlehens unter diesem Darlehensvertrag.

Von dem solcherart ermittelten Betrag sind anteilig je Crowdinvestor (i) die im Zusammenhang mit der Abwicklung des Wertsteigerungszinses verbundenen Kosten für die Nutzung der Plattform der CONDA AG (entspricht 15 % des Wertsteigerungszinses vor Berücksichtigung der Abwicklungskosten und der Leadinvestor-Kosten) und (ii) die Leadinvestor-Kosten gem Punkt 1 (entspricht 15 % der Wertsteigerungszinsen vor Berücksichtigung der Abwicklungskosten und der Leadinvestor-Kosten) abzuziehen.

„Beteiligungsanteil": Der Beteiligungsanteil ist das Verhältnis des Nominalbetrags gem Punkt 1 des vom Crowdinvestor unter diesem Darlehensvertrag geleisteten Darlehensbetrags zu der nachfolgend definierten Kapitalbasis der Gesellschaft.

„Kapitalbasis der Gesellschaft": Die Kapitalbasis der Gesellschaft ist die Summe aus (i) dem Stammkapital der Gesellschaft (ausgenommen jenes Anteils des Stammkapitals, der nach Unterzeichnung dieses Darlehensvertrages aus Gesellschaftsmitteln dotiert wurde) und (ii) der Summe sämtlicher Nominalbeträge ausgegebener qualifizierter Nachrangdarlehen zur Finanzierung über Crowdinvesting.

Dabei ist jedoch Folgendes zu berücksichtigen: Eine Erhöhung des Stammkapitals nach dem Tag der Angebotsstellung durch den Crowdinvestor ist nur soweit zu berücksichtigen, soweit eine effektive Kapitalerhöhung durchgeführt wird. Weiters ist das Stammkapital in der Berechnung der Kapitalbasis nur soweit zu berücksichtigen, bis das Verhältnis zwischen Stammkapitalerhöhung und Investitionsbetrag (also Summe aus eingezahltem Stammkapital, in die Kapitalrücklage geleisteter Zahlung und weiterer Zahlungen mit einem Kündigungsverzicht von mindestens fünf Jahren [Gesellschafterdarlehen, atypisch stiller Gesellschaft, Substanzgenussrecht]) maximal dem Verhältnis Darlehensnominale zu Darlehensbetrag gem Punkt 1 entspricht.

„Umsatz": Der Begriff Umsatz bezieht sich auf den Umsatz der Gesellschaft im jeweils vorhergehenden Geschäftsjahr gem § 231 Abs 2 Z 1 bzw § 231 Abs 3 Z 1 UGB.

„Umsatz-Multiple-Unternehmenswert": Der Umsatz-Multiple-Unternehmenswert ist ein auf Grundlage des jeweils letzten Jahresabschlusses der Gesellschaft ermittelter Wert des Unternehmens der Gesellschaft durch Multiplikation des Umsatzes mit dem in Punkt 1 festgelegten Umsatz-Multiplikator, zuzüglich sämtlicher während der Vertragslaufzeit an Gesellschafter durchgeführten Brutto-Ausschüttungen, abzüglich der Netto-Finanzverbindlichkeiten der Gesellschaft am Bewertungsstichtag, wobei jedoch die Finanzverbindlichkeiten der Gesellschaft unter diesem Darlehensvertrag (sowie unter gemeinsam mit diesem Darlehensvertrag zeitgleich abgeschlossenen weiteren partiarischen Nachrangdarlehensverträgen mit anderen Crowdinvestoren) als Ausnahme von der allgemeinen Regel nicht abzuziehen sind.

„Unternehmenswert": Der Unternehmenswert ist der zum Stichtag (also entweder dem Stichtag der Kündigung gem Punkt 12.1 oder dem in Punkt 1 genannten Laufzeitende) gem Fachgutachten des Fachsenats für Betriebswirtschaft und Organisation der Kammer der Wirtschaftstreuhänder zur Unternehmensbewertung KFS/BW 1 in der jeweils aktuellsten Fassung (bei Abschluss dieses Darlehensvertrages ist dies die am 26.4.2014 beschlossenen Fassung) ermittelte Wert des Unternehmens der Gesellschaft. Zur Klarstellung wird festgehalten, dass der Equity Value zu ermitteln ist (also der Unternehmenswert abzüglich der Netto-Finanzverbindlichkeiten der Gesellschaft am Bewertungsstichtag, wobei jedoch die Finanzverbindlichkeiten gemäß diesem Darlehensvertrag [sowie unter gemeinsam mit diesem Darlehensvertrag zeitgleich abgeschlossenen weiteren partiarischen Nachrangdarlehensverträgen mit anderen Crowdinvestoren] als Ausnahme von der allgemeinen Regel nicht abzuziehen sind). Weiters sind sämtliche während der Vertragslaufzeit an Gesellschafter durchgeführte Brutto-Ausschüttungen hinzuzurechnen. Der Unternehmenswert ist jeweils binnen [8] Wochen ab dem Stichtag von einem von der Gesellschaft beauftragten unabhängigen Wirtschaftstreuhänder auf Kosten der Gesellschaft zu ermitteln.

5.2 Laufende Verzinsung

Laufende Verzinsung = Darlehensbetrag × Basiszinssatz

Der Darlehensbetrag wird mit dem in Punkt 1 genannten Basiszinssatz gem Punkt 1 verzinst. Die aufgelaufenen Zinsen sind jeweils zu dem in Punkt 1 genannten Zinszahlungstermin eines jeden Jahres zur Zahlung durch die Gesellschaft fällig. Die Verzinsung beginnt mit Annahme des Vertrages durch die Gesellschaft. Wird der Vertrag gem Punkt 3.3 aufgelöst, erfolgt keine Verzinsung. Voraussetzung für die Auszahlung der laufenden Zinsen an die Crowdinvestoren ist (neben der Erfüllung der Voraussetzung gem Punkt 8) auch, dass das EBITDA der Gesellschaft im vorhergehenden Geschäftsjahr positiv war. Soweit eine Auszahlung der laufenden Zinsen am Zinszahlungstermin aus den vorgenannten Gründen nicht erfolgt, wird der nicht ausbezahlte Zinsenbetrag vorgetragen.

Ein solcherart vorgetragener Zinsenbetrag ist – vorbehaltlich der Erfüllung der vertraglichen Auszahlungsvoraussetzungen – zum nächstmöglichen Zinszahlungstermin, an dem die vertraglichen Auszahlungsvoraussetzungen erfüllt sind, auszuzahlen und wird bis dahin mit dem in Punkt 1 genannten Basiszinssatz ab dem Zinszahlungstermin verzinst.

5.3 Wertsteigerungszinssatz am Laufzeitende sowie bei vorzeitiger Kündigung gem Punkt 11

WSZ = (BA × max [UW; UMUW]) – DB – (AK + LI)

WSZ = Wertsteigerungszinszahlung

BA = Beteiligungsanteil

UW = Unternehmenswert durch Gutachter

UMUW = Umsatz-Multiple-Unternehmenswert

AK = anteilige Abwicklungskosten CONDA (15 %)

LI = anteilige Leadinvestor-Kosten

DB = Eigener Darlehensbetrag

Im Fall einer vorzeitigen Kündigung des Nachrangdarlehens durch die Gesellschaft gem Punkt 11 sowie am Laufzeitende dieses Darlehensvertrag (siehe Punkt 1) hat der Crowdinvestor zusätzlich Anspruch auf eine Wertsteigerungszinszahlung in Höhe des Wertsteigerungszinses gem Punkt 5.1.

Im Fall einer vorzeitigen Kündigung gem Punkt 11 muss die Wertsteigerungszinszahlung zumindest jenem Betrag entsprechen, der (unter Berücksichtigung der laufenden Verzinsung und vor Abzug der Kosten für die Abwicklung) erforderlich ist, um dem Crowdinvestor eine Verzinsung seines Darlehensbetrags seit Vertragsabschluss iHv 18 % pa zu sichern.

Der Wertsteigerungszins ist binnen [1] Woche nach Vorliegen des Gutachtens zur Ermittlung des Unternehmenswerts zur Zahlung an den Crowdinvestor fällig.

5.4 Verzugszinsen

Für den Fall eines Verzugs mit der Zahlung nach Kündigung bzw nach Laufzeitende von gem diesem Vertrag an den Crowdinvestor zu zahlenden Beträgen schuldet die Gesellschaft Verzugszinsen iHv 12 % pa (act/360).

4.3.6.1.5. Informationsrechte

Der Crowdinvestor hat jährlich Anspruch auf einen Geschäftsbericht der Gesellschaft. Außerdem ist der Crowdinvestor quartalsweise über Änderungen zu informieren.

Vertragsauszug: Punkt 6 – Informations- und Kontrollrechte

6.1 Der Crowdinvestor erhält für jedes Geschäftsjahr der Gesellschaft bis zur vollständigen Rückzahlung aller Darlehensansprüche an den Crowdinvestor die jeweiligen Jahresabschlüsse der Gesellschaft (einschließlich der Bilanz und Gewinn- und Verlustrechnung sowie einer Berechnung und Darstellung des jeweiligen EBITDAs) spätestens einen Monat nach Feststellung des Jahresabschlusses durch die Gesellschafter der Gesellschaft gemeinsam mit einer Aufstellung der jeweils aktuellen Kapitalbasis der Gesellschaft (und einer beispielhaften Berechnung des Beteiligungsanteils je 100 € Darlehensforderung). Die zur Verfügung zu stellenden Unterlagen können dem Crowdinvestor auch elektronisch auf der Website oder per E-Mail (an die vom Crowdinvestor im Rahmen seiner Registrierung auf der Website bekanntgegebene E-Mail-Adresse oder eine andere vom Crowdinvestor mittels Aktualisierung seiner Registrierung auf der Website bekanntgegebene E-Mail-Adresse) zur Verfügung gestellt werden. Weitergehende Informations- und Kontrollrechte bestehen nicht.

6.2 Die in Punkt 6.1 genannten Rechte stehen dem Crowdinvestor auch nach Kündigung des Nachrangdarlehens in dem zur Überprüfung des Zinsanspruchs erforderlichen Umfang zu.

6.3 Der Crowdinvestor erhält für jedes Geschäftsjahr der Gesellschaft bis zur vollständigen Rückzahlung quartalsweise Reportings über die CONDA-Plattform in Form einer Kurzdarstellung („one-pager"), die die wesentlichen Ereignisse (zB Umsatz, Personalstand, Markt, Konkurrenz, Aktivitäten [inkl Produktentwicklung], Marketing, Vertrieb, Forschung, Entwicklung etc) zusammenfasst.

6.4 Der Crowdinvestor hat über alle auf der Website als vertraulich gekennzeichneten Angelegenheiten der Gesellschaft sowie die ihm gem Punkt 6.3 übermittelten Informationen und Unterlagen (soweit es sich dabei nicht um Informationen oder Unterlagen handelt, die aufgrund der Hinterlegung des Jahresabschlusses der Gesellschaft beim Firmenbuch öffentlich bekannt sind) Stillschweigen zu bewahren.

6.5 Die Crowdinvestoren und die Gesellschaft vereinbaren, dass während der Laufzeit dieses Vertrages die Gesellschaft einen Vertrag mit der CONDA AG unterhält, mit dem sichergestellt wird, dass die Kommunikation zwischen Unternehmen und Investoren einheitlich für alle Investoren über die CONDA-Plattform erfolgen kann. Es wird festgehalten, dass die damit verbundenen Kosten 1,5 % der Darlehenssumme pro Jahr betragen dürfen und von der Gesellschaft getragen werden.

4.3.6.1.6. Auszahlungskonto

Damit Auszahlungen an Investoren erfolgen können, müssen die Bankkonten der Investoren in einem Register verwaltet werden. Diese sind auf der CONDA-Webseite zu hinterlegen.

Vertragsauszug: Punkt 7 – Auszahlungskonto

7.1 Der Crowdinvestor verpflichtet sich, die auf der Website registrierte Kontoverbindung stets aktuell zu halten bzw im Fall einer Änderung der Kontoverbindung die Registrierung auf der Website entsprechend zu aktualisieren.

7.2 Überweisungen durch die Gesellschaft auf ein Bankkonto einer Bank innerhalb der Europäischen Union erfolgen kostenfrei, bei Überweisungen auf ein Bankkonto bei einer Bank außerhalb der Europäischen Union trägt der Crowdinvestor die Kosten der Überweisung.

4.3.6.1.7. Qualifizierte Nachrangklausel

Für jedes Land ist auf Basis der jeweiligen Rechtslage die Nachrangklausel anzugeben. Diese definiert den Rang im Fall der Insolvenz des Unternehmens und hat damit Auswirkung auf die Rückzahlung.

Vertragsauszug: Punkt 8 – Qualifizierte Nachrangklausel

8.1 Der Crowdinvestor erklärt hiermit gem § 67 Abs 3 IO, dass er Befriedigung seiner Forderungen aus diesem Darlehensvertrag erst nach Beseitigung eines negativen Eigenkapitals (§ 225 Abs 1 UGB) oder im Fall der Liquidation nach Befriedigung aller Gläubiger begehrt und dass wegen dieser Verbindlichkeiten kein Insolvenzverfahren eröffnet zu werden braucht. Zahlungen durch die Gesellschaft erfolgen daher nur, wenn ein positives Eigenkapital vorliegt und soweit die Auszahlung des jeweils fälligen Betrags keine Insolvenz der Gesellschaft bewirken würde; werden fällige Beträge aufgrund solcher Einschränkungen nicht ausbezahlt, erfolgt die Auszahlung jeweils zum nächstmöglichen Termin und wird bis dahin mit dem in Punkt 1 genannten Zinssatz verzinst.

8.2 Etwaige Ansprüche der Crowdinvestoren können von der Gesellschaft nicht durch Aufrechnung erfüllt werden, eine etwaige Aufrechnung durch die Gesellschaft wird daher ausdrücklich ausgeschlossen.

4.3.6.1.8. Verpflichtungen der Gesellschaft

Da es sich bei Nachrangdarlehen, wie der Name bereits sagt, um nachrangige Verbindlichkeiten handelt, können übermäßige Ausschüttungen und Auszahlungen aus dem Unternehmen zu einer Schwächung des Unternehmens und einer möglichen Nicht-Rückzahlung der Darlehen führen. Aus diesem Grund stellen die Verpflichtungen der Gesellschaft Einschränkungen dar, die mit einem Strafzinssatz verbunden sind. Diese Strafbedingungen können je Vertrag variieren, betreffen aber meist einerseits Auszahlungen an die Gesellschafter, andererseits an die Geschäftsführer.

Vertragsauszug: Punkt 9 – Verpflichtungen der Gesellschaft

9.1 Die Gesellschaft verpflichtet sich, Ausschüttung an Gesellschafter nur soweit vorzunehmen oder zuzulassen, soweit die Gesellschaft die dafür aufzuwendende Liquidität nicht benötigt, um laut Cashflow-Planung die in den nächsten zwölf Monaten fällig werdenden (zuzüglich etwaiger mangels Erfüllung der vertraglichen Auszahlungsvoraussetzungen nicht ausbezahlter und daher entsprechend vorgetragener) Forderungen der Crowdinvestoren iZm diesem Vertrag (und gleichzeitig mit diesem Vertrag geschlossener Nachrangdarlehensverträge) zu erfüllen.

9.2 Die Gesellschaft verpflichtet sich weiters, Entgeltszahlungen an Geschäftsführer, die den dreifachen Betrag des höchsten gem anwendbarem Kollektivvertrag geregelten Entgelts übersteigen, nur soweit vorzunehmen oder zuzulassen, soweit die Gesellschaft die dafür aufzuwendende Liquidität nicht benötigt, um laut Cashflow-Planung die in den nächsten zwölf Monaten fällig werdenden (zuzüglich etwaiger mangels Erfüllung der vertraglichen Auszahlungsvoraussetzungen nicht ausbezahlter und daher entsprechend vorgetragener) Forderungen der Crowdinvestoren iZm diesem Vertrag (und gleichzeitig mit diesem Vertrag geschlossener Nachrangdarlehensverträge) zu erfüllen.

9.3 Für den Fall, dass die Gesellschaft eine Verpflichtung gem diesem Punkt 9 verletzt, erhöht sich der von der Gesellschaft gem diesem Vertrag zu zahlende Zinssatz (sowohl für die laufende Verzinsung als auch den Verzugszinssatz) um sechs Prozentpunkte für den Zeitraum der Verletzung.

4.3.6.1.9. Abtretung des partiarischen Darlehens durch den Crowdinvestor

Grundsätzlich ist die Abtretung der Anteile jederzeit möglich. Ein potentieller Investor hat sich auf der Webseite zu registrieren und kann die Anteile danach übernehmen. Der Vertrag für die Abtretung ist dabei vom jeweiligen Investor selbst aufzusetzen. Es sei auch hier nochmals hervorgehoben, dass es keinen Markt für den Verkauf von Anteilen gibt. Es muss der Käufer selbst gefunden werden.

Vertragsauszug: Punkt 10 – Abtretung des partiarischen Darlehens durch den Crowdinvestor

10.1 Die Abtretung der Rechte aus dem Nachrangdarlehen durch den Crowdinvestor ist möglich, doch muss der Crowdinvestor der Gesellschaft die Abtretung sowie die Daten des Abtretungsempfängers unverzüglich nach der Abtretung über eine entsprechende Mitteilung über die CONDA-Website mitteilen, um sicher zu stellen, dass auch der Abtretungsempfänger auf der Website als Crowdinvestor registriert ist. Eine Abtretung an Personen, die nicht auf der Website als Crowdinvestoren registriert sind, ist ausgeschlossen und nicht zulässig. Nach erfolgter Abtretung hat die Gesellschaft das Recht und die Pflicht, ausschließlich auf die ihr gem der vorgenannten Mitteilung über die Website genannte Kontoverbindung des Abtretungsempfängers schuldbefreiend zu leisten.

10.2 Eine teilweise Abtretung von Ansprüchen aus diesem Vertrag durch den Crowdinvestor ist jeweils nur möglich, wenn Zinsansprüche gemeinsam mit Ansprüchen auf Rückzahlung eines Darlehensbetrages abgetreten werden und jeweils nur, wenn Abtretungen hinsichtlich eines Darlehensbetrages von zumindest 100 € oder eines Vielfachen davon vereinbart werden.

4.3.6.1.10. Außerordentliche Kündigungsrechte der Gesellschaft

Vertragsauszug: Punkt 11 – Außerordentliche Kündigungsrechte der Gesellschaft

11.1 Kontrollwechsel

Für den Fall, dass während der Laufzeit dieses Vertrags eine andere (natürliche oder juristische) Person als (i) die in Punkt 1 genannten Alt-Gesellschafter oder (ii) ein Angehöriger (iSv § 32 IO) eines Alt-Gesellschafters oder (iii) eine juristische Person, an der ein Alt-Gesellschafter oder ein Angehöriger (iSv § 32 IO) eines Alt-Gesellschafters direkt oder indirekt wirtschaftlich und rechtlich beteiligt ist, mehr als 50 % der Gesellschaftsanteile an der Gesellschaft erwirbt (sodass diese Person anschließend auch die Mehrheit der Stimmrechte an der

Gesellschaft hält) („Kontrollwechsel"), hat die Gesellschaft das Recht, das Nachrangdarlehen (jedoch nur gemeinsam mit allen übrigen Nachrangdarlehen von Crowdinvestoren, die gleichzeitig mit diesem Nachrangdarlehen gewährt wurden) auch vor Ablauf der Laufzeit vorzeitig aufzukündigen.

11.2 Voraussetzungen für die Ausübung eines vorzeitigen Kündigungsrechts

Das vorzeitige Kündigungsrecht gem diesem Punkt 11 kann von der Gesellschaft jedoch nur ausgeübt werden, wenn sichergestellt ist, dass alle Voraussetzungen für die Auszahlung des Darlehensbetrags und sämtlicher darauf aufgelaufener Zinsen sowie die Auszahlung des Wertsteigerungszinses gem Punkt 5.3 erfüllt sind und die Durchführung der entsprechenden Zahlungen daher nicht gem Punkt 8 rückgestellt werden müsste.

11.3 Kündigungserklärung, Frist und Fälligkeit

Die entsprechende Aufkündigung erfolgt durch (a) entsprechende Mitteilung auf der Website und (b) Übermittlung der Kündigung an die E-Mail-Adresse des Crowdinvestors (an die vom Crowdinvestor im Rahmen seiner Registrierung auf der Website bekanntgegebene E-Mail-Adresse oder eine andere vom Crowdinvestor mittels Aktualisierung seiner Registrierung auf der Website bekanntgegebene E-Mail-Adresse).

Die Gesellschaft kann ihr außerordentliches Kündigungsrecht gem diesem Punkt 11 binnen acht Wochen nach Eintritt des jeweils festgelegten vorzeitigen Kündigungsgrundes ausüben. Im Fall einer solchen Aufkündigung sind der Darlehensbetrag und die darauf aufgelaufenen Zinsen binnen einer Woche nach der Aufkündigung durch die Gesellschaft zur Zahlung fällig.

4.3.6.1.11. Schlussbestimmungen

Vertragsauszug: Punkt 12 – Schlussbestimmungen

12.1 Dieser Vertrag unterliegt österreichischem Recht. Gerichtsstand für sämtliche Streitigkeiten aus und im Zusammenhang mit diesem Vertrag ist, soweit gesetzlich zulässig, der Sitz der Gesellschaft.

12.2 Änderungen oder Ergänzungen dieses Vertrages bedürfen zu ihrer Wirksamkeit der Schriftform. Dies gilt auch für einen etwaigen Verzicht auf das vorgenannte Erfordernis. Nebenabreden wurden außerhalb dieses Vertrages nicht getroffen.

12.3 Sollten einzelne Bestimmungen dieses Vertrages ganz oder teilweise unwirksam sein oder werden oder sollte sich in diesem Vertrag eine Lücke befinden, so wird hierdurch die Gültigkeit der übrigen Bestimmungen nicht berührt. Anstelle der unwirksamen Bestimmung ist eine solche wirksame Bestimmung zu vereinbaren, die dem Sinn und Zweck der unwirksamen Bestimmung, insb ihrer wirtschaftlichen Intention entspricht. Im Falle einer Lücke ist diejenige Bestimmung zu vereinbaren, die nach dem Sinn und Zweck dieses Vertrages vereinbart worden wäre, hätte man diesen Punkt von vornherein bedacht.

12.4 Der Crowdinvestor stimmt ausdrücklich zu, dass sämtliche seiner auf der Website registrierten Daten von CONDA an die Gesellschaft für Zwecke der Annahme dieses Angebots und der Umsetzung und Gestionierung dieses Darlehensvertrags übermittelt werden dürfen.

12.5 Dieser Vertrag wird in deutscher und englischer Sprache ausgefertigt; im Falle von Abweichungen geht die deutsche Fassung vor.

4.3.6.2. Berechnungsbeispiel

Im Folgenden soll ein konkretes Beispiel im Detail vorgestellt werden. Dafür werden folgende Informationen benötigt: die Eckdaten aus dem Beteiligungsvertrag, die geplante Umsatzentwicklung und EBITDA-Entwicklung sowie das Stammkapital der Gesellschaft.

Darlehensbetrag										1.000 €
Basiszinssatz										4,5 %
Laufzeitende										30.6.2025
Zinszahlungstermin										30.6.
Umsatz-Multiplikator										1,45
Darlehensnominale										4,942 €
Alt-Gesellschafter										Ja
Leadinvestor										Ja
Stammkapital										74.126 €
Jahr	2015	2016	2017	2018	2019	2020	2021	2022	2023	2024
Umsatz	2.700.000	4.200.000	4.800.000	5.600.000	6.400.000	7.040.000	7.744.000	8.518.400	9.370.240	10.307.264
EBITDA	positiv	positiv	positiv	positiv	positiv	positiv	positiv	positiv	positiv	positiv

Tab 22: Basisdaten für Berechnungsbeispiel

Es gilt (vereinfacht) zu berechnen, was man investieren muss, um am Ende einen bestimmten Betrag zu erhalten. Die Berechnung erfolgt daher immer wie folgt und kann am einfachsten mit Excel umgesetzt werden. Im ersten Schritt wird die prozentuelle Beteiligung berechnet und die Darlehensnominale verglichen.

Berechnung Unternehmenswert Basis Kapitalbedarf	in €	%	Kapitalbasis	%
Anteil Geschäftsherr (inkl Nachrangdarlehen alt)	1.500.000	85,71 %	74.126	86 %
Nachrangdarlehen neu	250.000	14,29 %	12.355	14 %
Bewertung post-money	1.750.000	100 %	86.481	100 %

Tab 23: Berechnung Unternehmenswert

Die Bewertung des Unternehmens wird mit 1,5 Mio € angeben, das Stammkapital beträgt 74.126 €. Weiters wird ein gesamter Kapitalbedarf von 250.000 € veranschlagt. Die prozentuelle Beteiligung an der Unternehmenswertsteigerung soll daher 14,29 % betragen (250.000 € / 1.750.000 €). Daraus abgeleitet muss die virtuelle Kapitalbasis 86.481 € betragen, damit auch in der virtuellen Kapitalbasis eine Beteiligung von 14,29 % vorliegt (Darlehensnominale 12.355 € = 74.126 € / 1.500.000 € × 250.000 €).

Es werden insgesamt 2.500 Anteile zu je 100 € ausgegeben. Damit beträgt die Darlehensnominale pro 100 € 4,92 € (= 12.355 € / 2.500 Anteile). Auf dieser Basis kann zu jedem Zeitpunkt die virtuelle Beteiligung an der Unternehmenswertsteigerung nachgerechnet werden.

Für unser Beispiel nehmen wir an, dass das Unternehmen in Zukunft noch weiteres Kapital aufnehmen muss. Da es ein stark skalierbares Unternehmen ist, gehen wir von einer Verwässerung von 52,05 % aus. Der Betrag kann aus dem Finanzplan abgelesen bzw bei dem Unternehmen erfragt werden (ist jedoch immer eine Abschätzung in die Zukunft). Die Beteiligung für 1.000 € Investment beträgt daher 0,0274 % (unter Berücksichtigung der Verwässerung; 1.000 € das Investment / 1.750.000 € post-money-Bewertung × [1 – 0,5205 Verwässerung]).

	Jahre	Zinsen	Vortrag	Wert-steigerung	Rück-zahlung	Auszahlung vor Kosten	Umsatz	EBITDA
Var	10	4,5000 %		0,0274 %		1.000,00	10 %	
0				- 1.000,00		- 1.000,00		
1	2015	45,00		–	–	45,00	2.700.000,00	positiv
2	2016	45,00	–	–	–	45,00	4.200.000,00	positiv
3	2017	45,00	–	–	–	45,00	4.800.000,00	positiv
4	2018	45,00	–	–	–	45,00	5.600.000,00	positiv
5	2019	45,00	–	–	–	45,00	6.400.000,00	positiv
6	2020	45,00	–	–	–	45,00	7.040.000,00	positiv
7	2021	45,00	–	–	–	45,00	7.744.000,00	positiv
8	2022	45,00	–	–	–	45,00	8.518.400,00	positiv
9	2023	45,00	–	–	–	45,00	9.370.240,00	positiv
10	2024	45,00	–	3.094,67	1.000,00	4.139,67	10.307.264,00	positiv

Tab 24: Hochrechnung potentieller Auszahlungen

Im letzten Schritt können die Auszahlungen berechnet werden. Dafür werden zunächst die geplanten jährlichen Auszahlungen von 4,5 % eingetragen. Es wurde angenommen, dass das Unternehmen bereits im ersten Jahr einen Gewinn erzielen wird.

Die Unternehmenswertsteigerung wird auf Basis des Umsatz-Multiples berechnet. Der Umsatz im letzten Jahr beträgt 10.307.264 € (unverbindliche Hochrechnung durch das Unternehmen). Dieser Wert ist mit dem Umsatz-Multiple von 1,45 zu multiplizieren und beträgt daher 14.945.532,80. Dieser Wert muss im nächsten Schritt mit dem Anteil multipliziert werden und ergibt somit 4.094,67 €. Von diesem sind der Darlehensbetrag und die Kosten für die Abwicklung sowie etwaige Leadinvestor-Kosten abzuziehen. Insgesamt ergibt sich dadurch eine Rendite von 15,11 %.

4.3.7. Zusammenfassung

Crowdinvesting bedeutet, in Unternehmen zu investieren. Dies inkludiert, dass sämtliche Bereiche, die ein Business Angel zu beachten hat, auch von einem Crowdinvestor durchgeführt werden müssen. Dies umfasst auch die Beurteilung des Unternehmens. Dabei muss das Potential, zukünftige Gewinne zu erzielen, beurteilt werden. Das Potential kann nur dann gehoben werden, wenn die Innovation, das Geschäftsmodell, die Marketingstrategie, der Markt, das Team und die Finanzierung gut ineinandergreifen, aber auch das Unternehmen die Fähigkeit besitzt, schnell auf sich ändernde Marktsituationen Rücksicht zu nehmen.

Neben dem Projekt selbst gilt es, das Beteiligungsmodell zu beurteilen. Wie wird investiert und welche Auswirkung hat das Investment auf mich als Investor? Dies betrifft die Beurteilung der Zahlungszeitpunkte, Auszahlungsbeträge und Szenarien im Worst Case.

4.4. Steuerrechtliche Rahmenbedingungen

(Wagner)

4.4.1. CONDA-Beteiligungsmodell

Das CONDA-Beteiligungsmodell geht immer von einem Mix aus Eigenkapital und Fremdkapital von verschiedenen Quellen, wie zB einer Bank bzw Förderstellen und Zuschüssen, aus:

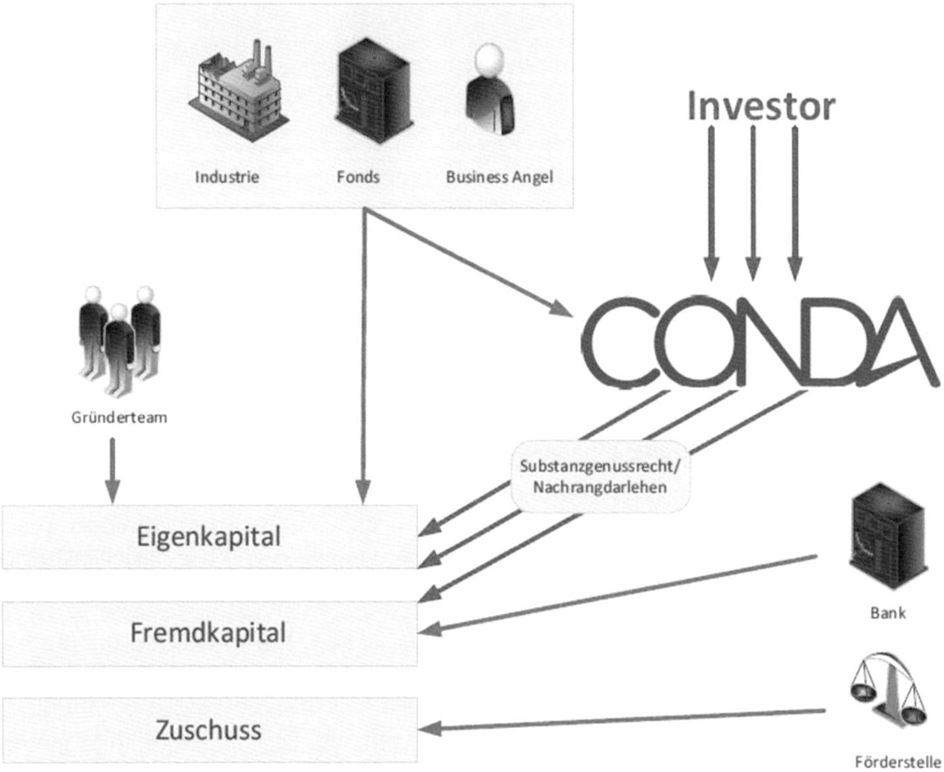

Abb 49: Unternehmensfinanzierung mit Crowdinvesting

Die Zusammensetzung wird im Finanzierungsvorschlag zusammengefasst und bildet die Basis für die Umsetzung des Crowdinvesting-Modells. Die Crowdinvesting-Beteiligungsmodelle wurden in der Form von Substanzgenussrechten bis 2013 und ab 2014 mit Nachrangdarlehen umgesetzt.

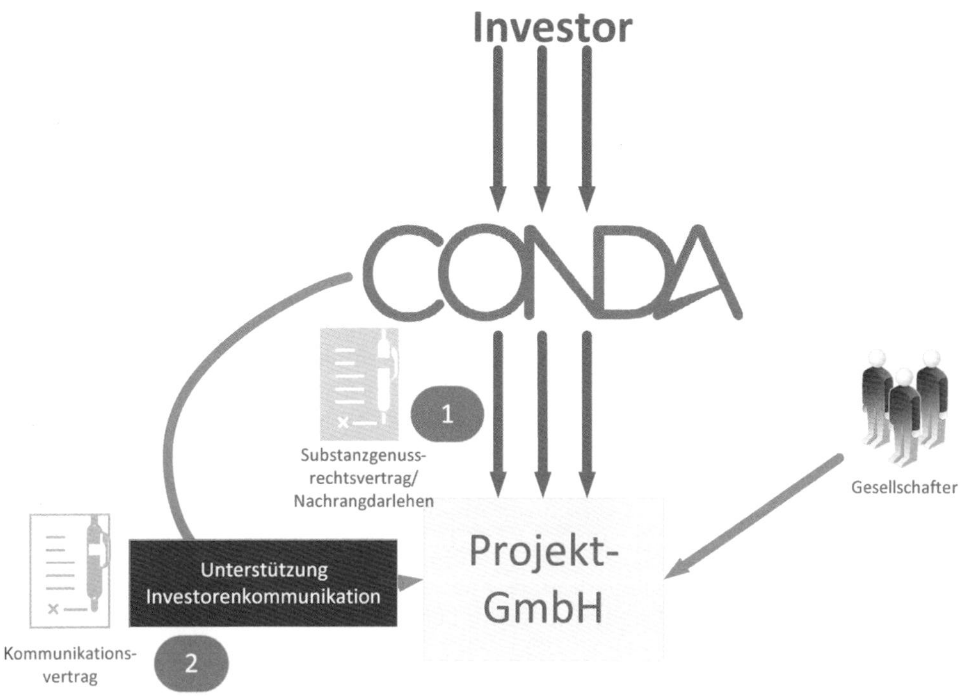

Abb 50: CONDA-Beteiligungsmodell

4.4.1.1. Substanzgenussrecht

Aus ertragsteuerlicher Sicht ist zwischen sozietären und obligationsähnlichen Genussrechten zu unterscheiden. Während sozietäre Genussrechte im Steuerrecht Eigenkapital darstellen, handelt es sich bei obligationsähnlichen Genussrechten um Fremdkapital.[120]

Gem § 8 Abs 3 Z 1 KStG liegt ein **sozietäres Genussrecht** vor, wenn dieses dem Genussrechtsinhaber gleichzeitig ein Recht auf die Beteiligung am gesamten laufenden Gewinn und am gesamten Liquidationsgewinn der emittierenden Körperschaft vermittelt. Bei Fehlen einer Erfolgs- und/oder Substanzbeteiligung muss davon ausgegangen werden, dass es sich um ein **obligationsähnliches Genussrecht** handelt.[121]

Das Kriterium der Beteiligung am laufenden Gewinn gilt als erfüllt, wenn sich die gewinnabhängige Vergütung beispielsweise am Bilanzgewinn oder Jahresüberschuss orientiert. Eine Anknüpfung an cashflow- oder umsatzbasierte Größen erscheint hingegen für eine ertragsteuerliche Qualifikation als sozietäres Genussrecht bereits mehr als fraglich, da derartige Beteiligungen kein typisches Vermögensrecht eines Gesellschafters vermitteln.[122] Die Vereinbarung einer Mindestverzinsung steht der steuerlichen Qualifikation als sozietäres Genussrecht nicht entgegen, wenn diese nur in Gewinnjahren zur

120 KStR Rz 1193.
121 KStR Rz 557.
122 Vgl *Lenz/Stieglitz*, Genussrechte im Ertragsteuerrecht – Abgrenzung von Eigenkapital und Fremdkapital, ZUS 2011, 124.

Geltung kommen soll. Erstreckt sich diese auch auf Verlustjahre, dann muss davon ausgegangen werden, dass es sich um obligationsähnliche Genussrechte handelt, die schlussendlich als Fremdkapital einzustufen sind.[123]

Als nicht ausreichende Gewinnbeteiligung wird der Fall einer Anknüpfung an das Ergebnis eines Teil- oder Geschäftsbereiches der emittierenden Körperschaft angesehen. Die Gewinnbeteiligung setzt vielmehr eine Beteiligung am Gesamtergebnis voraus. Wird der jeweilige Genussrechtsinhaber somit nur am Ergebnis eines bestimmten eigens eingerichteten Rechnungskreises des Emittenten beteiligt, so liegt grundsätzlich ein obligationsähnliches Genussrecht vor.[124]

Weitere Voraussetzung für das Vorliegen von Substanzgenussrechten ist, dass diese auf die Lebensdauer der emittierenden Gesellschaft abgestellt werden. Dies schließt laut Ansicht der Finanzverwaltung jedoch eine Abschichtung vor Beendigung der emittierenden Gesellschaft nicht aus, sofern die Abschichtung der ausscheidenden Genussrechtsinhaber jener bei Beendigung des Vertragsverhältnisses im Rahmen einer Liquidation gleichgestellt wird und dies vertraglich auch vereinbart worden ist.[125] Ferner dürfen die Genussrechtsinhaber im Falle einer Liquidation bzw vorzeitigen Abschichtung gegenüber den Stammrechtsinhabern (Aktionäre, GmbH-Gesellschafter) nicht nachrangig befriedigt werden.[126]

Eine für die steuerliche Qualifikation als Substanzgenussrecht ausreichende Liquidationsgewinnbeteiligung liegt weiters nicht vor bei

- bloßer Wertsicherung des Genussrechtskapitals,
- Beteiligung an den stillen Reserven nur einzelner Teil- oder Geschäftsbereiche oder einzelner Wirtschaftsgüter oder
- einer von vornherein vereinbarten pauschalen Abfindung.

In diesen Fällen muss von einem obligationsähnlichen Genussrecht ausgegangen werden.[127]

Die Einschränkung der Beteiligung des Genussrechtsinhabers auf einen bestimmten Rechnungskreis wird jedoch zu hinterfragen sein, wenn die emittierende Gesellschaft de facto nur einen Rechnungskreis besitzt. Insoweit können Abgrenzungsprobleme zwischen Nominal- und Substanzgenussrechten auftreten, da die Genussrechte an einer neu gegründeten Gesellschaft in zeitlich aufeinanderfolgenden Tranchen, welche sich an unterschiedlichen Rechnungskreisen beteiligen, ausgegeben werden und die erste Tranche für einen bestimmten Zeitabschnitt an dem einzigen Rechnungskreis der Gesellschaft partizipiert.

4.4.1.2. Nachrangiges Darlehen

Neben dem klassischen Crowdinvesting in Form von Substanzgenussrechten gewinnt auch jenes in Form von nachrangigen Darlehen immer mehr an Bedeutung. Folglich wird im Rahmen des vorliegenden Buches auch auf die Thematik von nachrangigen Darlehen eingegangen.

---

123 Vgl *Six*, Hybride Finanzierung im Internationalen Steuerrecht (2007) 32.
124 KStR Rz 1194.
125 KStR Rz 1195.
126 KStR Rz 1196.
127 KStR Rz 1196.

Bei einem nachrangigen Darlehen handelt es sich um ein Darlehen, das im Falle einer Insolvenz des Kapitalempfängers nachrangig zu behandeln ist. Dies hat zur Folge, dass die Rückzahlung des nachrangigen Darlehens in einem Insolvenzfall erst nach der Befriedigung sämtlicher nicht nachrangiger Gläubiger, wie bspw Lieferanten und Banken, erfolgt.

Darüber hinaus sind nachrangige Darlehen typischerweise als befristete Kapitalüberlassung mit einem Rückzahlungsanspruch und einer fixen Vergütung ausgestaltet.[128] Da die einzelnen Kriterien für eine Qualifikation als Eigenkapital nicht kumulativ erfüllt werden, stellen nachrangige Darlehen idR Fremdkapital dar und müssen beim Kapitalempfänger folglich in der unternehmensrechtlichen Bilanz als Verbindlichkeit erfasst werden.

4.4.2. Steuerliche Behandlung von sozietären Genussrechten beim Anleger

4.4.2.1. Österreichische natürliche Person hält die Genussrechte im Privatvermögen

4.4.2.1.1. Laufende Ausschüttungen

Die laufenden Erträge aus sozietären Genussrechten, die im Privatvermögen einer natürlichen Person gehalten werden, stellen gem § 27 Abs 2 Z 1 lit c EStG Einkünfte aus der Überlassung von Kapital dar.[129] Die Besteuerung der laufenden Erträge erfolgt im Wege des Kapitalertragsteuerabzugs iHv 27,5 %[130] gem §§ 93 Abs 2 Z 1 iVm 95 Abs 2 Z 1 lit a EStG durch die emittierende Gesellschaft als Schuldner der Erträge. Bei einer Verbriefung der Genussrechte in einem Wertpapier („Genussscheine") hat der Abzug hingegen durch die Bank zu erfolgen. Gem § 97 Abs 1 EStG ist die Einkommensteuer mit dem Steuerabzug abgegolten (Endbesteuerungswirkung).

Gem § 27a Abs 5 EStG besteht für endbesteuerte Kapitalerträge jedoch die Möglichkeit der Erstattung oder Anrechnung der Kapitalertragsteuer, wenn die Tarifbesteuerung unter Ansatz aller kapitalertragsteuerpflichtigen Erträge des Steuerpflichtigen zu einem Steuersatz von weniger als 27,5 % führt. Die Erträge aus den Genussrechten werden im Rahmen der Veranlagung gem § 27a Abs 5 EStG mit dem progressiven Einkommensteuertarif erfasst.

Sofern die Vergütungen aus ausländischen Genussrechten stammen, unterliegen auch diese dem Steuersatz iHv 27,5 % und stellen Einkünfte aus der Überlassung von Kapital gem § 27 Abs 2 Z 1 lit c EStG dar. Ein KESt-Abzug kommt nur dann in Betracht, wenn die Vergütungen aus ausländischen Genussrechten durch eine inländische Stelle ausbezahlt werden. Gem § 95 Abs 2 Z 1 lit b EStG ist diese Voraussetzung erfüllt, wenn die Auszahlung durch eine inländische Zweigstelle eines ausländischen Kreditinstituts

128 Vgl *Bertl/Hirschler*, Forderungserlass mit Besserungsvereinbarung, RWZ 2000, 359 f.

129 Vgl *Doralt*, EStG[7] § 27 Rz 33.

130 Mit dem StRefG 2015/2016 wurde für Einkünfte aus Kapitalvermögen – mit wenigen Ausnahmen – der besondere Steuersatz gem § 27a Abs 1 EStG von 25 % auf 27,5 % erhöht. Das Inkrafttreten des neuen besonderen Steuersatzes iHv 27,5 % ist in § 124b Z 281 EStG geregelt. Gem § 124b Z 281 EStG kommt der höhere Steuersatz seit 1.1.2016 zur Anwendung.

erfolgt. Wenn dies nicht der Fall ist, so sind Gewinnausschüttungen aus ausländischen Genussrechten an natürliche Personen im Wege der Veranlagung dem Sondersteuersatz iHv 27,5 % zu unterwerfen.

Kosten, die dem Genussrechtsinhaber aus dem Erwerb und der Verwaltung der Genussrechte (zB Finanzierungsaufwendungen) entstehen, können (auch im Veranlagungsverfahren bzw bei Option zur Veranlagung) steuerlich gem § 20 Abs 2 zweiter TS EStG nicht geltend gemacht werden, da sie mit endbesteuerten Kapitalerträgen in unmittelbarem wirtschaftlichen Zusammenhang stehen.[131]

4.4.2.1.2. Vorzeitige Abschichtung, Veräußerung und Liquidation

Gem § 27 Abs 3 EStG gehören zu den Einkünften aus realisierten Wertsteigerungen von Kapitalvermögen, Einkünfte aus der Veräußerung, Einlösung und Abschichtung von Wirtschaftsgütern, deren Erträge Einkünfte aus der Überlassung von Kapital iSd § 27 Abs 2 EStG sind.

Gemäß § 27a Abs 3 EStG ist der Unterschiedsbetrag zwischen dem Veräußerungs-, Einlösungs- oder Abschichtungsbetrag bzw dem Abwicklungsguthaben einerseits und den Anschaffungskosten andererseits als Einkünfte anzusetzen.

Bei Einkünften aus realisierten Wertsteigerungen ist ein Kapitalertragsteuerabzug nicht vorgesehen, sofern die Genussrechte nicht auf einem inländischen Depot liegen.

Die Einkünfte sind im Veranlagungsweg dem besonderen Steuersatz iHv 27,5 % nach § 27a Abs 1 EStG zu unterwerfen.

4.4.2.2. Österreichische natürliche Person hält die Genussrechte im Betriebsvermögen

4.4.2.2.1. Laufende Ausschüttungen

Die laufenden Erträge aus Substanzgenussrechten unterliegen dem Sondersteuersatz iHv 27,5 %, welcher gem §§ 27a Abs 1 iVm 27a Abs 6 EStG auch im betrieblichen Bereich zur Geltung kommt. Da es sich bei den gezahlten Vergütungen um „Früchte“ aus der Überlassung von Kapital gem § 27 Abs 2 Z 1 EStG handelt, gelten diese durch den Abzug der Kapitalertragsteuer gem §§ 93 iVm 97 Abs 1 EStG als endbesteuert.[132]

4.4.2.2.2. Vorzeitige Abschichtung, Veräußerung und Liquidation

Gewinne aus der Abschichtung bzw Veräußerung eines Substanzgenussrechtes und der Liquidation der emittierenden Körperschaft unterliegen außerhalb eines Bankdepots keinem KESt-Abzug.[133] Die Besteuerung derartiger Gewinne erfolgt im Zuge der Veranlagung idR mit dem Sondersteuersatz iHv 27,5 %.

Bei im Betriebsvermögen gehaltenen Substanzgenussrechten gehören auch die Anschaffungsnebenkosten zu den Anschaffungskosten der Substanzgenussrechte. Gemäß § 27a

131 EStR Rz 6105.

132 Vgl Erlass zur Besteuerung von Kapitalvermögen vom 7.3.2012, Punkt 3.1.1 f.

133 Vgl Erlass zur Besteuerung von Kapitalvermögen vom 7.3.2012, Punkt 3.1.1 f.

Abs 3 EStG ist der Unterschiedsbetrag zwischen dem Veräußerungs-, Einlösungs- oder Abschichtungsbetrag bzw dem Abwicklungsguthaben einerseits und den Anschaffungskosten andererseits als Einkünfte anzusetzen.

Anschaffungsnebenkosten sind Aufwendungen, die mit der Anschaffung in einem unmittelbaren (zeitlichen und kausalen) Zusammenhang stehen.

Vor allem zählen dazu:

- Vermittlungsprovisionen,
- Handelsgebühren,
- Beratungskosten (für eine rechtliche oder wirtschaftliche Beratung).

Finanzierungszinsen zählen nicht zu den Anschaffungsnebenkosten und können keine steuerliche Berücksichtigung finden.

Ein Abzug von Betriebsausgaben ist – von den Anschaffungsnebenkosten abgesehen – auch im betrieblichen Bereich gem § 20 Abs 2 EStG zurzeit nicht möglich.[134] Nicht abzugsfähig sind damit va Schuldzinsen (Finanzierungskosten), Depotgebühren und laufende Bankspesen. Auch wenn mit den Einkünften aus Substanzgenussrechten in die Regelbesteuerung optiert wird, gilt das Abzugsverbot weiterhin.[135]

4.4.2.3. Österreichische Privatstiftungen

4.4.2.3.1. Laufende Ausschüttungen

Aufgrund des nationalen Schachtelprivilegs sind laufende Gewinnausschüttungen aus sozietären Genussrechten an einer inländischen Körperschaft, die an Privatstiftungen fließen, gem § 10 Abs 1 Z 3 KStG von der Körperschaftsteuer befreit. Sofern kein Missbrauch iSd § 10a Abs 7 KStG vorliegt, sind auch Ausschüttungen aus sozietären Genussrechten an ausländischen Gesellschaften befreit.

Laufende Erträge aus sozietären Genussrechten iSd § 10 Abs 1 Z 3 KStG sowie Erträge aus sozietären Genussrechten von ausländischen Emittenten, die von einer inländischen Stelle ausgezahlt werden, sind, wenn sie einer eigennützigen, nicht unter § 7 Abs 3 KStG 1988 fallenden Privatstiftung zugehen, gem § 94 Z 12 EStG vom Abzug der Kapitalertragsteuer befreit.[136]

4.4.2.3.2. Vorzeitige Abschichtung

Als Körperschaft steht der Privatstiftung die Beteiligungsertragsbefreiung des § 10 Abs 1 KStG grundsätzlich vollumfänglich zu.[137]

---

134 Der VfGH hat verfassungsrechtliche Bedenken gegen die Beschränkung des Werbungskostenabzugs bei privaten Grundstücksveräußerungen geäußert und dementsprechend ein Gesetzesprüfungsverfahren eingeleitet (VfGH 14.6.2017, E 1156/2016). Sofern der VfGH im Rahmen des Gesetzprüfungsverfahrens zur Schlussfolgerung kommt, dass im Werbungskostenabzugsverbot bei privaten Grundstücksveräußerungen eine Verfassungswidrigkeit vorliegt, könnte dies auch wesentliche Auswirkungen auf das zurzeit geltende Abzugsverbot bei Kapitalerträgen haben.

135 EStR Rz 6105.

136 Vgl auch StiftR Rz 41.

137 Die StiftR verweisen diesbezüglich auf die KStR Rz 1153 ff.

Damit kommt unseres Erachtens zum Ausdruck, dass auch Abschichtungen von Privatstiftungen als eine Art Teilliquidation der Beteiligungsertragsbefreiung des § 10 Abs 1 KStG nicht zugänglich sind.[138] Folgt man der Qualifikation der Abschichtung durch die KStR als Teilliquidation hinsichtlich der Einkünfte der Privatstiftung, so ergibt sich daraus, dass der Abschichtungsgewinn nach Maßgabe des § 27 Abs 3 EStG zu versteuern ist.

Demnach unterliegen Abschichtungsgewinne unabhängig von ihrer Behaltedauer und Beteiligungshöhe gem § 13 Abs 3 Z 1 iVm § 22 Abs 2 KStG der Zwischenbesteuerung iHv 25 %.[139] Die Zwischenbesteuerung unterbleibt, sofern Zuwendungen iSd § 27 Abs 1 Z 7 EStG getätigt worden sind und diesbezüglich Kapitalertragsteuer einbehalten und abgeführt worden ist und keine Entlastung von der Kapitalertragsteuer aufgrund eines Doppelbesteuerungsabkommens oder nach § 240 Abs 3 der Bundesabgabenordnung (BAO) erfolgt.

4.4.2.3.3. Veräußerung und Liquidation

Gewinne aus der Veräußerung eines Substanzgenussrechtes sowie aus der Liquidation der emittierenden Gesellschaft unterliegen gem § 13 Abs 3 Z 2 iVm § 22 Abs 2 KStG der Zwischenbesteuerung iHv 25 %,[140] unabhängig von Behaltedauer und Beteiligungshöhe.

Wird von einer Privatstiftung eine bestimmte Beteiligung, an der die Privatstiftung innerhalb der letzten fünf Jahre zu mindestens 1 % beteiligt war, veräußert, können daraus realisierte stille Reserven – unter gewissen Voraussetzungen – auf andere Beteiligungen übertragen werden. Eine Übertragung der aufgedeckten stillen Reserven iSd § 13 Abs 4 KStG führt zu einer Steuerstundung.

4.4.2.4. Österreichische Kapitalgesellschaft

4.4.2.4.1. Laufende Ausschüttungen

Handelt es sich beim Genussrechtsinhaber um eine Kapitalgesellschaft, so unterliegen die Ausschüttungen auf sozietäre Genussrechte der Beteiligungsbefreiung gem § 10 Abs 1 Z 3 KStG. Dies hat zur Folge, dass die auf der Ebene des Anlegers zugeflossenen Erträge steuerfrei zu behandeln sind. Dennoch hat die Genussrechtsemittentin Kapitalertragsteuer einzubehalten und abzuführen, da die KESt-Befreiung für verbundene Körperschaften nach § 94 Z 2 EStG nicht zum Tragen kommt. Um einen dadurch resultierenden Liquiditätsnachteil zu vermeiden, wäre nach hA eine Ausweitung der Befreiungsbestimmung des § 94 Z 2 EStG auch auf Ausschüttungen aus sozietären Genussrechten durch den Gesetzgeber erstrebenswert.[141]

Im Vergleich zu inländischen Genussrechten muss bei ausländischen Genussrechten für die steuerliche Behandlung von laufenden Erträgen auch auf die steuerliche Einstufung im Quellenstaat Rücksicht genommen werden. Wenn das Substanzgenussrecht im Quellenstaat auf Ebene der ausschüttenden Gesellschaft als Fremdkapital eingestuft

138 KStR 2013 Rz 1198.
139 Vgl hierzu auch StiftR Rz 91 f.
140 Vgl hierzu auch StiftR Rz 92.
141 Vgl *Rasner/Strobach*, Handbuch der Kapitalertragsteuer (2013) 275.

wird und folglich ein steuerlicher Zinsabzug zur Verfügung steht, sind die Ausschüttungen unabhängig von der österreichischen Einstufung als Beteiligungsertrag aufgrund von § 10 Abs 4 KStG körperschaftsteuerpflichtig.[142] Ob dies im Einklang mit dem Unionsrecht steht, muss jedoch kritisch hinterfragt werden.[143]

Sofern eine internationale Schachtelbeteiligung gem § 10 Abs 2 KStG (Beteiligungsausmaß mindestens 10 % und Behaltedauer mindestens ein Jahr) vorliegt, sind die laufenden Gewinnausschüttungen steuerfrei. Weiters sind Ausschüttungen unabhängig vom Beteiligungsausmaß befreit, wenn die Beteiligung an einer „EU-Körperschaft" oder einer inländischen §-7-Abs-3-Körperschaft vergleichbaren ausländischen Körperschaft besteht, mit deren Ansässigkeitsstaat Österreich über ein umfassendes Amtshilfeabkommen verfügt.

Bei ausländischen Genussrechten auf einem inländischen Bankdepot besteht für Körperschaften gem § 94 Z 5 EStG die Möglichkeit zur Abgabe einer KESt-Befreiungserklärung, sofern die Kapitalerträge im Zuge eines Betriebs steuerlich zu erfassen sind.[144]

4.4.2.4.2. Vorzeitige Abschichtung

Nach Ansicht der Finanzverwaltung handelt es sich bei Erträgen aus der vorzeitigen Abschichtung vor Liquidation des Emittenten bei der genussrechtsinnehabenden Kapitalgesellschaft um Gewinne aus einer (Teil-)Liquidation.[145]

Gewinne aus einer (Teil-)Liquidation seien entsprechend den KStR 2013 der Beteiligungsertragsbefreiung nach § 10 Abs 1 KStG nicht zugänglich, sondern unterliegen der 25%igen Körperschaftsteuerpflicht.

Soweit bei ausländischen Genussrechten die Voraussetzungen für eine internationale Schachtelbeteiligung erfüllt werden, sind neben den laufenden Erträgen auch die Gewinne einer Abschichtung steuerfrei.

4.4.2.4.3. Veräußerung und Liquidation

Gewinne aus der Veräußerung von inländischen sozietären Genussrechten sowie aus der Liquidation der emittierenden Gesellschaft unterliegen der 25%igen Körperschaftsteuer.

Veräußerungs- und Liquidationsgewinne aus ausländischen Genussrechten sind hingegen bei Erfüllen der Voraussetzungen einer internationalen Schachtelbeteiligung gem § 10 Abs 2 KStG steuerfrei.

§ 10 Abs 3 zweiter Satz KStG normiert eine Ausnahme vom Grundsatz der Steuerneutralität gem § 10 Abs 2 KStG im Liquidations- und Insolvenzfall, sofern ein tatsächlicher und endgültiger Vermögensverlust vorliegt. Derartige Verluste bei Untergang der ausländischen emittierenden Körperschaft sind daher im Jahr des Untergangs steuerwirksam.

---

142 Vgl *Marschner*, Genussrechte im internationalen Steuerrecht, ZUS 2011, 122; kritisch dazu *Marchgraber/Titz*, Die Wirkungsweise des § 10 Abs 4 KStG (vorher § 10 Abs 7 KStG) im System der Beteiligungsertragsbefreiung, ÖStZ 2011, 373.

143 Vgl dazu *Konezny/Tumpel*, Genussrechte im Konzernsteuerrecht, in *Achatz/Aigner/Kofler/Tumpel*, Praxisfragen der Unternehmensbesteuerung (2011) 27 ff, die eine unionskonforme (einschränkende) Interpretation von § 10 Abs 4 KStG (vorher § 10 Abs 7 KStG) für möglich halten.

144 Vgl Erlass zur Besteuerung von Kapitalvermögen vom 7.3.2012, Punkt 2.6.5.

145 KStR 2013 Rz 1198.

4.4.2.5. Inhaber ist eine beschränkt steuerpflichtige natürliche Person

4.4.2.5.1. Laufende Ausschüttungen

Natürliche Personen, welche im Inland weder einen Wohnsitz noch ihren gewöhnlichen Aufenthalt haben, sind in Österreich beschränkt steuerpflichtig. Die beschränkte Steuerpflicht erstreckt sich ausschließlich auf die in § 98 EStG genannten Einkünfte.

Laufende Erträge aus österreichischen Substanzgenussrechten unterliegen gem § 27a EStG iVm § 93 EStG dem Kapitalertragsteuerabzug und daraus folgend der beschränkten Steuerpflicht iSd § 98 Abs 1 Z 5 lit a EStG. Allerdings ist zu beachten, dass Ausschüttungen auf sozietäre Genussrechte in der internationalen Abkommenspolitik idR unter Art 10 OECD-MA zu subsumieren sind. Art 10 OECD-MA weist das Besteuerungsrecht an solchen Ausschüttungen dem Ansässigkeitsstaat des Genussrechtsinhabers zu und räumt dem Quellenstaat ein beschränktes Abzugsteuerrecht ein. Die Abzugsteuer ist im Ansässigkeitsstaat des Investors auf die Einkommensteuer anzurechnen.

So wird beispielsweise auch gem Art 10 des Doppelbesteuerungsabkommens (DBA) Österreich–Deutschland, dem Ansässigkeitsstaat des Investors (Deutschland) das Besteuerungsrecht zugewiesen wird. Österreich, als jener Staat, in dem die Genussrechtsemittentin sitzt, ist jedoch gem Art 10 Abs 2 DBA Österreich–Deutschland berechtigt, eine Quellensteuer iHv 15 % einzuheben, die im Ansässigkeitsstaat des Investors auf die Einkommensteuer anzurechnen ist.

4.4.2.5.2. Vorzeitige Abschichtung, Veräußerung und Liquidation

Gemäß § 27 Abs 3 EStG gehören zu den Einkünften aus realisierten Wertsteigerungen von Kapitalvermögen Einkünfte aus der Veräußerung, Einlösung und Abschichtung von Wirtschaftsgütern, deren Erträge Einkünfte aus der Überlassung von Kapital iSd § 27 Abs 2 sind.

Gemäß § 27a Abs 3 EStG ist der Unterschiedsbetrag zwischen dem Veräußerungs-, Einlösungs- oder Abschichtungsbetrag bzw dem Abschichtungsguthaben einerseits und den Anschaffungskosten andererseits als Einkünfte anzusetzen.

Bei Einkünften aus realisierten Wertsteigerungen ist ein Kapitalertragsteuerabzug nicht vorgesehen, sofern die Genussrechte nicht auf einem inländischen Depot liegen.

Der gem § 27a Abs 3 EStG ermittelte Unterschiedsbetrag unterliegt der beschränkten Steuerpflicht nach § 98 Abs 1 Z 5 lit e EStG, soweit der Steuerpflichtige innerhalb der letzten fünf Kalenderjahre zu mindestens 1 % an der Genussrechtsemittentin beteiligt war. Die Besteuerung erfolgt im Veranlagungsweg.

Auch wenn der Wortlaut des § 98 Abs 1 Z 5 lit e EStG für eine Beschränkung auf den Haupttatbestand „Veräußerung von Beteiligungen" spricht, sind auch Gewinne aus der Liquidation der emittierenden Gesellschaft, die von beschränkt steuerpflichtigen natürlichen Personen in Österreich erzielt werden, unter § 98 Abs 1 Z 5 lit e EStG zu subsumieren. Es ergeben sich im Fall einer Liquidation der emittierenden Gesellschaft somit dieselben Rechtsfolgen wie im Rahmen der Veräußerung des inländischen Substanzgenussrechts durch eine beschränkt steuerpflichtige natürliche Person.

4.4.2.6. Zessionsgebühr (§ 33 TP 21 GebG)

Die entgeltliche Übertragung eines Genussrechtes kann in Abhängigkeit von dessen vertraglicher Ausgestaltung eine Zessionsgebühr iSd § 33 TP 21 GebG auslösen.

Ein Genussrecht entsteht grundsätzlich unabhängig von der Verbriefung als Wertpapier. Wird es verbrieft, spricht man von Genussscheinen oder auch deklaratorischen Wertpapieren.

Die wertpapierrechtliche Ausgestaltung des Genussscheins kann sowohl als Wertpapier im engen Sinn (Inhaber- oder Orderpapier) mit sachenrechtlicher Übertragung als auch als Wertpapier im weiteren Sinn (Rektapapier) mit schuldrechtlicher Übertragung – dh Zession – erfolgen.

Je nach Ausgestaltung der Genussscheine kann eine Gebühr nach dem Gebührengesetz anfallen.

Lautet der Genussschein auf den Namen einer bestimmten Person ohne Orderklausel, erfolgt eine wirksame Übertragung nach den Vorschriften §§ 1392 ff ABGB durch Zession. Es wird dabei der Gebührentatbestand nach § 33 TP 21 GebG verwirklicht und eine Gebührenschuld iHv 0,8 % des Kaufpreises ausgelöst.

Lautet der Genussschein hingegen auf einen Inhaber oder auf Order, ist eine Übergabe entsprechend den Vorschriften der §§ 425 ff ABGB und ein Indossament für eine rechtswirksame Übertragung erforderlich. Eine Gebührenpflicht entsteht nicht.

4.4.2.7. Treuhandverhältnis zwischen Anleger und Treuhandgesellschaft

Gem § 21 BAO ist die *„wirtschaftliche Betrachtungsweise“* und der *„wahre wirtschaftliche Gehalt“* für die Beurteilung abgabenrechtlicher Fragen maßgebend. CONDA hält die Substanzgenussrechte, die Einkünfte werden jedoch den Treugebern zugerechnet.

4.4.2.8. Zusammenfassung Steuerrecht – Anleger

Substanzgenussrecht Inland			
	Österr natürliche Person	Österr Privatstiftung	Österr Kapitalgesellschaft
Ausschüttung	27,5 % endbesteuert	0 %	0 %
Vorzeitige Abschichtung	27,5 % endbesteuert	25 % Zwischen-besteuerung	25 %
Veräußerung	27,5 % endbesteuert	25 % Zwischen-besteuerung	25 %
Liquidation	27,5 % endbesteuert	25 % Zwischen-besteuerung	25 %

Tab 25: Substanzgenussrecht Inland

4.4.3. Unternehmensrechtliche Behandlung beim Anleger[146]

Das Genussrecht stellt beim Genussrechtsinhaber einen eigenständigen Vermögensgegenstand dar, der – unabhängig von der Form der Kapitalüberlassung, der Vereinbarung einer Teilnahme am Verlust oder einem Rangrücktritt – höchstens zu den Anschaffungskosten zu bewerten ist. Die Anschaffungskosten sind im Fall einer Kapitalzufuhr die geleisteten Zahlungen. Im Fall eines Forderungsverzichts bestimmen sie sich nach dem Wert der untergehenden Forderung im Zeitpunkt der Einräumung des Bezugsrechts (Anschaffungszeitpunkt); in Sanierungsfällen wird solchen Forderungen vielfach nur ein Erinnerungswert beizulegen sein. In den Folgejahren gelten für die Bewertung aktivierter Genussrechte die allgemeinen Bewertungsregeln des Unternehmensgesetzbuchs (§§ 201 ff UGB). Da Genussrechte keine mitgliedschaftsrechtliche Stellung begründen, ist ein Ausweis beim Genussrechtsinhaber als Anteile an verbundenen Unternehmen oder Beteiligungen nicht zulässig.

Aktivierungspflichtige, verbriefte Genussrechte sind bei dauerhafter Besitzabsicht (§ 198 Abs 2 UGB) im Posten „Wertpapiere (Wertrechte) des Anlagevermögens" auszuweisen; bei Zuordnung zum Umlaufvermögen ist ein Ausweis im Posten „sonstige Wertpapiere und Anteile" geboten.

Aktivierungspflichtige nicht verbriefte Genussrechte sind bei dauerhafter Besitzabsicht als Ausleihungen auszuweisen („Ausleihungen an verbundene Unternehmen, Ausleihungen an Unternehmen, mit denen ein Beteiligungsverhältnis besteht oder sonstige Ausleihungen"); bei Zuordnung zum Umlaufvermögen ist ein Ausweis im Posten „sonstige Forderungen und Vermögensgegenstände" geboten.

Ob ein gesonderter Posten in die Bilanz aufzunehmen ist, richtet sich nach den Grundsätzen des § 223 Abs 4 UGB. Bei Genussrechten an verbundenen Unternehmen oder an Unternehmen, mit denen ein Beteiligungsverhältnis besteht, sind die Bestimmungen des § 225 Abs 2 UGB (gesonderter Ausweis oder Davon-Vermerk) zu beachten.

Werden Genussrechte mit einem Aufgeld ausgegeben und stellt das Ausgabeaufgeld wirtschaftlich eine Ausgleichsleistung für eine nach den Kapitalmarktverhältnissen besonders hohe „Verzinsung" dar, ist es bei Zeitbestimmtheit (dh wenn die hohen Vergütungen zeitlich begrenzt sind, was idR der Fall ist) als aktiver Rechnungsabgrenzungsposten auszuweisen. Die Auflösung des Rechnungsabgrenzungspostens mindert in den Folgeperioden den Ertrag aus den Genussrechten.

Vergütungen für die Überlassung des Genussrechtskapitals sind in den Posten „Erträge aus anderen Wertpapieren und Ausleihungen des Finanzanlagevermögens" bzw „Sonstige Zinsen und ähnliche Erträge" (Posten 11 bzw 12 des Gliederungsschemas gem § 231 Abs 2 – Posten 10 bzw 11 des Gliederungsschemas gem § 231 Abs 3 UGB) auszuweisen.

Verlustanteile der Genussrechtsinhaber sind in deren Jahresabschluss nur insoweit zu berücksichtigen, als die aktivierten Genussrechte nach den allgemeinen Bewertungsgrundsätzen abgewertet werden müssen bzw können. Solche Abwertungen sind idR im Posten „Aufwendungen aus Finanzanlagen und aus Wertpapieren des Umlaufvermögens" auszuweisen.

146 Großteils entnommen aus der Stellungnahme der KWT KFS/RL 13 zur Bilanzierung von Genussrechten und Hybridkapital (Stand 2016).

Bewertung UGB	höchstens zu Anschaffungskosten
Ausweis in Bilanz	
verbriefte Genussrechte bei Dauerbesitzabsicht	Ausweis als „Wertpapiere (Wertrechte) des Anlagevermögens“
verbriefte Genussrechte bei keinen Dauerbesitzabsichten	Ausweis im Umlaufvermögen als „sonstige Wertpapiere und Anteile“
nicht verbriefte Genussrechte bei Dauerbesitzabsicht	Ausweis als „Ausleihungen an verbundene Unternehmen, Ausleihungen an Unternehmen, mit denen ein Beteiligungsverhältnis besteht oder sonstige Ausleihungen“
nicht verbriefte Genussrechte bei keinen Dauerbesitzabsichten	Ausweis im Umlaufvermögen als „sonstige Forderungen und Vermögensgegenstände“

Tab 26: Genussrechte

4.4.4. Steuerliche Behandlung von nachrangigen Darlehen beim Anleger (Kapitalgeber)[147]

4.4.4.1. Österreichische natürliche Person (Privatvermögen)

Bei nachrangigen Darlehen handelt es sich idR um unverbriefte und nicht besicherte Darlehen, deren Rückzahlungsanspruch im Insolvenzfall nachrangig gegenüber erstrangigem Fremdkapital ist. Eine Variante des nachrangigen Darlehens stellen nachrangige Anleihen dar. In diesem Fall sind die Gläubigerrechte ebenso wie bei festverzinslichen Anleihen in einem Wertpapier verbrieft. Bei einer Verbriefung stellen die an den Kapitalgeber gezahlten Vergütungen gem § 27 Abs 2 Z 2 EStG Einkünfte aus der Überlassung von Kapital dar und unterliegen dem Kapitalertragsteuerabzug iHv 27,5 % gem § 93 Abs 2 Z 1 EStG. Nach § 95 Abs 2 Z 1 lit b EStG hat der Abzug durch die auszahlende Stelle zu erfolgen. Gem § 97 Abs 1 EStG gilt die Einkommensteuer mit der Einbehaltung und Abfuhr der KESt als abgegolten (Endbesteuerungswirkung).

Im Gegensatz dazu unterliegen Vergütungen für nicht-verbriefte Darlehen nicht dem besonderen Steuersatz gem § 27a Abs 1 EStG und daher auch keinem KESt-Abzug, sondern gem § 27a Abs 2 EStG dem progressiven Einkommensteuertarif.

4.4.4.2. Österreichische natürliche Person (Betriebsvermögen)

Werden verbriefte nachrangige Darlehen aus dem betrieblichen Bereich (kein Schwerpunkt der betrieblichen Tätigkeit) einer in Österreich ansässigen natürlichen Person gewährt, stellen die gezahlten Vergütungen beim Kapitalgeber betriebliche Einkünfte dar. Die dabei realisierten Kapitaleinkünfte unterliegen dem Sondersteuersatz iHv 27,5 %,

147 Im Folgenden wird Public Placement vorausgesetzt. Werden unverbriefte nachrangige Darlehen übertragen, so löst die Übertragung (Zession) eine Gebührenschuld iHv 0,8 % des Kaufpreises aus. Die Übertragung von verbrieften nachrangigen Darlehen in Form von nachrangigen Anleihen ist hingegen gem § 33 TP 8 GebG von einer Gebührenschuld befreit.

welcher gem §§ 27a Abs 1 iVm 27a Abs 6 EStG auch im betrieblichen Bereich zur Geltung kommt. Da es sich bei den gezahlten Vergütungen um „Früchte" aus der Überlassung von Kapital gem § 27 Abs 2 Z 2 EStG handelt, gelten diese durch den Abzug der Kapitalertragsteuer gem §§ 93 iVm 97 Abs 1 EStG als endbesteuert und abgegolten.[148] Bei einem unverbrieften nachrangigen Darlehen unterliegen die gezahlten Vergütungen hingegen gem § 27a Abs 2 EStG dem progressiven Einkommensteuertarif.

4.4.4.3. Österreichische Privatstiftungen

Vergütungen aus verbrieften nachrangigen Darlehen an eine österreichische Privatstiftung unterliegen gem § 13 Abs 3 Z 1 iVm § 22 Abs 2 KStG der Zwischenbesteuerung iHv 25 %.

Vergütungen aus unverbrieften nachrangigen Darlehen sind bei einer Privatstiftung körperschaftsteuerpflichtig. Die Besteuerung erfolgt im Wege der Veranlagung.

4.4.4.4. Österreichische Kapitalgesellschaft

Sofern ein nachrangiges Darlehen durch eine unbeschränkt steuerpflichtige Kapitalgesellschaft zur Verfügung gestellt wird, unterliegen die gezahlten Zinsen der Körperschaftsteuer iHv 25 %. Wird jedoch aufgrund der Verbriefung KESt eingehoben, kann diese auf die Körperschaftsteuerschuld angerechnet werden.

4.4.4.5. Beschränkt steuerpflichtige natürliche Person[149]

Natürliche Personen, welche im Inland weder einen Wohnsitz noch ihren gewöhnlichen Aufenthalt haben, sind in Österreich beschränkt steuerpflichtig. Die beschränkte Steuerpflicht erstreckt sich ausschließlich auf die in § 98 EStG genannten Einkünfte.

Vergütungen für verbriefte (einem unbestimmten Personenkreis angebotenen) Nachrangdarlehen unterliegen gem § 27a EStG iVm § 93 EStG dem Kapitalertragsteuerabzug und daraus folgend der beschränkten Steuerpflicht iSd § 98 Abs 1 Z 5 lit b EStG. Ist die beschränkt steuerpflichtige Person allerdings in einem Staat ansässig, mit dem ein automatischer Informationsaustausch besteht,[150] beseitigt der letzte Absatz des § 98 Abs 1 Z 5 EStG die Steuerpflicht wiederum.

Bei Personen, die nicht in einem Staat, mit dem ein automatischer Informationsaustausch besteht, ansässig sind, kann die Anwendung des entsprechenden Doppelbesteuerungsabkommens den österreichischen Kapitalertragsteuerabzug beschränken. Beispielsweise weist das Doppelbesteuerungsabkommen mit Deutschland das alleinige Besteuerungsrecht an Zinserträgen, dem Ansässigkeitsstaat des Empfängers der Einkünfte – somit hier Deutschland – zu.[151]

Nicht verbriefte Darlehen unterliegen keinem Kapitalertragsteuerabzug nach § 93 iVm § 27a EStG und damit auch keiner beschränkten Steuerpflicht.

148 Vgl Erlass zur Besteuerung von Kapitalvermögen vom 7.3.2012, Punkt 3.1.1 f.

149 Großteils entnommen aus den ErläutRV 24 BlgNr 25. GP zum AbgÄG 2014, Besonderer Teil, Art 1, zu Z 9, Z 11 und Z 12 lit c (§§ 94, 98 und 124b Z 258 EStG 1988).

150 Auflistung der Länder mit automatischem Informationsaustausch, Stand 22.3.2018 siehe Info des BMF vom 22.3.2018, BMF-010221/0072-IV/8/2018.

151 Anderes ergibt sich gem Art 11 Abs 1 DBA Deutschland, sofern es sich um gewinnabhängig vergütete Darlehen handelt.

5. Crowdinvesting als Finanzierungsinstrument

5.1. Alternative Unternehmensfinanzierung

(Reinthaler/Baumgartner)

Wir haben in früheren Kapiteln (siehe va Kapitel 1.1.2.3.) erfahren, dass das Wort „alternativ" dahingehend zu verstehen ist, dass es im Vergleich zum klassischen Bankkredit, der im deutschsprachigen Raum vorherrschend ist – er umfasst in Österreich ca 78,4 % der Fremdkapitalfinanzierung im Vergleich zu nur 36 % im angelsächsischen Raum –, um andere Formen der Kapitalaufbringung geht.

5.1.1. Alternative Formen der Unternehmensfinanzierung

Es lässt sich eine Aufstellung nach der Einordnung in die Bilanzseite vornehmen. Das bedeutet, dass zwischen Eigenkapital, Mezzaninkapital und Fremdkapital unterschieden wird.

Beim Mezzaninkapital gibt es unterschiedliche Formen, die einerseits eigenkapitallastig sind und als solches von Banken als Eigenkapital angesehen werden, wodurch sich die Eigenkapitalquote positiv ändert. Demgegenüber stehen fremdkapitallastige Mezzaninformen, die in der Bilanz auf der Passivseite verbucht werden, demgemäß von Banken als Fremdkapital angesehen werden und damit einen negativen Einfluss auf die Eigenkaptalquote haben.

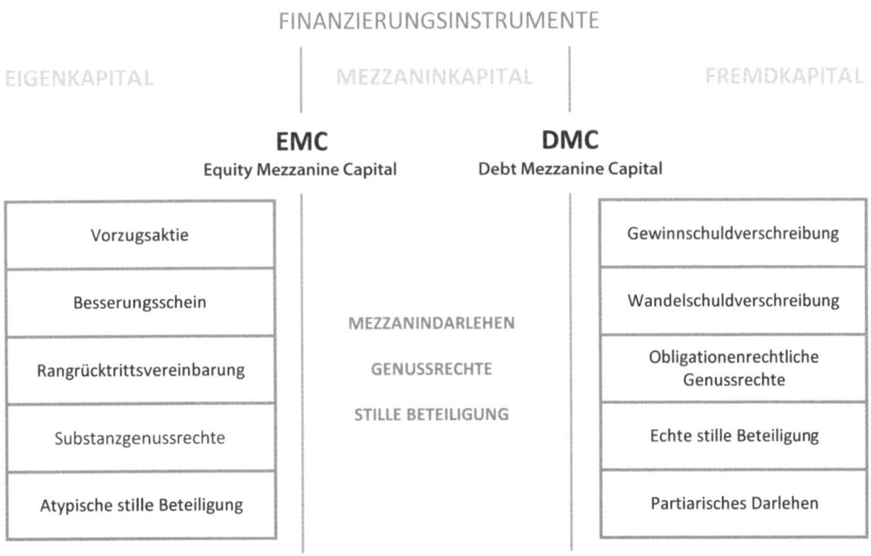

Abb 51: Finanzierungsinstrumente [Quelle: m27 Finance GmbH]

- Wie der Aufstellung zu entnehmen ist, gilt als Abgrenzungskriterium der „Grad" der echten Eigenkapitalzufuhr als Unterscheidungskriterium. Dabei sind die häufigsten Formen bei einem „Going Public" (durch Begeben von Aktien bzw Anleihen) auch Möglichkeiten wie die atypische stille Beteiligung, Substanzgenussrechte und Rangrücktrittsvereinbarungen sowie der Besserungsschein.
- Einen Gegensatz dazu bilden sog Mischformen, zu denen sowohl Mezzanindarlehen, Genussrechte im Allgemeinen als auch die stille Beteiligung zählen.
- Als „klassisches" Fremdkapital sind die Gewinnschuldverschreibung, die Wandelschuldverschreibung, obligationen-rechtliche Genussrechte, die „echte" stille Beteiligung sowie das partiarische Darlehen zu sehen. Diese Formen scheinen in der Bilanz auf der Passivseite des Kapitals auf.

Die normative Kraft des Faktischen bedingt nun allerdings, dass nicht jede Form einer alternativen Finanzierung für jedes Unternehmen opportun ist. Theoretisch zwar ja, praktisch hingegen wird es zB ein Start-up schwer haben, ein „Going Public" umzusetzen, wohingegen ein etabliertes Großunternehmen es nicht wirklich in Betracht ziehen wird, mittels Crowdinvesting das eigene Unternehmen nachhaltig zu finanzieren. Daraus lässt sich ableiten, dass je nach Unternehmensphase verschiedene alternative Finanzierungsinstrumente zum Einsatz gelangen. Wir haben dies exemplarisch in nachfolgender Abbildung dargestellt:

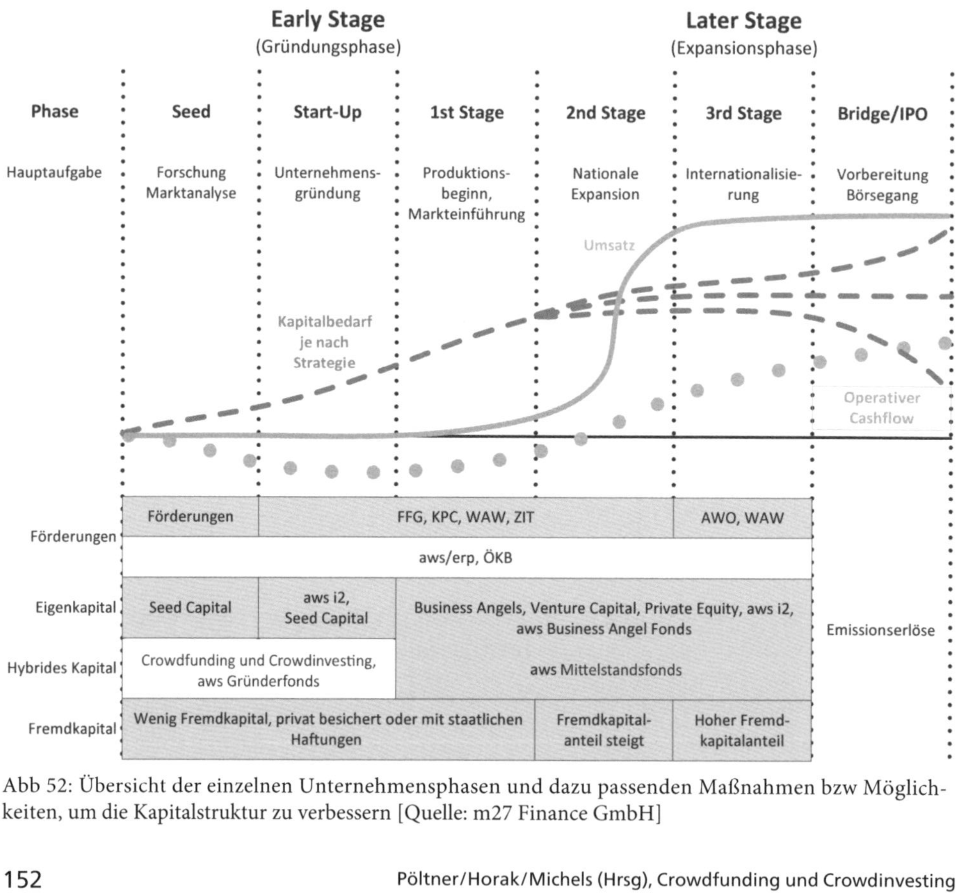

Abb 52: Übersicht der einzelnen Unternehmensphasen und dazu passenden Maßnahmen bzw Möglichkeiten, um die Kapitalstruktur zu verbessern [Quelle: m27 Finance GmbH]

Grundsätzlich lässt sich festhalten, dass Förderungen, sei es einerseits durch nicht rückzahlbare Zuschüsse und andererseits durch geförderte Darlehen, in vielen Phasen der Unternehmensentwicklung berücksichtigt werden können. Wir haben dazu in Österreich ein umfassendes System von derzeit 43 verschiedenen Förderstellen, die mehr als 127 verschiedene Fördertöpfe verwalten (Stand: Dezember 2014).

Die klassischen Finanzierungsmethoden lassen sich um die „strukturierten" ergänzen. Strukturiert bedeutet in diesem Zusammenhang, dass nicht ein Finanzierungsinstrument für ein Projekt bzw ein Unternehmen herangezogen wird, sondern eine Kombination unterschiedlicher Instrumente unter Zuhilfenahme verschiedenster „Player" auf dem Markt. Dies können sowohl öffentliche, halb-öffentliche als auch private „Player" sein.

Beispiel

Ein Unternehmen möchte sein Lager entsprechend erweitern, um damit sein zukünftiges Wachstum sicherzustellen.

Eine mögliche Lösung könnte dabei wie folgt aussehen:

- Die Investitionskosten für den Erweiterungsbau sowie die Technik des Lagers werden über Leasing finanziert.
- Das Wachstum bezüglich der Produkte, die verkauft werden, soll durch einen regelmäßigen Cashflow sichergestellt werden. Dafür werden Forderungen an eine Factor-Bank abgetreten (= Factoring), die das Zahlungsziel und auch das Ausfallrisiko übernimmt. Im Gegenzug erhält das Unternehmen wöchentliche Zahlungseingänge von Seiten der Factor-Bank.
- Diesen regelmäßigen Zahlungsfluss nutzt das Unternehmen, um die Ausweitung des Kreditrahmens bei seiner Hausbank zu bedienen. Durch diese Erweiterung werden gleichzeitig die Expansionskosten für die Markterschließung von neuen Zielmärkten finanziert.

5.1.1.1. Klassische vs alternative Methoden

Zunächst wollen wir uns ansehen, worin der Unterschied zwischen dem Eigenkapital und dem Fremdkapital besteht.

Eigenkapital ist va durch folgende Charakteristika definiert:

- der Kapitalgeber ist direkt am Unternehmen beteiligt,
- der Kapitalgeber und der Unternehmensgründer (bzw bisherige Alleineigentümer) haben grundsätzlich ähnlich gelagerte Interessen,
- der Kapitalgeber ist berechtigt, Informationen über das Unternehmen zu erhalten,
- der Kapitalgeber kann unter Berücksichtigung der Beteiligungshöhe bestimmten Einfluss auf die Geschäftsleitung nehmen,
- der Kapitalgeber ist direkt am Unternehmenserfolg beteiligt,
- der Kapitalgeber trägt das Risiko des Verlustes des eingesetzten Kapitals mit.

Im Gegenzug dazu weist **Fremdkapital** die folgenden Merkmale auf:

- der Kapitalgeber ist nicht direkt am Unternehmen beteiligt („Kapitalgeber auf Zeit"),
- der Kapitalgeber hat seine Interessen auf Fragen der Rückzahlungsmodalitäten und der Verzinsung konzentriert,
- der Kapitalgeber ist nicht berechtigt, Einfluss auf die Geschäftsleitung zu nehmen,
- der Kapitalgeber ist nicht direkt am Unternehmenserfolg beteiligt,
- der Kapitalgeber trägt das Risiko eines Verlustes des eingesetzten Kapitals mit, jedoch wird der Fremdkapitalgeber dem Eigenkapitalgeber gegenüber bevorzugt.

In Österreich war bisher die Fremdkapitalfinanzierung über Bankkredite die dominante Finanzierungsform.[152] Die Ursachen dafür sind vielfältig und reichen von institutionellen Besonderheiten (Bedeutung der Banken) über steuerrechtliche Fragen (Bevorzugung von Fremdkapital) bis hin zu den Präferenzen vieler Familienunternehmen (Fremdkapital statt zusätzlicher Eigentümer). Als „alternativ" lassen sich demgemäß alle anderen Instrumente neben dem klassischen Bankkredit bezeichnen.[153] Dies gilt ganz besonders für jene Instrumente, die nicht von Banken, sondern von anderen Kapitalgebern angeboten werden.

Die Abgrenzungen zwischen Eigen-, Fremd- und Mezzaninkapitalgebern – die in der Praxis zT fließend sind – lassen sich in folgender Übersicht veranschaulichen:

Kriterium	Eigenkapitalgeber	Fremdkapitalgeber	Mezzaninkapitalgeber
Rechtliche Sicht	Eigentümer	Kreditgeber	Eigentümer/ Kreditgeber[154]
Haftungsausmaß gegenüber der Firma	Abhängig von der Rechtsform des Unternehmens: Entweder voll (Personengesellschaft) oder beschränkt (Kapitalgesellschaft)	Keine Haftung	Individuell vereinbar, abhängig von der Kapitalstruktur
Absicht/Ziel	Gewinnbeteiligung	Rückzahlung inkl Zinsen	Individuell vereinbar, abhängig von der Art der Rückführung: Zinsen und/oder Gewinnbeteiligung
Gültigkeit	Ohne zeitliche Einschränkung	Zeitliche Fixierung (kurz-, mittel- und/ oder langfristig)	Zeitlich fixiert, aber grundsätzlich mit langfristigem Charakter
Einfluss auf die Geschäftsführung	Grundsätzlich ja	Grundsätzlich nein	Grundsätzlich nein
Steuern	Gewinnsteuern (ESt, KESt)[155]	Zinsen auf geborgtes Kapital sind von der Steuer abschreibbar	Zinsen auf geborgtes Kapital sind von der Steuer abschreibbar
Bei Insolvenz	Nachrangig gestellt	Erstrangig (Anspruch auf Minimalquote)	Erstrangig hinsichtlich des Eigenkapitals, nachrangig hinsichtlich der Verbindlichkeiten
Sicherheit(en)	Keine	Grundsätzlich ja	Keine

Tab 27: Abgrenzung verschiedener Kapitalgeber [Quelle: *Müller* et al][156]

152 In Österreich werden noch beinahe 2/3 aller Fremdkapital-Finanzierungen mithilfe des klassischen Bankkredits getätigt. Vgl *OENB*, Gesamtwirtschaftliche Finanzierungsrechnung ohne Berücksichtigung „Sonstiger Anteilswerte" (https://www.oenb.at/isaweb/report.do?lang=DE&report=801.3.8 [abgerufen am 7.5.2019]).

153 Vgl *Müller* et al, Unternehmenscontrolling – Managementunterstützung bei Erfolgs-, Finanz-, Risiko- und Erfolgspotenzialsteuerung (2006) 172 ff.

Daraus lässt sich folgende Systematisierung von alternativen Finanzierungsformen und deren Effekt auf die Eigenkapitalquote ableiten.

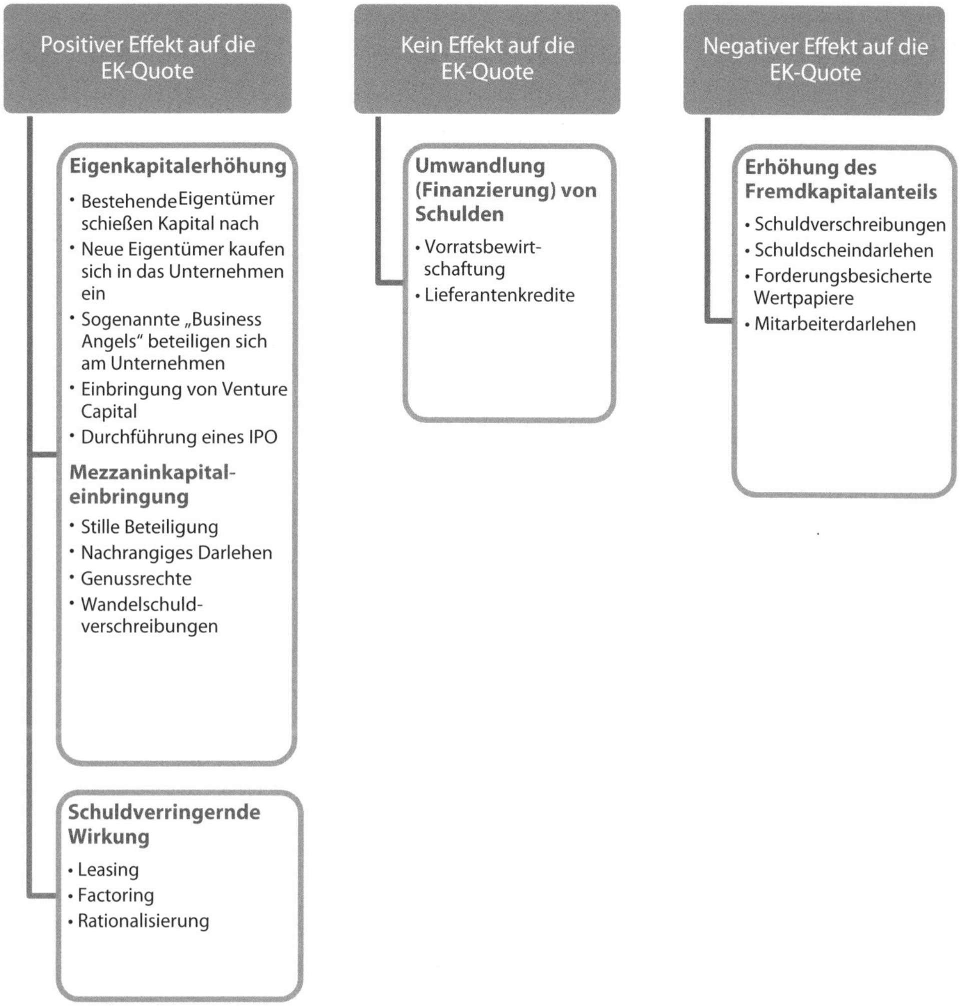

Abb 53: Systematisierung alternativer Finanzierungsformen [Quelle: *Müller* et al][157]

154 Damit Mezzaninkapital als Eigenkapital angesehen wird, müssen folgende vier Kriterien erfüllt sein: (1) Alle Ansprüche im Falle einer Insolvenz oder Liquidation des Unternehmens müssen nachrangig gestellt sein, (2) die Vergütung aus dem Mezzaninkapital muss gewinnabhängig sein, (3) der Mezzaninkapitalgeber haftet bis zu der Höhe des zur Verfügung gestellten Mezzaninkapitals, (4) das Mezzaninkapital muss langfristig zur Verfügung gestellt worden sein. Vgl *Bieg/Kußmaul*, Finanzierung (2009) 215.

155 ESt = Einkommensteuer, KESt = Kapitalertragsteuer.

156 Vgl *Müller* et al, Unternehmenscontrolling – Managementunterstützung bei Erfolgs-, Finanz-, Risiko- und Erfolgspotenzialsteuerung (2006) 172 ff.

157 Vgl *Müller* et al, Finanzierung mittelständischer Unternehmen nach Basel III – Selbstrating, Risikocontrolling und Finanzierungsalternativen[2] (2011) 187 ff.

5.1.2. Strukturierte Finanzierung – für wen und wie?

Wie bereits ausgeführt, ist eine strukturierte Finanzierung grundsätzlich für jeden zugänglich, aber nicht immer für jeden Anlassfall opportun. Einem Unternehmer obliegt es, je nach Anlassfall die richtige Kombination einer Strukturierung auszuwählen. Dazu bedarf es fachmännischer Unterstützung und Beratung. Banken haben grundsätzlich das Interesse, jene Möglichkeiten anzubieten, bei denen die Bank bei geringstem Risiko am meisten verdient. Dies ist durchaus legitim, da Banken gewinnorientiert wirtschaften müssen. Die beste Lösung für die Bank muss aber nicht unbedingt die beste Lösung für den Unternehmer sein, sei es, weil er in zu starker Abhängigkeit zu der finanzierenden Bank gerät, sei es, weil die Kosten für die Finanzierung „suboptimal" sind.

Man muss abhängig vom Anlassfall beurteilen, ob man den höheren Dokumentationsaufwand und die gesteigerte Komplexität für die Finanzierung einer Maßnahme auf sich nehmen will. Wie auch immer die Finanzierung für das Vorhaben aussehen wird, diese muss schlussendlich zurückgezahlt werden. Dies geschieht idR mit den zu erwirtschaftenden Überschüssen aus dem positiven Cashflow.

Durch eine entsprechende Darstellung von Mittelherkunft und Mittelverwendung liegt es am Unternehmer, durch die nachhaltige Erzielung eines positiven Cashflows zu zeigen, wie „frisches" Kapital dazu verwendet wird, positiv zu wirtschaften, um mittels des zu erwirtschaftenden Cashflows die Kosten für die Finanzierung zu bedienen – und zwar nachhaltig; dies ist das Wesen der cashflow-basierten Finanzierung.

Immer wenn Kapital für Investitions- und/oder Wachstumsfinanzierungen gesucht wird, bietet sich Mezzaninkapital als Lösung dafür an – besonders dann, wenn eine reine Eigenkapitalfinanzierung zu teuer ist und eine reine Kreditfinanzierung aufgrund des hohen Risikos oder mangels verfügbarer Sicherheiten nicht vollständig möglich ist.

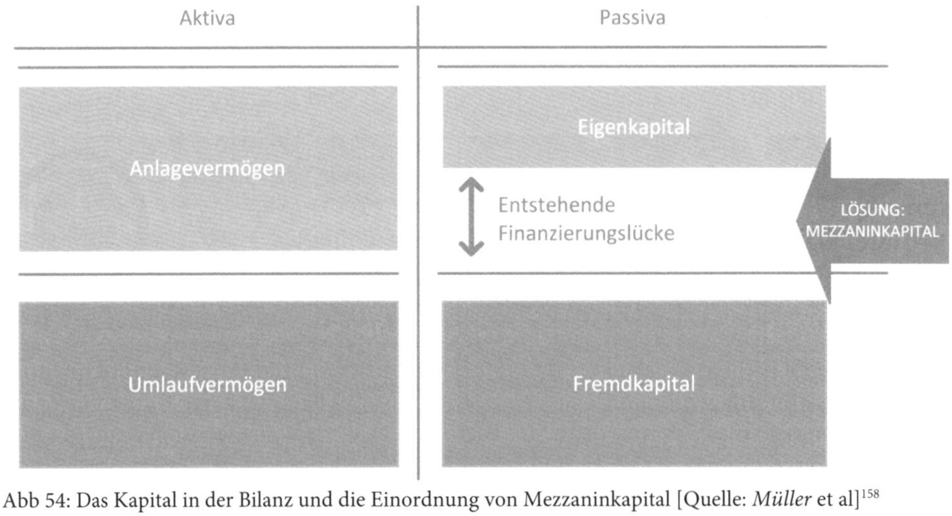

Abb 54: Das Kapital in der Bilanz und die Einordnung von Mezzaninkapital [Quelle: *Müller* et al][158]

158 Vgl *Müller* et al, Finanzierung mittelständischer Unternehmen nach Basel III – Selbstrating, Risikocontrolling und Finanzierungsalternativen[2] (2011) 187 ff.

5.1.3. Einordnung des Crowdinvesting als neue Art der Unternehmensfinanzierung

Wie in früheren Kapiteln (siehe insb Kapitel 1.1.1.) erörtert, stellt Crowdinvesting eine neue Art der Kapitalfinanzierung dar. Diese Art der Finanzierung ist grundsätzlich für Unternehmen, die sich in einer frühen Phase ihrer Entwicklung befinden, interessant.

Dabei bieten sich va die Phasen Seed, Start-up und First Stage als klassische Unternehmensphasen für ein Crowdinvesting an. Grundvoraussetzung ist allerdings, dass sich eine Crowd findet, die sich nachhaltig – also auf Dauer – für ein Produkt und/oder eine Dienstleistung begeistern und mobilisieren lässt.

Beispiel

Ein Maschinenerzeuger, der eine neuartige „Schwallpumpen“-Dichtung auf den Markt bringen will, wird es schwer haben, eine genügend große Anzahl von Menschen (nachhaltig) zu begeistern, die bereit sind, Kapital für die Entwicklung bzw die Markteinführung dieser Neuheit herzugeben.

Va Produkte bzw Dienstleistungen im klassischen B2C-Bereich sind einfacher an potentielle Kunden zu bringen besonders dann, wenn man in der Lage ist, eine Lösung für ein Problem anzubieten, das aktuell ist und eine entsprechend große Zahl an Interessenten bzw Nachfrager aufweist.

Grundsätzlich lassen sich folgende Formen unterscheiden:

Crowdfunding: Interessierte stellen einem Unternehmen einen bestimmten Betrag zur Verfügung, um ein Produkt oder eine Dienstleistung zur Marktreife zu führen. Als Gegenzug erhält der „Funder“ das Produkt zuerst. Er erwirbt aber keine Anteile an dem Unternehmen, dem er sein Kapital zur Verfügung gestellt hat.

Demgegenüber steht das **Crowdinvesting:** Hier erwirkt der „Funder“ ein Substanzgenussrecht an dem Unternehmen. Er hat das Recht, an zukünftigen Gewinnen des Unternehmens beteiligt zu werden, trägt im umgekehrten Fall aber eben auch das Risiko des Totalverlusts seines eingesetzten Kapitals.

Eine besondere Form des Crowdfunding stellt das **Crowddonating** dar: Es wird Kapital zur Verfügung gestellt, um ein Produkt und/oder eine Maßnahme überhaupt geschehen zu machen. Man ist Unterstützer bzw Spender, aber erwirbt weder Anteile an einem Unternehmen noch das Recht, die Dienstleistung bzw das Produkt zu beziehen. Diese Form von Unterstützung findet man immer häufiger bei der Umsetzung von sozialen Projekten (Dienstleistungen).[159]

Zurückkommend auf Crowdinvesting mag es auch für etablierte Unternehmen interessant sein, mittels dieser neuen Art der Unternehmensfinanzierung auf der einen Seite Teil-Projekte und auf der anderen Seite auch neue Tätigkeiten außerhalb des angestammten Geschäftes neben der „etablierten“ Unternehmenstätigkeit zu finanzieren.

159 Vgl hiezu Kapitel 1.1.1.

Auch das „Antesten" von neuen, potentiellen Märkten (im Sinne von möglichen Kunden) stellt eine interessante Alternative zum klassischen Testmarkt für ein neues Produkt und/oder eine neuen Dienstleistung dar. Somit lassen sich auch für Unternehmen in der Phase „Second Stage" neue Nischen mittels Crowdinvesting bedienen.

Schlussendlich kommt es dabei auf den richtigen Mix der verschiedenen Möglichkeiten an, um eine nachhaltige Finanzierung für ein Unternehmen – abhängig von dessen Status im Lebenszyklus – sicherzustellen.

Aufgrund der rechtlichen Rahmenbedingungen liegt in Österreich nach Einführung des neuen AltFG mit 1.9.2015 die maximale Grenze für Crowdinvesting, ohne die Verpflichtung, einen Kapitalmarktprospekt zu erstellen, bei 1,5 Mio € (siehe dazu Kapitel 2.2.1. ff), die ohne entsprechend großem Aufwand zu „stemmen" ist (Achtung: dies gilt nur für Unternehmen, die als KMU einzustufen sind; also weniger als 250 Mitarbeiter und 50 Mio € Jahresumsatz bzw weniger als 43 Mio € Bilanzsumme aufweisen, da ansonsten das KMG anzuwenden ist). Mit der Einführung des AltFG per 1.9.2015 hat Österreich eines der interessantesten Potentiale im europäischen Vergleich, da durch die definierten Grenzen Crowdinvesting nun für knapp 95 % der österreichischen KMU interessant wird!

Ganz grundsätzlich lässt sich festhalten, dass jede Finanzierung – unabhängig davon, für welche Finanzierung sich ein Unternehmer entscheidet – einen zeitlich befristeten Ablauf hat. Dieser lässt sich in der Regel mit zwischen 12 bis 24 Monaten definieren. Somit gilt hier die Regel: Nach der Finanzierung ist vor der Finanzierung. Gem dem Lebenszykluskonzept lassen sich immer nur für bestimmte Zeiträume kombinierte und strukturierte Finanzierungen sinnvoll darstellen. Zu einem anderen Zeitpunkt mag eine andere Kombination an Finanzierung(en) sinnvoller sein.

Damit lässt sich festhalten, dass es kein Allheilmittel für die Lösung der Finanzierungsthematik gibt und daher auch das Crowdinvesting kein solches Allheilmittel sein kann. Es stellt aber eine neue, – aufgrund der gesetzlichen Rahmenbedingungen – interessante Möglichkeit nicht nur für Start-ups, sondern eben auch für KMU dar, die Abhängigkeit und Fremdkapitallastigkeit österreichischer Unternehmen weiter zu reduzieren. Gleichzeitig bildet es einen neuen, interessanten „Mosaik-Stein" in der Werkzeugkiste der Finanzierungsmöglichkeiten und wird dazu beitragen, die Eigenkapitalseite vieler Unternehmen nachhaltig zu stärken.

5.2. Kapitalaufbringung mit Crowdinvesting

(Turki/Pöltner/Horak)

5.2.1. Einleitung: Vorteile der Finanzierungsform durch Crowdinvesting

Junge Unternehmen oder Projekte vor dem nächsten Wachstumsschritt stehen häufig vor dem Problem, dass für Expansion und Business Development zusätzliches Kapital benötigt wird, welches durch bestehende Finanzierungsformen schwer bis gar nicht aufgebracht werden kann.

Crowdinvesting ist in diesem Fall eine mögliche Alternative, die zugleich etliche Vorteile gegenüber klassischen Finanzierungsformen (etwa durch einen Bankkredit) mit sich bringt. Dadurch, dass mit einer Crowdinvesting-Kampagne eine große Reichweite erzielt wird und deshalb sehr viele Menschen vom Projekt erfahren, kann der Bekanntheitsgrad des Unternehmens um ein Vielfaches gesteigert werden. Hier liegt der Ball insb beim Unternehmen, denn je mehr Ressourcen in die Crowdinvesting-Kampagne investiert werden, desto größer ist wahrscheinlich der Marketingwert, den die Kampagne mit sich bringt.

Ein weiterer Vorteil einer Crowdinvesting-Kampagne ist die Nähe zum Markt. So kann in einer sehr frühen Phase bereits Feedback von potentiellen Kunden zum Produkt oder Service sowie zum Business-Modell eingeholt werden. Aber neben dem Feedback erweist sich auch die Kundenbindung als bedeutender Mehrwert. Denn was gibt es besseres, als Investoren in das eigene Unternehmen zu integrieren, die in Zukunft bestimmt zu Markenbotschaftern werden, da sie am Unternehmenserfolg partizipieren?

Um das Potential einer Crowdinvesting-Kampagne voll auszuschöpfen, bedarf es jedoch einer guten Vorbereitung sowie des vollen Einsatzes aller Ressourcen während der Kampagnenlaufzeit.

Die wichtigsten Vorteile einer Crowdinvesting-Kampagne können wie folgt zusammengefasst werden:

- Das gesammelte Kapital ermöglicht Unternehmen Anschlussfinanzierungen durch Banken und Förderstellen.
- Durch eine Crowdinvesting-Kampagne erfahren sehr viele Menschen von dem Projekt, dem Produkt oder der Dienstleistung.
- Die Reichweite der potentiellen Kunden erhöht sich um ein Vielfaches.
- Eine Crowdinvesting-Kampagne ermöglicht einen sehr frühen Aufbau des Kundenstammes.
- Die Unternehmer halten engen Kontakt zu Investoren und potentiellen Kunden und bekommen Feedback aus erster Hand.
- Die Investoren werden alles daran setzen, das Unternehmen bestmöglich zu unterstützen, da sie ebenfalls daran interessiert sind, dass das Unternehmen erfolgreich wird.
- Im Idealfall gewinnt das Unternehmen mit seinen Investoren Markenbotschafter, die die Marke und das Produkt in den Markt hinaustragen.

5.2.1.1. Welche Überlegungen müssen angestellt werden?

Nicht jedes Projekt und jedes Produkt ist gleichermaßen für eine Crowdinvesting-Kampagne geeignet. Die folgenden Fragen können als Entscheidungsgrundlage dienen und sollten, im Falle einer Entscheidung für eine Crowdinvesting-Kampagne, mit „Ja“ beantwortet werden können:

- Habe ich ein interessantes Produkt oder eine Innovation, deren Nutzen ich leicht verständlich kommunizieren kann?
- Ist mein Geschäftsmodell – auch für Investoren – wirtschaftlich attraktiv?

- Habe ich die Machbarkeit des Markteintritts überprüft und ist diese gegeben (Proof-of-Concept)?
- Habe ich bereits ein Unternehmen gegründet oder wenn nicht, kann ich das vor dem gewünschten Kampagnen-Start tun?
- Ist mein gewünschter Finanzierungsbetrag hoch genug, um eine Crowdinvesting-Kampagne zu rechtfertigen?
- Habe ich genügend Ressourcen (Zeit, ein motiviertes Team etc), um eine Kampagne umzusetzen?

Wenn alle Fragen positiv beantworten werden können, sollte man sich des Weiteren mit folgenden Punkten auseinandersetzen:

- Welches Fundinglimit macht für meine Crowdinvesting-Kampagne Sinn und wo setze ich die Fundingschwelle an?
- Wie hoch ist die Bewertung meines Unternehmens, die als Angebot an die Investoren geht?
- Was sind meine Marketing-Ziele, die ich durch die Kampagne erreichen möchte?
- Welche Aktivitäten kann ich während der Kampagne durchführen, um Investoren auf mein Projekt aufmerksam zu machen und sie zum Investment zu überzeugen?
- Welche „Investor-Story" (siehe dazu gleich unten) erzähle ich und ist diese interessant/stark genug?
- Welche Ressourcen muss und kann ich dafür zur Verfügung stellen?

Hinweis

Erstellen Sie ein erstes Konzept und besprechen Sie dieses mit Ihrem Team. Es ist besonders wichtig, dass Sie immer im Hinterkopf behalten, dass eine Crowdinvesting-Kampagne nur erfolgreich sein kann, wenn Sie die für die Zielsetzung nötigen Aktivitäten durchführen und während der gesamten Laufzeit Engagement und Motivation, auch gegenüber Ihrem Team, zeigen.

5.2.2. Der Prozess des Crowdinvesting

Wenn Sie sich für eine Crowdinvesting-Kampagne entschieden haben, muss diese im Vorfeld gut überlegt und geplant werden.

Die Kampagne kann in vier Phasen gegliedert werden:

- die Vorbereitung,
- die Crowdinvesting-Kampagne (ieS),
- den Kampagnen-Abschluss und
- die laufende Kommunikation mit den Investoren nach dem Kampagnen-Abschluss.

5.2.2.1. Vorbereitung der Crowdinvesting-Kampagne

5.2.2.1.1. Die „Investor-Story"

Überlegen Sie sich, mit welcher Geschichte Sie an Investoren herantreten möchten. Dabei sollten Sie Ihrer Kreativität keine Grenzen setzen, solange die Geschichte authentisch und leicht zu kommunizieren ist. Mithilfe der Geschichte erzählen Sie, warum sich Investoren genau an Ihrem Unternehmen beteiligen sollten.

Auf der Suche nach der passenden Geschichte können sich Unternehmer der Idee des Corporate Storytellings bedienen.[160] Hierbei kann man aus folgenden vier „Schubladen“ wählen:

- Erzählen Sie die Geschichte von der Gründung Ihres Unternehmens.
- Erzählen Sie Ihre „Corporate-Identity-Story“.
- Erzählen Sie die Geschichte eines Kunden.
- Erzählen Sie eine „Insight-Story“.

Wenn Sie sich dafür entschieden haben, Ihren Gründungsmythos zu erzählen, überlegen Sie sich die Geschichte von der Entstehung Ihres Unternehmens. Dabei können Sie entweder die Menschen, die bei der Entstehung des Unternehmens oder der Entwicklung der Idee dabei waren, als Visionäre verewigen oder die Umstände, die zur Unternehmensgründung geführt haben, darstellen. Wie auch immer Sie sich entscheiden, die Geschichte sollte emotional und va authentisch sein; dies funktioniert selbstverständlich am besten, wenn Sie wahr ist.

Das Beispiel einer **Gründungsgeschichte** findet sich auf der Crowdinvesting-Plattform CONDA (www.conda.eu); es geht dabei um die Entstehung von Kaahée, dem ersten Anti-Hangover-Drink auf wissenschaftlicher Basis (siehe auch Kapitel 1.3.2.):

> Auf die Idee zu Kaahée kam der Gründer und Geschäftsführer *Julian Juen* auf einer Reise nach Peru, als er damals erfolgreich das Unternehmen Mountain Lodges of Peru mit einem peruanischen Geschäftspartner und seinem Vater mitaufbaute.
>
> Auf dieser Reise nach Peru hatte *Julian Juen* eine sein Leben verändernde Begegnung mit einem Schamanen, der ihn bei einem Ritual in die geheimnisvolle, magische, regenerative und hangoverlindernde Wirkung der peruanischen Hochlandkaktusfeige einführte.
>
> Nachdem sich *Julian Juen* ein paar Tage später bei einer Sangria-Party in einem Selbstversuch von der magischen Wirkung der Hochlandkaktusfeige überzeugen konnte, war die Geschäftsidee zu Kaahée geboren.[161]

Vergessen Sie nicht, auch aussagekräftige Bilder einzusetzen. Diese lockern Ihre Geschichte auf, machen sie anschaulich und fassbar und können als visueller Anker für Ihr Unternehmen und/oder Ihre Marke dienen.

Wenn Sie keine Gründungsgeschichte haben oder erzählen möchten, können Sie zB mit einer **„Corporate-Identity-Story“** Ihre Zukunftsvision erzählen. Wenn Sie sich selbst gut beschreiben können, differenzieren Sie sich zugleich von Ihren Mitbewerbern und helfen Ihren Kunden dabei, Ihr Unternehmen wiederzuerkennen.

So beschreibt sich etwa das Unternehmen Wohnwagon (siehe auch Kapitel 1.3.1.), das nach seiner ersten erfolgreichen Crowdinvesting-Kampagne während der Fertigstellung dieses Buches bereits eine zweite erfolgreiche Kampagne auf CONDA (www.conda.eu) abschließen konnte, folgendermaßen:

> Ein Wohnwagon ist mehr als ein Wohnwagon. Er ist ein Statement – philosophisch, politisch, persönlich. Es ist eine Lebensart.
>
> Er macht Selbstreduktion zum Luxus. Reduktion heißt hier aber nicht gleich Verzicht. „Reduce to the Max“ ist das Motto.

160 *Sammer*, Storytelling. Die Zukunft von PR und Marketing (2014) 70 ff.
161 https://www.conda.eu/startup/kaahee/ (abgerufen am 7.5.2019).

> Wir bauen nicht nur Wohnwagons, wir gestalten ein Unternehmen, das an sich auch schon ein Statement ist. Weil es nicht nur Nachhaltigkeit in umfassender Form umsetzt und auf natürliche Ressourcen setzt, sondern auch authentisches österreichisches Handwerk in moderner und zukunftsweisender Form zum Leben erweckt. Ehrliches, authentisches Handwerk mit großer Vision.[162]

Die Vision sowie die Werte von Wohnwagon wurden vom Unternehmen anschaulich beschrieben, sind authentisch und dienen als roter Faden in der gesamten Kampagnen-Kommunikation.

Im B2B-Bereich spielen **Kundengeschichten** eine besonders wichtige Rolle in der Kommunikation, da sie die erfolgreiche Anwendung des Produktes oder der Dienstleistung aufzeigen und dabei durch den Einsatz eines realen Kunden als Referenz Vertrauen herstellen. Kundengeschichten bieten eine besonders gute Basis für Ihre Kommunikation, da sie die Geschichte rund um das Problem und Ihre Lösung hierfür erzählen können. Dies ist selbstverständlich nur dann möglich, wenn Sie bereits erste Kunden haben. Überlegen Sie sich bei der Erstellung der Geschichte, welcher Kunde dafür in Frage kommen kann und ob dieser für potentielle Investoren auch von Relevanz ist.

Mit einer **„Insight-Story“** können Sie Konsumenten-Insights wie etwa Verhaltensmuster, Verhaltensweisen, Präferenzen oder Ansichten Ihrer Zielgruppe aufzeigen. Die besten Insights sind dabei jene, die Ihrer Zielgruppe nicht bewusst sind und die ihr erst durch Ihre Geschichte vor Augen geführt werden. Mit einer guten Insight-Story bleiben Sie im Gedächtnis Ihrer Kunden und erzielen, dass diese sich die Geschichte im Idealfall nicht nur gemerkt haben, sondern auch weitererzählen werden. Insight-Storys bringen Nähe und Verständnis gegenüber Ihrer Zielgruppe zum Ausdruck. Überlegen Sie sich, wie und mit welchen Insights Sie Ihre potentiellen Investoren am besten erreichen.

5.2.2.1.2. Die Kommunikationskanäle

Machen Sie sich eine Liste aller Kommunikationskanäle, über die Sie Ihre Botschaft an Ihre Zielgruppe kommunizieren möchten und überlegen Sie sich, ob Sie dafür Werbemittel (Flyer, Banner etc) produzieren müssen und die nötigen Ressourcen dafür haben.

Mögliche Kommunikationskanäle:

- **Eigene Website:** Stellen Sie einen oder mehrere Banner online, die auf Ihre Kampagnenseite auf der Crowdinvesting-Plattform verlinken und/oder erwähnen Sie die Investitionsmöglichkeit prominent auf Ihrer Startseite.
- **Social-Media** (Facebook, Twitter, Youtube, Google+ etc): Machen Sie Ihre Zielgruppe zu Fans und Followern, berichten Sie über Neuigkeiten, aktivieren Sie Ihre Fans und diskutieren Sie aktiv mit Ihrer Community.
- **Printmedien** (Fachzeitschriften, Magazine, Zeitungen etc): Da meist sehr kostspielig, machen Printkampagnen nur Sinn, wenn Sie Ihre Zielgruppe mit den anderen Kanälen nicht erreichen können oder Sie einen bedeutenden Mehrwert in einer Printkampagne sehen.

162 https://www.conda.eu/startup/wohnwagon/ (abgerufen am 7.5.2019).

- **Online-Kampagnen** (Adwords, Re-Marketing, Banner etc): Durch ein gezieltes SEM (search engine marketing) können Sie Ihre Reichweite enorm erhöhen und Ihre Zielgruppe wiederholt erreichen. Wenn Sie das Know-how in Ihrem Team nicht besitzen, beschaffen Sie sich die nötigen Ressourcen extern, zB durch Spezialisten, die Ihnen bei der Umsetzung von Adwords- und Re-Marketing-Kampagnen etc behilflich sind.
- **E-Mail/-Newsletter:** Verschaffen Sie sich zuerst einen Überblick über die Qualität der Adressen und überlegen Sie sich, welche Botschaften Sie an welche Zielgruppe kommunizieren möchten. Danach sollten Sie das entsprechende Tool dafür auswählen. Fragen Sie sich, ob Ihr E-Mail Programm ausreicht oder ob Sie auf Mailingprogramme wie zB Mailchimp zurückgreifen sollten.
- **Webinare:** In einem Online-Webinar können Sie ohne viel Aufwand direkt mit Ihren potentiellen Investoren in Kontakt treten und offene Fragen persönlich beantworten. Planen Sie dieses frühzeitig und laden Sie alle an Ihrem Projekt interessierten Personen ein. Finden Sie dafür das passende Tool und machen Sie einen Testlauf, bevor Sie mit Ihrem ersten Webinar live gehen.
- **Public Relations:** Idealerweise wenden Sie sich gleich zu Beginn Ihrer Kampagne an die Medien und senden dazu eine Presseaussendung an die für Sie relevanten Pressestellen und Journalisten. Wenn Sie selbst keine Pressekontakte haben und auch weder Erfahrungen noch Ressourcen dafür aufbringen können, überlegen Sie sich, ob es Sinn macht, eine PR-Agentur damit zu beauftragen. Natürlich sollten Sie die Journalisten auch zu Ihren Veranstaltungen einladen, sofern Sie solche planen.
- **Veranstaltungen:** Auf Veranstaltungen können Sie sowohl sich, Ihr Team als auch das Produkt potentiellen Investoren persönlich vorstellen. Sie bekommen dabei ein gutes Gespür, was Investoren besonders interessiert oder ob es eventuell noch Erklärungsbedarf gibt, und können direktes Feedback einholen. Überlegen Sie sich auch, auf welchen externen Veranstaltungen (Messen, Kongresse, Veranstaltungen von Partnern, Lieferanten und Kunden etc) Sie Ihr Projekt bewerben können. Seien Sie präsent und lassen Sie Ihre Branche wissen, dass es Sie und Ihre Kampagne gibt.

5.2.2.1.3. Ihr Business-Modell

Versuchen Sie, Ihr Business-Modell so einfach und reduziert wie möglich darzustellen. Machen Sie sich davor ein Bild von der Struktur der Projektdarstellungen auf der jeweiligen Crowdinvesting-Plattform. Die meisten Plattformen haben eine fixe Darstellung der Unternehmensinhalte, um eine Übersichtlichkeit und Vergleichbarkeit der Projekte zu gewährleisten. Ihre Kampagnen-Texte sollen für potentielle Investoren leicht lesbar sein. Verwenden Sie einfache Sätze und verzichten Sie auf erklärungsbedürftige Fremdwörter bzw vergessen Sie nicht, diese zu erklären. Durch Bilder, Grafiken und Fotos können Sie Ihre Texte gut auflockern und für Ihre Zielgruppe interessant gestalten. Achten Sie hier auf die Qualität der Bilder, denn diese sagen bekanntlich oft mehr als Worte.

Hinweis

Lassen Sie die Texte von Personen in Ihrem Umfeld, die noch nichts über Ihre Geschäftsidee wissen, lesen und holen Sie Feedback zur Verständlichkeit und Lesbarkeit ein. Was für Sie und Ihr Team selbsterklärend ist, kann für fremde Personen unklar sein.

5.2.2.1.4. Incentives als Zuckerl für Investoren

Auf den meisten Crowdinvesting-Plattformen haben Sie die Möglichkeit, Ihren Investoren zusätzliche Prämien oder Incentives anbieten zu können. Diese sind von Unternehmen zu Unternehmen verschieden und stellen idealerweise die Brücke zu den Produkten her.

Bei der Incentivierung sollten Sie sich überlegen,

- für welche Investitionsbeträge Sie incentivieren möchten,
- welche Incentives einen wirklichen Anreiz für Ihre Investoren darstellen,
- wie Sie durch Ihre Incentives eine Kundenbindung erzeugen.

Als Beispiel soll die Incentivierung der Crowdinvesting-Kampagne von Greenstorm auf www.conda.at dargestellt werden:

> Das Unternehmen hat folgende Prämien auf der Projektseite angeführt:
>
> Ab einer Investition von 500 € erhalten Investoren einen Gutschein im Wert von 100 € für den Shop von Greenstorm. Ab einem Betrag von 2.500 € bedankt sich Greenstorm mit einem E-Bike für eine Saison bei den Investoren. Ab 5.000 € erhalten Investoren zwei E-Bikes für eine Saison und ab 7.500 € zusätzlich ein E-Bike für fünf Saisonen. Ab einem Investitionsbetrag von 10.000 € erhalten Investoren sogar zwei E-Bikes für eine Saison und ein zusätzliches E-Bike für fünf Saisonen.
>
> Durch diese spannenden Incentives hat es das Unternehmen geschafft, Investitionen in höheren Beträgen zu erzielen und hat insgesamt mehr als 1,2 Mio € eingesammelt.

Besonders attraktiv sind auch Incentives, die sich Kunden nicht kaufen können, wie zB den exklusiven Zugang zu Dienstleistungen, die Möglichkeit, sich Programme und Apps zuerst downloaden zu können, oder aber auch immaterielle Prämien wie die Einladung zu exklusiven Veranstaltungen etc.

Achten Sie bei Ihrer Incentivierung jedoch auch auf die Durchführbarkeit, denn sobald die Crowdinvesting-Kampagne erfolgreich abgeschlossen wurde, sollten Sie allen Investoren ihre Prämien schnellstmöglich zukommen lassen.

5.2.2.1.5. Das Crowdinvesting-Video

Auf den meisten Crowdinvesting-Plattformen haben Sie die Möglichkeit bzw die Verpflichtung, ein kurzes und prägnantes Video hochzuladen.

Dieses Video sollte folgende Fragen beantworten:

- Wer steckt hinter Ihrem Unternehmen?
- Welches Problem löst Ihr Unternehmen mit dem Produkt oder der Dienstleistung?
- Wieso sollten Investoren gerade in Ihr Projekt investieren und was haben sie davon?

Achten Sie beim Video, neben spannenden und leicht zu verstehenden Inhalten, besonders auf die Qualität von Bild und Ton. Wenn Sie selbst nicht das nötige Know-how und Equipment besitzen, um ein professionell wirkendes Video zu produzieren, beauftragen Sie die richtigen Personen. Es gibt bereits eine Vielzahl von Agenturen und Freelancern, die sich auf diese Art der kurzen Produktvideos spezialisiert hat. Wenn Sie selbst keine

Kontakte haben oder nicht die richtige Agentur finden, fragen Sie bei den Plattformbetreibern nach. Diese haben bereits genügend Erfahrung mit dieser Art von Videos und können Ihnen bestimmt den einen oder anderen Tipp geben.

Das Video wird das Aushängeschild Ihrer Kampagne sein und potentielle Investoren werden sich dieses ansehen, bevor sie Ihre Texte lesen. Dabei ist die Länge mindestens so ausschlaggebend wie der Inhalt. Das Video sollte nicht länger als rund zwei Minuten dauern und einen Spannungsbogen, der sich bis zur letzten Sekunde streckt, besitzen. Schreiben Sie sich dafür ein Drehbuch bzw einen Leitfaden und proben Sie die Szenen einige Male, bevor Sie zu drehen beginnen. Beenden Sie das Video mit einer aussagekräftigen Botschaft, in der Sie potentielle Investoren auffordern, sich an Ihrem Projekt zu beteiligen.

5.2.2.1.6. Aktivieren des Netzwerks

Erstellen Sie eine Liste Ihrer bestehenden Kunden und Stakeholder und überlegen Sie sich, wie Sie diese zum Investieren motivieren können. Je mehr Netzwerke Sie ansprechen, desto mehr Investoren werden Sie finden. Starten Sie dabei klein (mit Freunden und Familie) und ziehen Sie die Kreise immer weiter.

Idealerweise finden Sie schon vor dem Start Ihrer Kampagne erste Investoren. Dies gibt Ihnen zum Kampagnenstart einen enormen Vorteil, denn Investitionen lassen Ihr Projekt vertrauensvoller erscheinen und Investoren haben weniger Hemmungen, gleich zu Beginn in Ihr Unternehmen zu investieren. Erkundigen Sie sich bei den Plattformbetreibern, welche Möglichkeiten diese bieten, um Investitionszeichnungen vor dem offiziellen Kampagnenstart durchzuführen.

5.2.2.1.7. Die nötigen Ressourcen

Blockieren Sie alle nötigen Ressourcen, die Sie für die Durchführung Ihrer Kampagne benötigen. Eine erfolgreiche Crowdinvesting-Kampagne setzt Ihr volles Engagement, Motivation sowie genügend Zeit voraus. Planen Sie während der Kampagnenlaufzeit keine Aktivitäten, die nicht Ihre Kampagnenziele verfolgen und Zeit sowie Ressourcen binden. Wenn nötig, überlegen Sie sich, wie Sie zusätzliche Ressourcen und Unterstützung heranziehen können.

Checkliste

Nutzen Sie diese Checkliste als Basis für die Vorbereitung Ihrer Kampagne (ergänzbar):

To Dos	Beschreibung	erledigt
Eckdaten	Fundingschwelle, Fundinglimit, Start- und Enddatum der Kampagne fixieren	
Zielsetzung	Kampagnenziele definieren	
Zielgruppen	Zielgruppen festlegen	
Zeitplan	Zeitplan für die Kampagne inkl aller geplanten Marketingaktivitäten erstellen	

To Dos	Beschreibung	erledigt
Investor-Story	Investor-Story entwerfen und Test im Freundes- und Bekanntenkreis, ob die Story das Ziel erfüllt	
Kommunikations-plan	soll die Botschaften, die Kommunikationskanäle, das Timing sowie Budget und Ressourcenplanung enthalten und mit dem Team abgestimmt sein; nötige Ressourcen zur Umsetzung einplanen	
Beschreibung Business-Modell (Text für Projektseite)	Texte so leicht verständlich und reduziert wie möglich für Ihre Projektseite aufbereiten	
Incentives	passende und attraktive Prämien für Ihre Investoren festlegen	
Video	überlegen, durch wen, wann und wo das Video gedreht wird und welche Inhalte vermittelt werden sollen; genügend Zeit für die Fertigstellung einplanen	
Bildmaterial	Logo, Fotos der Teammitglieder, Bilder/Fotos des Produktes, Imagebilder und Grafiken (in guter Qualität!) bereitstellen	
Social-Media-Kanäle	falls noch nicht vorhanden, zumindest eine acebook-Seite erstellen; überlegen, ob die Ressourcen intern vorhanden sind, um weitere Social-Media-Kanäle zu bespielen; Redaktionsplan für die Postings etc entwerfen	
Website	überlegen, wie die eigene Website genutzt werden kann, um auf die Kampagne aufmerksam zu machen (Banner, Text, Bild etc)	
Netzwerk	Liste der Netzwerkkontakte inkl E-Mail-Adressen erstellen, die während der Kampagne (und davor) aktiviert werden sollen	
Multiplikatoren	Liste jener Personen anlegen, die als Multiplikatoren für die Kampagne eingesetzt werden können	
Werbemittel	unterstützende Werbemittel (Flyer, Broschüren, Sticker etc) planen und erstellen	

Tab 28: Checkliste Kampagnenvorbereitung

5.2.2.2. Die Crowdinvesting-Kampagne

Wenn alle Vorbereitungen abgeschlossen sind, kann die Crowdinvesting-Kampagne auf der Plattform freigeschaltet werden und die Zeichnungsfrist beginnt. Auf manchen Plattformen wird das Projekt schon vor dem eigentlichen Kampagnenstart angekündigt. Diese Phase können Sie bereits nutzen, um potentielle Investoren auf das Projekt aufmerksam zu machen und das Interesse nach mehr Details zu wecken.

5.2.2.2.1. Spannungsbogen aufrecht halten

Eine Crowdinvesting-Kampagne ist dann besonders erfolgreich, wenn sie einen durchgehenden, dramaturgischen Spannungsbogen besitzt, die Investoren begeistert und vom Unternehmen aktiv geführt wird.

Es ist sehr wichtig, dass Sie Ihr „Pulver nicht gleich zum Start verschießen“. Damit ist gemeint, dass Sie Ihre Aktivitäten, die Sie bereits in der Vorphase geplant haben, zeitlich gut abstimmen und Ihren Zeitplan genau einhalten. Sie sollten zu Beginn der Kampagne alle Ihre Kanäle bespielen und mit möglichst vielen Aktivitäten gleichzeitig starten.

5.2.2.2.2. Vernetzung

Ab nun sollte Ihr wichtigstes Ziel darin bestehen, potentielle Investoren auf Ihre Projektseite zu leiten und diese zu überzeugen, in Ihr Unternehmen zu investieren. Wie bereits in der Vorbereitungsphase geplant, ist es wichtig, nun jene Zielgruppen anzusprechen, die Ihre Kampagne unterstützen und diese auch in ihrem Netzwerk teilen. Dabei können folgende Zielgruppen identifiziert werden:

Friends & Family

Freunde und Familie benötigen die wenigste Überzeugungsarbeit, da diese höchstwahrscheinlich bereits von Natur aus gewillt sind, Sie zu unterstützen. Je größer das Engagement Ihrer Familie und Freunde ist, desto eher werden diese Ihr Projekt zB auf Social-Media-Kanälen teilen, gerne in Ihr Projekt investieren und Mund-zu-Mund-Propaganda betreiben, was Ihre Reichweite wiederum vervielfacht.

Beeinflusser

Dies sind Personen, die ein großes Netzwerk pflegen und darin besonders aktiv sind. Wenn Sie Beeinflusser für sich gewinnen können, verbreiten diese Ihre Botschaften von alleine in deren Community. Das hat zum einen den Vorteil, dass die Meinung von Beeinflussern in ihrem Netzwerk eine große Bedeutung trägt und zum anderen verbreitet sich Ihre Botschaft damit viral. Ein idealer Kanal dafür ist etwa Facebook, da sich Informationen hier rasch und zum großen Teil ohne Kosten verbreiten lassen.

Medien

Durch Berichte in den Medien erhalten Sie Glaubwürdigkeit, was Ihre Crowdinvesting-Kampagne enorm ankurbeln kann. Wählen Sie Medien mit großer Reichweite und identischen Zielgruppen. Wie bereits beschrieben, können Sie die Pressearbeit selber erledigen oder an eine professionelle Agentur auslagern, abhängig davon, ob Sie selber Kontakte und die Ressourcen dazu haben.

5.2.2.2.3. Nutzung von Investoren

Ihre Investoren werden aus eigenem Interesse alles daran setzen, dass Ihre Kampagne erfolgreich abgeschlossen wird. Nutzen Sie dies, indem Sie Ihre Investoren regelmäßig über den Fortschritt Ihrer Kampagne sowie Ihres Projektes informieren. Dies können Sie zB ganz einfach per E-Mail-Newsletter oder auch auf Ihrer Facebook-Seite umsetzen – je nachdem, wie Sie Ihre Investoren am besten erreichen können.

Motivieren Sie Ihre Investoren, Mundpropaganda für Ihr Projekt zu betreiben und dessen Inhalte mit ihrem Netzwerk zu teilen. Stellen Sie Ihren Investoren Inhalte zur Verfügung, die diese einfach und schnell weiterleiten können. Hier bietet sich eine eigene Facebook-Seite an, da Ihre Investoren die News mit nur einem Klick verbreiten können. Dies erhöht Ihre Reichweite um ein Vielfaches und kann mit den richtigen Inhalten zu einem viralen Effekt führen.

Wenn Sie Ihre Investoren eher nicht auf Social-Media-Plattformen antreffen und auch E-Mail-Newsletter kein geeignetes Tool darstellen, verteilen Sie Flyer in gedruckter Form. So oder so müssen Sie kreativ sein und den passenden Kanal zur Verbreitung Ihrer Inhalte finden.

5.2.2.2.4. Präsentation des Teams

Ein ausschlaggebender Grund für einen Investor, sich an einem Unternehmen zu beteiligen, ist das Team. Ein Geschäftsmodell kann noch so gut sein, scheitert aber, wenn kein Team dahinter steht, das es in die Realität umsetzt. Aus diesem Grund ist es wichtig, dass Sie sich und Ihr Team gut präsentieren. Erklären Sie, wo immer möglich, warum es genau diese Leute schaffen, Ihr Unternehmen zum Erfolg zu führen. Hier zählen neben der Ausbildung und dem Know-how va Erfahrungen, die am besten anhand von konkreten Beispielen aufgezeigt werden können.

Wenn Sie zB ein neues Lifestyle-Getränk auf den Markt bringen möchten und in Ihrem Team Erfahrungen in der Retail- und/oder FMCG-(Fast Moving Consumer Goods-) Branche aufweisen können, kommunizieren Sie das. Erklären Sie, warum genau diese Erfahrungen und Skills besonders wertvoll und wichtig sind und Ihnen zB auch einen Marktvorteil verschaffen können. Denken Sie dabei immer auch daran, alle Kommunikationskanäle zu nutzen.

5.2.2.2.5. Permanente Information

Zeigen Sie während der gesamten Kampagnenlaufzeit besonders viel Präsenz und informieren Sie regelmäßig über Fortschritte Ihres Projektes. Dies müssen nicht immer nur Erfolgsmeldungen sein! Es ist wichtig, dass Sie Ihre Zielgruppe „bei der Stange halten“. Denn Sie können noch so viele Aktivitäten umsetzen und Erfolge feiern, wenn Sie nicht darüber berichten, weiß es schlichtweg auch niemand. Auch hier gilt: Nutzen Sie alle Ihre Kommunikationskanäle sinnvoll, um im Gedächtnis Ihrer Zielgruppe zu bleiben und Präsenz zu zeigen. Ein Eintrag auf Facebook mit einem aussagekräftigen Bild, ein knackiger Tweet, ein kurzer, aber prägnanter Blogeintrag und/oder ein kurzer Artikel auf Ihrer Website eignen sich dafür ideal.

Nutzen Sie auch die Möglichkeiten, die Ihnen die jeweilige Crowdinvesting-Plattform für Ihre Kommunikation zur Verfügung stellt. Dies können Beiträge sein, die entweder auf Ihrer Projektseite, der Homepage oder dem Blog der Crowdinvesting-Plattform veröffentlicht werden. Sie können aber auch die „Fans" der Social-Media-Kanäle der Plattformen erreichen, indem diese Ihre Inhalte teilen, Posts über Ihr Projekt veröffentlichen und über Ihr Projekt auf diesen Plattformen Einträge erstellen. Liefern Sie auch Inhalte für E-Mail-Newsletter und Presseaussendungen und erkundigen Sie sich über Veranstaltungen, Webinare udgl.

Hinweis

Liefern Sie den Plattformbetreibern regelmäßig Inhalte, die diese für die Kommunikation über Ihr Projekt nutzen können. Je relevanter und interessanter diese aufbereitet sind, desto schneller werden diese auch tatsächlich veröffentlicht werden.

5.2.2.2.6. Einbindung von Kooperationspartnern

Kooperationspartner können dabei helfen, Ihre Inhalte zu teilen und damit Ihre Reichweite zu erhöhen. Informieren Sie Ihre Partner regelmäßig über Fortschritte und Neuigkeiten zum Projekt sowie zur Kampagne und bieten Sie ihnen leicht teilbare Inhalte.

Kooperationspartner können zB Universitäten und Schulen sein, die Sie bei der Forschung unterstützt haben, Firmen, die an Ihr Projekt glauben, Gesellschafter, die ihre Services zur Verfügung stellen, Förderstellen, Kunden, Lieferanten und viele mehr. Bekannte und renommierte Firmen oder Brands strahlen Vertrauen und Glaubwürdigkeit aus, was sich wiederum positiv auf die Wahrnehmung Ihres Unternehmens oder Projektes auswirkt. Nutzen Sie diesen Effekt gezielt und sinnvoll.

Binden Sie Ihre Partner in Ihre Kommunikation ein. Integrieren Sie deren Logos auf Ihrer Website, berichten Sie über die Kooperation auf Ihren Social-Media-Kanälen oder Ihrem Blog und erwähnen Sie diese in Ihrem Pitch. Vergessen Sie jedoch nicht, dies vorher mit Ihren Partnern abzustimmen und schließen Sie wenn möglich eine schriftliche Vereinbarung (zB mittels eines Kooperationsvertrages) hierüber ab.

5.2.2.3. Der Kampagnen-Abschluss

Der erfolgreiche Abschluss Ihrer Crowdinvesting-Kampagne auf der Plattform bedeutet noch lange nicht, dass Sie sich zurücklehnen können.

Nutzen Sie den erfolgreichen Abschluss für eine Erfolgsmeldung auf allen Ihren Kanälen. Ein erfolgreicher Kampagnenabschluss bedeutet nämlich nicht nur, dass Sie nun über das nötige Kapital verfügen, sondern Sie haben damit auch gezeigt, dass Sie Ihre Ziele erreichen, eine Kampagne erfolgreich führen und als Team zusammenarbeiten können. Ihren Investoren geben Sie damit eine Bestätigung, die richtige Investitionsentscheidung getroffen zu haben und vermitteln Ihren Stakeholdern sowie der Öffentlichkeit ein positives Image Ihres Unternehmens.

5.2.2.4. Laufende Kommunikation mit den Investoren nach dem Kampagnen-Abschluss

Mit der Kampagne haben Sie neben dem Kapital Investoren gewonnen. Nun gilt es, diese zu loyalen Kunden zu machen und als Markenbotschafter einzusetzen.

Wie Sie Investoren als loyale Kunden an Ihr Unternehmen binden können, lässt sich am besten anhand eines erfolgreichen Beispiels aufzeigen:

Der „Hosenbund“ der Gebrüder Stitch

Das hinter dem Brand „Gebrüder Stitch“ stehende Unternehmen ants in your pants GmbH bietet mit öko-freundlichen Maß-, Halb-Maß- und Stangen-Jeans die komplette Range an passgenauen Hosen unter einem Dach. Investoren, die während der Crowdinvesting-Kampagne auf CONDA einen Betrag von mind 100 € investiert haben, sind Mitglied im Hosenbund der Gebrüder Stitch und erhalten damit zahlreiche Vorteile wie zum Beispiel Zutritt zur geschlossenen Facebook-Gruppe „Hosenbund“, in der sie bereits vorab über Neuerungen informiert werden und ihr Feedback direkt abgeben können. Weiters erhalten sie ein Kampagnen-T-Shirt, haben die Möglichkeit, an Fokusgruppen oder Fittings teilzunehmen, können reduzierte Ware als Erste erwerben oder erhalten „gratis Eierlikör bis zum Abwinken“. Außerdem erhielten alle Investoren ab einem Investment von 500 € zusätzlich sieben Jahre lang 10 % auf ihre Einkäufe bei Gebrüder Stitch.

Abb 55: Hosenbund der Gebrüder Stitch auf www.conda.at

5.3. Steuerrechtliche Rahmenbedingungen

(Wagner)

5.3.1. Substanzgenussrecht aus Sicht des Emittenten

5.3.1.1. Steuerliche Behandlung beim Emittenten

Aufgrund der steuerlichen Qualifikation von sozietären Genussrechten als Eigenkapital stellen Ausschüttungen jeder Art an die Genussrechtsinhaber eine steuerneutrale Einkommensverwendung dar und können folglich bei der emittierenden Körperschaft nicht als Betriebsausgabe angesetzt werden.[163] Außerdem hat gem § 93 Abs 2 Z 1 iVm § 95 Abs 2 Z 1 lit a EStG von der emittierenden Körperschaft für die Ausschüttungen eine Einbehaltung und Abfuhr der Kapitalertragsteuer iHv 27,5 % zu erfolgen.

Zur steuerlichen Einstufung von „vorzeitigen" Abschichtungszahlungen beim Emittenten führen die KStR in der Rz 1197 aus, dass die Abschichtung vor der Liquidation der emittierenden Körperschaft zum beizulegenden Wert zu einem steuerneutralen Buchverlust führt. Derselbe Effekt würde sich auch dann ergeben, wenn die emittierende Körperschaft die Genussrechte zu dem über dem Nennwert liegenden beizulegenden Zeitwert rückkauft, um diese im Anschluss einziehen zu können.

5.3.1.2. Das Genussrecht als unternehmensrechtliches Eigenkapital[164]

In Anlehnung an die Stellungnahme des Fachsenats für Handelsrecht und Revision des Instituts für Betriebswirtschaft, Steuerrecht und Organisation der Kammer der Wirtschaftstreuhänder zur Bilanzierung von Genussrechten beim Emittenten (KFS/RL 13) handelt es sich bei Genussrechten um Vermögensrechte, die dem Genussrechtsinhaber vom Emittenten für seine Kapitalüberlassung gewährt werden.

Das dem Emittenten überlassene Genussrechtskapital muss bei diesem je nach Ausgestaltung unmittelbar als Eigenkapital oder Fremdkapital in der unternehmensrechtlichen Bilanz ausgewiesen werden.

Aus unternehmensrechtlicher Sicht ist eine Zuordnung des Genussrechtskapitals zum Posten Eigenkapital insb dann vorzunehmen, wenn folgende Kriterien als kumulativ erfüllt anzusehen sind:

- Nachrangigkeit,
- Erfolgsabhängigkeit der Vergütung und Teilnahme am Verlust bis zur vollen Höhe,
- keine Befristung der Kapitalüberlassung.

Nachrangigkeit

Das Kriterium der Nachrangigkeit gilt als erfüllt, wenn im Zuge der Liquidation bzw der Insolvenz ein Rückzahlungsanspruch erst nach Befriedigung aller Gläubiger, deren Kapitalüberlassung im Fremdkapital auszuweisen ist, geltend gemacht werden kann. Das Genuss-

163 Vgl § 8 Abs 3 Z 1 KStG; EStR Rz 6112c.

164 Die nachfolgenden Ausführungen beziehen sich auf die Stellungnahme des Fachsenats für Handelsrecht und Revision des Instituts für Betriebswirtschaft, Steuerrecht und Organisation der Kammer der Wirtschaftstreuhänder zur Bilanzierung von Genussrechten (KFS/RL 13) und werden zT wörtlich zitiert.

rechtskapital muss demnach auch im Fall der Liquidation oder der Insolvenz voll als Haftungssubstanz zur Verfügung stehen. Ob das verbliebene Vermögen erst nach der Befriedigung aller anderen Gläubiger auf die Genussrechtsinhaber verteilt wird, hat für die Beurteilung der Haftungsqualität des Genussrechtskapitals keine wesentliche Bedeutung.

Erfolgsabhängigkeit der Vergütung und Teilnahme am Verlust bis zur vollen Höhe

Das Kriterium der Erfolgsabhängigkeit der Vergütung für das Genussrechtskapital ist dann gegeben, wenn sichergestellt werden kann, dass nur jene Vergütungen gewährt werden, die auch als ausschüttbarer Bilanzgewinn dargestellt werden können.

Erfolgsabhängigkeit der Vergütung liegt auch vor, wenn eine vereinbarte Mindestvergütung, die mangels Voraussetzungen in einem Geschäftsjahr nicht gewährt werden konnte, in späteren Geschäftsjahren, in denen die Voraussetzungen wieder gegeben sind, nachgeholt wird.

Das Kriterium der Teilnahme am Verlust bis zur vollen Höhe ist ebenso erfüllt, wenn die Teilnahme am Verlust erst in dem Zeitpunkt einsetzt, in dem die Verluste von den Eigenkapitalbestandteilen, die gegen Ausschüttungen nicht besonders geschützt sind, nicht mehr getragen werden können.

Es ist nicht erforderlich, dass eine Verrechnung eingetretener Verluste mit Eigenkapitalbestandteilen, die gegen Ausschüttungen geschützt sind, erst erfolgen darf, wenn das Genussrechtskapital durch die Verlustverrechnung vollkommen aufgezehrt ist.

Als gegen Ausschüttungen besonders geschützte Eigenkapitalbestandteile gelten neben dem Nennkapital alle Rücklagen und Teile des Bilanzgewinns, die nach den Vorschriften des Gesellschaftsrechts und den Rechnungslegungsvorschriften für Ausschüttungen an Gesellschafter einer Kapitalgesellschaft nicht verwendet werden dürfen.

Die Regelung der Verteilung des Vermögens und damit auch der Erfolge unter den Genussrechtsinhabern und Gesellschaftern ist für die Beurteilung des Eigenkapitalcharakters eines zeitlich unbefristet überlassenen Genussrechtskapitals nicht maßgeblich.

Keine Befristung der Kapitalüberlassung

Das Fehlen einer Befristung der Kapitalüberlassung wird als wesentliche Voraussetzung für die Qualifikation von Genussrechten als Eigenkapital angesehen.

Diese unbedingte Voraussetzung ist auch dann gegeben, wenn bei einer vom Emittenten beschlossenen Rückzahlung eines unbefristet zur Verfügung gestellten Genussrechtskapitals vor Beendigung des Unternehmens

- die im Zuge einer ordentlichen Kapitalherabsetzung vorgeschriebenen Vorkehrungen zum Schutz der Gläubiger zu beachten sind,
- das rückgezahlte Genussrechtskapital in jenem Geschäftsjahr, in dem die Rückzahlung stattfindet, durch eine mindestens gleich hohe Zufuhr von gebundenem Eigenkapital von außen ersetzt wird oder
- in jenem Geschäftsjahr, in dem die Rückzahlung erfolgt, es mindestens zu einer gleich hohen Umwandlung von ungebundenen Rücklagen im Zuge einer Kapitalerhöhung aus Gesellschaftsmitteln in Grund- oder Stammkapital kommt.

Das Recht des Genussrechtsinhabers, vor Beendigung des Unternehmens eine Rückzahlung zu verlangen, muss jedenfalls ausgeschlossen sein.

5.3.1.2.1. Ausweis innerhalb des Postens („Eigenkapital")

Wenn das Genussrechtskapital die Haftungsqualität von Eigenkapital erreicht, ist es gem § 224 Abs 3 UGB innerhalb des Hauptpostens „Eigenkapital" in einem gesonderten Posten, der nach den Gewinnrücklagen oder als letzter Posten des Eigenkapitals eingefügt werden kann, auszuweisen.

5.3.1.2.2. Ausweis in einem gesonderten Hauptposten („Mezzaninkapital")

Nachrangiges Genussrechtskapital, das nur wegen einer vereinbarten Rückzahlungsverpflichtung die Kriterien für einen Eigenkapitalausweis nicht erfüllt, kann unter den folgenden Voraussetzungen nach dem Hauptposten „Unversteuerte Rücklagen" in einem gesonderten Hauptposten mit der Bezeichnung „Nachrangiges Genussrechtskapital mit Beteiligung am Verlust" ausgewiesen werden:[165]

- Es handelt sich um „nachrangiges Kapital" im Sinne obiger Ausführungen.
- Das Genussrechtskapital nimmt ab Zuordnung in angemessenem Umfang an Verlusten teil (dh im Verhältnis zu Nennkapital zuzüglich gebundener Rücklagen).
- Vergütungen dürfen nur insoweit gezahlt werden, als sie in einem unter Berücksichtigung von Ausschüttungssperren ausschüttbaren Jahresüberschuss Deckung finden.
- Das Genussrechtskapital muss dem Unternehmen langfristig zur Verfügung stehen.

Angaben über Genussrechtskapital, welches nicht im Eigenkapital ausgewiesen wird, sind bei Aktiengesellschaften, die als emittierende Körperschaften auftreten, verpflichtend im Anhang anzuführen (§ 240 Z 7 UGB). Bei Emittenten, die in anderen Rechtsformen geführt werden, kann eine entsprechende Anhangangabe oder Erläuterung des Bilanzpostens aus Gründen der Bilanzklarheit geboten sein.

5.3.1.2.3. Behandlung eines Ausgabeaufgelds und Ausgabeabgelds

Das UGB enthält keine explizite Regelung, wie ein Aufgeld oder Abgeld bei der Ausgabe von Genussrechtskapital mit Eigenkapitalcharakter (zB Partizipationskapital) in der Bilanz auszuweisen ist.

Im Fall der Ausgabe von Genussrechtskapital mit einem Aufgeld darf jedoch kein Ausweis als gebundene Kapitalrücklage gem § 229 Abs 2 UGB stattfinden. Da es sich allerdings um eine Eigenkapitalzufuhr von außen handelt, kann zumindest ein Ausweis als ungebundene Kapitalrücklage in Betracht gezogen werden. In einem derartigen Fall hat entweder eine Untergliederung dieses Postens gem § 223 Abs 4 UGB oder ein Davon-Vermerk zu erfolgen. Im Allgemeinen wird jedoch der gesonderten Kenntlichmachung des Aufgelds innerhalb des Postens „Genussrechtskapital" der Vorzug gegeben.

Kommt es hingegen zu einer Ausgabe von Genussrechtskapital mit einem Abgeld, so ist der im Zeitpunkt der Emission tatsächlich zugeflossene Betrag als gesonderter Posten

165 Vgl Stellungnahme KFS/RL 13.

innerhalb des Eigenkapitals einzustellen. Besteht keine Verpflichtung zur Auffüllung bis zur Höhe des Nennbetrages und wird diese dennoch vorgenommen, so ist diese zu Lasten eines gesondert auszuweisenden Aufwandspostens vorzunehmen.

5.3.1.2.4. Genussrecht als unternehmensrechtliches Fremdkapital

Sofern das überlassene Genussrechtskapital nicht als Eigen- oder Mezzaninkapital qualifiziert werden kann, ist dieses als Fremdkapital zu behandeln.

Bei Genussrechtskapital ohne Eigenkapitalcharakter hat der Ansatz grundsätzlich mit dem Rückzahlungsbetrag unter den Verbindlichkeiten zu erfolgen. Der Ausweis als gesonderter Posten (zB „Genussrechtskapital") kann gem § 223 Abs 4 UGB geboten sein.

5.3.1.3. Zusammenfassung Unternehmensrecht – Emittent

	Eigenkapital	Mezzaninkapital	Fremdkapital
Keine Befristung	x	x	in allen anderen Fällen
Nachrangigkeit	x	x	
Erfolgsabhängigkeit der Vergütung Teilnahme am Verlust	x	x	
Vereinbarte Rückzahlungsverpflichtung		x	
x … erfüllt			

Tab 29: Eigen-, Mezzanin- und Fremdkapital

5.3.2. Nachrangiges Darlehen aus Sicht des Kapitalempfängers

Da die einzelnen Kriterien für eine Qualifikation als Eigenkapital nicht kumulativ erfüllt werden, stellen nachrangige Darlehen idR Fremdkapital dar und müssen beim Kapitalempfänger folglich in der unternehmensrechtlichen Bilanz als Verbindlichkeit passiviert werden.

Aus ertragsteuerlicher Sicht kann die im Gegenzug auf die Kapitalüberlassung gezahlte Vergütung beim Empfänger des nachrangigen Darlehens gem § 4 Abs 4 EStG als gewinnmindernde Betriebsausgabe geltend gemacht werden.[166]

Da es sich bei einem nachrangigen Darlehen um Mezzaninkapital handelt, wird dieses aus insolvenzrechtlicher Sicht bei der Beurteilung der Überschuldung (sofern die Nachrangigkeit die Voraussetzungen des § 67 Abs 3 IO erfüllt) nicht als Verbindlichkeit, sondern als Eigenkapital gewertet. Dies hat zur Folge, dass der Darlehensempfänger die Forderung des Darlehensgebers im Fall einer Insolvenz erst nach der Befriedigung der anderen Gläubiger zu bedienen hat.

166 Vgl *Heidenbauer/Roesener* in *Schön*, Eigenkapital und Fremdkapital (2013) 573.

Anhang 1: Umsatz-Multiple[1]

Industry	No of firms	EV/EBITDA R&D	EV/EBITDA	EV/EBIT	EV/EBIT (1-t)
Advertising	77	8,80	8,84	13,84	18,47
Aerospace/Defense	39	5,16	8,48	13,69	18,84
Air Transport	38	7,31	7,32	21,85	30,16
Apparel	132	8,48	8,64	12,12	16,86
Auto & Truck	16	5,72	7,93	13,95	18,25
Auto Parts	59	5,39	7,79	11,79	15,08
Bank (Money Center)	124	NA	NA	NA	NA
Banks (Regional)	65	NA	NA	NA	NA
Beverage (Alcoholic)	51	12,07	12,13	15,66	19,76
Beverage (Soft)	17	10,29	10,33	16,47	21,54
Broadcasting	31	11,32	11,40	15,05	21,36
Brokerage & Investment Banking	75	27,39	36,75	134,86	175,49
Building Materials	91	8,17	8,91	13,73	19,04
Business & Consumer Services	215	10,34	10,56	15,87	21,46
Cable TV	11	14,03	14,38	31,26	37,35
Chemical (Basic)	59	6,74	6,95	9,30	11,75
Chemical (Diversified)	8	6,17	7,28	11,30	15,40
Chemical (Specialty)	89	8,64	10,75	16,08	20,82
Coal & Related Energy	23	4,60	4,60	14,90	19,24
Computer Services	217	7,84	8,45	11,30	15,62
Computers/Peripherals	37	5,81	8,40	12,48	13,46
Construction Supplies	101	8,38	9,67	16,79	23,74
Diversified	75	6,32	7,73	11,59	13,10

1 Quelle: *Damodaran*, http://pages.stern.nyu.edu/~adamodar/ (abgerufen am 7.5.2019).

Industry	No of firms	EV/EBITDA R&D	EV/EBITDA	EV/EBIT	EV/EBIT (1-t)
Drugs (Biotechnology)	141	10,03	19,83	60,08	90,80
Drugs (Pharmaceutical)	88	8,53	12,82	17,29	21,18
Education	6	6,84	9,45	15,64	15,72
Electrical Equipment	108	7,96	10,13	15,28	19,93
Electronics (Consumer & Office)	17	6,04	9,47	13,17	22,90
Electronics (General)	140	7,88	10,93	15,27	18,73
Engineering/Construction	173	7,80	7,90	14,24	20,13
Entertainment	83	8,04	9,20	44,29	63,70
Environmental & Waste Services	52	6,80	7,17	14,54	18,99
Farming/Agriculture	48	7,38	8,84	11,71	17,31
Financial Svcs. (Non-bank & Insurance)	110	184,61	188,73	NA	NA
Food Processing	150	10,83	11,68	15,53	20,96
Food Wholesalers	17	4,84	4,84	7,53	10,29
Furn/Home Furnishings	44	7,34	8,70	12,93	17,12
Green & Renewable Energy	49	9,68	9,69	18,99	27,25
Healthcare Products	142	12,03	15,01	20,56	25,91
Healthcare Support Services	46	9,02	9,55	14,71	20,76
Heathcare Information and Technology	71	8,49	11,23	19,04	22,85
Homebuilding	42	9,46	9,47	9,79	12,59
Hospitals/Healthcare Facilities	27	12,05	12,05	111,34	197,95
Hotel/Gaming	126	9,12	9,29	21,24	27,52
Household Products	63	11,27	12,59	15,61	21,02
Information Services	23	9,37	10,36	13,67	18,65
Insurance (General)	47	6,13	6,13	7,03	9,81
Insurance (Life)	24	6,69	6,69	7,20	9,87
Insurance (Prop/Cas.)	22	8,68	8,68	9,62	11,24
Investments & Asset Management	315	11,08	11,11	10,60	11,60

Industry	No of firms	EV/EBITDA R&D	EV/EBITDA	EV/EBIT	EV/EBIT (1-t)
Machinery	215	8,66	10,04	13,69	18,74
Metals & Mining	105	5,73	5,77	8,97	13,72
Office Equipment & Services	37	6,98	7,24	15,41	19,67
Oil/Gas (Integrated)	15	4,13	4,20	8,44	15,60
Oil/Gas (Production and Exploration)	140	4,42	4,43	10,16	13,06
Oil/Gas Distribution	35	11,41	11,49	22,42	26,68
Oilfield Svcs/Equip.	82	6,49	6,71	13,98	18,08
Packaging & Container	52	7,19	7,28	11,77	15,57
Paper/Forest Products	43	8,24	8,52	17,53	20,32
Power	78	7,19	7,30	12,07	17,11
Precious Metals	69	5,22	5,24	14,35	19,80
Publshing & Newspapers	110	9,53	9,69	17,05	21,47
R.E.I.T.	117	24,70	24,70	25,48	26,55
Real Estate (Development)	48	17,48	17,48	21,99	28,65
Real Estate (General/Diversified)	73	18,02	18,02	28,03	33,59
Real Estate (Operations & Services)	191	19,74	19,74	20,81	25,85
Recreation	52	9,76	10,46	31,22	44,65
Reinsurance	5	6,32	6,32	6,68	7,32
Restaurant/Dining	40	11,33	11,33	20,57	26,99
Retail (Automotive)	18	7,69	7,71	19,10	24,12
Retail (Building Supply)	12	7,30	7,30	23,73	33,48
Retail (Distributors)	124	11,09	11,11	16,56	22,17
Retail (General)	20	7,00	7,00	16,10	24,13
Retail (Grocery and Food)	34	6,56	6,64	16,74	21,31
Retail (Online)	34	18,34	27,79	62,99	83,83
Retail (Special Lines)	90	11,61	11,62	21,01	28,08
Rubber& Tires	8	4,52	5,29	7,83	12,07
Semiconductor	43	7,22	13,44	29,39	33,33
Semiconductor Equip	20	11,76	17,55	25,94	27,36
Shipbuilding & Marine	66	6,26	6,27	12,70	21,10

Industry	No of firms	EV/EBITDA R&D	EV/EBITDA	EV/EBIT	EV/EBIT (1-t)
Shoe	12	9,80	10,92	20,69	26,81
Software (Entertainment)	25	4,02	7,81	24,46	30,53
Software (Internet)	137	11,98	14,41	26,80	36,72
Software (System & Application)	229	7,93	11,30	14,20	19,11
Steel	58	5,88	6,36	15,05	17,82
Telecom (Wireless)	16	7,89	8,02	28,73	31,50
Telecom. Equipment	53	4,11	9,01	13,06	15,48
Telecom. Services	87	6,12	6,38	14,61	19,89
Tobacco	5	11,42	11,43	13,27	16,84
Transportation	42	7,97	8,02	13,90	19,75
Transportation (Railroads)	6	6,22	6,22	13,89	18,92
Trucking	20	5,12	5,12	9,07	10,92
Unclassified	7	7,87	7,88	8,58	8,61
Utility (General)	20	6,77	6,84	11,92	15,31
Utility (Water)	15	12,01	12,14	19,79	22,97
Total Market	6532	10,87	12,03	19,68	26,62

Anhang 2: Rechtliche Grundlagen

Bundesgesetz über alternative Finanzierungsformen (Alternativfinanzierungsgesetz – AltFG)

Der Nationalrat hat beschlossen:

Allgemeine Bestimmungen

§ 1. (1) Dieses Bundesgesetz regelt die Zulässigkeit der Finanzierung durch ein öffentliches Angebot über Wertpapiere oder Veranlagungen im Rahmen der Ausnahme zur Prospektpflicht gemäß § 3 Abs. 1 Z 10 des Kapitalmarktgesetzes - KMG, BGBl. Nr. 625/1991.

(2) Bei Emissionen im Anwendungsbereich dieses Bundesgesetzes darf insbesondere nicht gegen § 1 Abs. 1 Z 1 des Bankwesengesetzes – BWG, BGBl. Nr. 532/1993, oder gegen § 3 Abs. 5 Z 4 des Wertpapieraufsichtsgesetzes 2018 – WAG 2018, BGBl. I Nr. 107/2017, verstoßen werden.

Begriffsbestimmungen

§ 2. Im Sinne dieses Bundesgesetzes gelten folgende Begriffsbestimmungen:

1. öffentliches Angebot: ein öffentliches Angebot gemäß § 1 Abs. 1 Z 1 KMG;

1a. Emittent: ein Rechtsträger gemäß § 1 Abs. 1 Z 2 KMG;

2. Veranlagungen: Vermögensrechte gemäß § 1 Abs. 1 Z 3 KMG;
3. Wertpapiere: übertragbare Wertpapiere gemäß § 1 Abs. 1 Z 4 KMG;
4. Anleger: natürliche oder juristische Person, die Wertpapiere oder Veranlagungen erwirbt oder dies beabsichtigt;
5. Internetplattform: Website, auf der Wertpapiere oder Veranlagungen zwischen Emittenten und Anlegern vermittelt werden;
6. Betreiber einer Internetplattform: natürliche oder juristische Person, die eine Internetplattform gemäß Z 5 betreibt;
7. dauerhafter Datenträger: jedes Medium, das es Anlegern gestattet, Informationen derart zu speichern, dass sie diese in der Folge für eine für die Zwecke der Informationen angemessene Dauer einsehen können und das die unveränderte Wiedergabe der gespeicherten Informationen ermöglicht.

Anwendungsbereich

§ 3. (1) Emittenten sind unbeschadet anderer bundesgesetzlicher Regelungen berechtigt, Wertpapiere oder Veranlagungen nach den Bestimmungen dieses Bundesgesetzes auszugeben, sofern die geplante Emission nicht dazu führen kann, dass

1. der binnen zwölf Monaten durch die Ausgabe von Wertpapieren oder Veranlagungen nach diesem Bundesgesetz emittierte Gesamtgegenwert zwei Millionen Euro erreicht oder übersteigt, wobei Wertpapiere und Veranlagungen separat zusammenzurechnen sind,

2. der aushaftende Betrag aller durch die Ausgabe von Veranlagungen nach diesem Bundesgesetz entgegengenommenen Gelder über einen Betrachtungszeitraum von sieben Jahren insgesamt den Betrag von fünf Millionen Euro übersteigt, oder
3. der binnen zwölf Monaten durch die Ausgabe von Wertpapieren oder Veranlagungen emittierte Gesamtgegenwert in der Europäischen Union fünf Millionen Euro erreicht oder übersteigt. Dabei sind einzurechnen:
   a) Angebote nach diesem Bundesgesetz;
   b) Angebote unter vereinfachtem Prospekt nach § 7 Abs. 8a KMG;
   c) Angebote von Wertpapieren, die in anderen Mitgliedstaaten der Europäischen Union gemäß Art. 3 Abs. 2 lit. b der Verordnung (EU) 2017/1129 über den Prospekt, der beim öffentlichen Angebot von Wertpapieren oder bei deren Zulassung zum Handel an einem geregelten Markt zu veröffentlichen ist und zur Aufhebung der Richtlinie 2003/71/EG, ABl. Nr. L 168 vom 30.06.2017 S. 12, prospektfrei begeben werden.

Dies gilt unbeschadet der Anwendung der Z 1 für Wertpapiere.

(2) Auf Emittenten, die freiwillig einen Prospekt gemäß § 7 Abs. 8 oder 8a KMG erstellen, ist nicht dieses Bundesgesetz, sondern das KMG anzuwenden.

(3) Die in § 3 Abs. 1 Z 1 bis 9 sowie Z 11 bis 14 KMG genannten Ausnahmen von der Prospektpflicht gelten auch für den Anwendungsbereich dieses Bundesgesetzes.

Anlegerschutz

§ 3a. (1) Der Emittent darf von einem einzelnen Anleger je Emission innerhalb eines Zeitraums von zwölf Monaten maximal 5 000 Euro entgegennehmen, es sei denn, es handelt sich um einen professionellen Anleger gemäß § 2 Abs. 1 Z 33 des Alternativen Investmentfonds Manager-Gesetzes – AIFMG, BGBl. I Nr. 135/2013, oder um eine juristische Person, sofern sie nicht Verbraucher im Sinne des § 1 Abs. 1 Z 2 des Konsumentenschutzgesetzes – KSchG, BGBl. Nr. 140/1979, ist.

(2) Abweichend von Abs. 1 darf ein Betrag von mehr als 5 000 Euro entgegengenommen werden, wenn der Anleger dem Emittenten oder dem Betreiber der Internetplattform spätestens bei Vertragsabschluss in einer gesonderten Erklärung die Auskunft erteilt,

1. dass er höchstens das Doppelte seines durchschnittlichen monatlichen Nettoeinkommens über zwölf Monate gerechnet investiert, oder
2. dass er maximal zehn Prozent seines Finanzanlagevermögens investiert.

(3) Die Vereinbarung über den Erwerb von Wertpapieren oder Veranlagungen darf keine Verpflichtung des Anlegers beinhalten, zu einem späteren Zeitpunkt weitere Wertpapiere oder Veranlagungen zu erwerben, durch welche die in Abs. 1 genannte Grenze überschritten wird. Weiters dürfen keine Ratenzahlungen vereinbart werden, welche einen Zeitraum von zwölf Monaten überschreiten.

(4) Die gesetzlichen Bestimmungen über die Unwirksamkeit von Vertragsklauseln bleiben unberührt.

Verordnungsermächtigung

§ 3b. Der Bundesminister für Digitalisierung und Wirtschaftsstandort hat im Einvernehmen mit dem Bundesminister für Arbeit, Soziales, Gesundheit und Konsumentenschutz eine Verordnung über die von Emittenten zur Verfügung zu stellenden Informationen zu erlassen. Diese hat ein Informationsblatt zu enthalten, das Art und Reihenfolge der Informationen regelt, die vom Emittenten zur Verfügung zu stellen sind und insbesondere Angaben über den Emittenten, Angaben über die angebotenen Wertpapiere oder Veranlagungen sowie sonstige Angaben, die insbesondere dem Schutz der Anleger dienen, anführt.

Besondere Anforderungen an den Emittenten

§ 4. (1) Emittenten haben für ein öffentliches Angebot, das dazu führen kann, dass der binnen zwölf Monaten durch die Ausgabe von Wertpapieren oder Veranlagungen nach diesem Bundesgesetz emittierte Gesamtgegenwert 250 000 Euro übersteigt, die in Z 1 bis 4 genannten Informationen gleichzeitig mit dem Angebot auf ihrer Website auf einem dauerhaften Datenträger zu veröffentlichen, es sei denn, das Angebot erfolgt ausschließlich über eine Internetplattform:

1. die nach Abs. 9 oder nach § 5 Abs. 4 geprüften Informationen gemäß dem Informationsblatt der nach § 3b erlassenen Verordnung. Die Informationen müssen eindeutig, zutreffend und redlich sein und dürfen insbesondere keine möglichen Vorteile des Wertpapiers oder der Veranlagung hervorheben, ohne deutlich auf etwaige damit einhergehende Risiken hinzuweisen. Die Informationen müssen ausreichend und in einer Art und Weise dargestellt sein, dass sie für einen durchschnittlichen Anleger verständlich sind. Wichtige Aussagen oder Warnungen dürfen nicht verschleiert, abgeschwächt oder missverständlich dargestellt werden;
2. während des ersten Jahres der Geschäftstätigkeit die Eröffnungsbilanz, danach den aktuellen Jahresabschluss; sofern keine gesetzliche Pflicht zur Aufstellung eines Jahresabschlusses oder einer Eröffnungsbilanz besteht, einen Hinweis darauf;
3. den Geschäftsplan;
4. im Zusammenhang mit den angebotenen Wertpapieren oder Veranlagungen erstellte allgemeine Geschäftsbedingungen oder sonstige für den Anleger geltende Vertragsbedingungen.

Der Emittent darf für den Zugang zu den Informationen nach Z 1 und 4 weder eine Registrierung, noch die Akzeptanz einer Haftungsbegrenzungsklausel, noch die Entrichtung einer Gebühr verlangen.

(2) Darüber hinaus haben Emittenten für ein öffentliches Angebot, das dazu führen kann, dass der binnen zwölf Monaten durch die Ausgabe von Wertpapieren oder Veranlagungen nach diesem Bundesgesetz emittierte Gesamtgegenwert 250 000 Euro übersteigt, die in Abs. 1 Z 1 bis 4 genannten Informationen am Tag des öffentlichen Angebots an den Verein für Konsumenteninformation und vor Abgabe einer verbindlichen Vertragserklärung durch den Anleger an diesen auf einem dauerhaften Datenträger zu übermitteln.

(3) Im Falle des Angebots von Geschäftsanteilen an einer Genossenschaft mit Sitz im Inland oder einem anderen Mitgliedstaat der Europäischen Union, die einem Revisionsverband angehört, tritt an die Stelle des in Abs. 1 und Abs. 2 genannten Betrages von 250 000 Euro der Betrag von 750 000 Euro.

(4) Bis zum Endes des Angebotszeitraums hat der Emittent die in dem in Abs. 1 Z 1 genannten Informationsblatt enthaltenen Informationen regelmäßig zu überprüfen und Änderungen unverzüglich zur Verfügung zu stellen. Ebenso hat er Änderungen der in Abs. 1 Z 2 bis 4 genannten Dokumente unverzüglich zur Verfügung zu stellen.

(5) Emittenten haben, ausgenommen im Fall der ausschließlichen Nutzung einer Internetplattform, die Bestimmungen über Maßnahmen zur Verhinderung der Geldwäsche und der Terrorismusfinanzierung gemäß den §§ 365m bis 365z der Gewerbeordnung 1994 - GewO 1994, BGBl. Nr. 194/1994, in Bezug auf Anleger einzuhalten, sofern die Finanzierung nicht durch Ausgabe von Wertpapieren erfolgt, die in Form einer Sammelurkunde verbrieft sind.

(6) Emittenten haben, ausgenommen im Fall der ausschließlichen Nutzung einer Internetplattform, beim Abschluss eines Vertrages über ein Wertpapier oder eine Veranlagung die Identitäten der Anleger festzustellen.

(7) Hat ein Anleger, der Verbraucher im Sinne des § 1 Abs. 1 Z 2 KSchG ist, nicht vor Abgabe seiner Vertragserklärung die Informationen gemäß Abs. 1 Z 1 bis 4 erhalten, kann er von seinem Angebot

oder vom Vertrag zurücktreten. Das Rücktrittsrecht erlischt mit Ablauf von zwei Wochen nach dem Tag, an dem der Anleger die fehlenden Informationen erhalten hat und er über sein Rücktrittsrecht belehrt worden ist. Im Übrigen gelten für das Rücktrittsrecht des Verbrauchers die Bestimmungen des § 5 Abs. 3, 5 und 6 KMG sinngemäß. Die Erfüllung der Pflichten dieses Bundesgesetzes entbindet nicht von der Einhaltung anderer bundesgesetzlicher Vorschriften zum Schutz der Verbraucher.

(8) Werbeanzeigen betreffend Wertpapiere oder Veranlagungen müssen als solche klar erkennbar sein. Die darin enthaltenen Angaben dürfen nicht unrichtig oder irreführend sein, darüber hinaus dürfen sie nicht im Widerspruch zu den Informationen gemäß Abs. 1 Z 1 bis 4 und Abs. 4 stehen.

(9) Sofern keine Prüfung gemäß § 5 Abs. 4 zweiter Satz erfolgt, sind die vom Emittenten gemäß Abs. 1 Z 1 bereitgestellten Informationen von einem Wirtschaftstreuhänder, einem in die Liste einer Rechtsanwaltskammer eingetragenen Rechtsanwalt, einem Notar, einer Wirtschaftskammer, einem Unternehmensberater, einem gewerblichen Vermögensberater oder im Fall von Geschäftsanteilen an einer Genossenschaft vom zuständigen Revisionsverband hinsichtlich ihrer Vollständigkeit, Verständlichkeit und Kohärenz mit den Informationen nach Abs. 1 Z 2 bis 4 zu prüfen. Sofern diese Kriterien erfüllt sind, ist über die erfolgte Prüfung eine Bestätigung auszustellen. Der Prüfer darf keinem Interessenkonflikt unterliegen, insbesondere in Bezug auf Auftragsverhältnisse zum Emittenten.

Besondere Anforderungen an Betreiber einer Internetplattform

§ 5. (1) Betreiber einer Internetplattform sind zur Vermittlung von Wertpapieren oder Veranlagungen zwischen Anlegern und Emittenten berechtigt, sofern sie im Fall der Anlageberatung oder der Annahme und Übermittlung von Aufträgen, welche Wertpapiere oder Veranlagungen zum Gegenstand haben, die von § 1 Z 7 WAG 2018 erfasst werden, über eine Berechtigung zur Erbringung von Wertpapierdienstleistungen gemäß § 3 Abs. 2 Z 1 oder Z 3 WAG 2018 oder im Fall der Vermittlung von Veranlagungen über eine Berechtigung nach § 94 Z 75 GewO 1994 verfügen. Betreiber einer Internetplattform dürfen nicht gleichzeitig über eine Konzession nach dem AIFMG, dem Zahlungsdienstegesetz 2018 – ZaDiG 2018, BGBl. I Nr. 17/2018, dem Versicherungsaufsichtsgesetz 2016 – VAG 2016, BGBl. I Nr. 34/2015 oder dem E-Geldgesetz 2010, BGBl. I Nr. 107/2010, verfügen. Die Einhaltung der Pflichten der Abs. 2 bis 8 ersetzt nicht die Einhaltung der Vorschriften der GewO 1994, des BWG oder des WAG 2018.

(2) Betreiber einer Internetplattform haben,

1. sofern auf sie nicht die Bestimmungen des Finanzmarkt-Geldwäschegesetzes – FM-GwG, BGBl. I Nr. 118/2016, anwendbar sind, die Bestimmungen über Maßnahmen zur Verhinderung der Geldwäsche und der Terrorismusfinanzierung gemäß §§ 365m bis 365z GewO 1994 in Bezug auf Emittenten und Anleger einzuhalten, und
2. die Identitäten der Emittenten, welche ihre Internetplattform nutzen, sowie bei Abschluss eines Vertrages über den Erwerb von Wertpapieren oder Veranlagungen über die Internetplattform des Betreibers, jene des Anlegers, festzustellen.

(3) Betreiber einer Internetplattform haben zumindest folgende Informationen auf ihrer Internetplattform auf einem dauerhaften Datenträger zur Verfügung zu stellen:

1. Angaben über den Betreiber der Internetplattform: Rechtsform, Firma, Sitz, Angabe der Organwalter, Angabe der Eigentümer sowie Offenlegung aller mit wenigstens 25% beteiligten wirtschaftlichen Eigentümer, im Fall von juristischen Personen mit Firmenbuchauszug und Angabe des Unternehmensgegenstandes, während des ersten Jahres der Geschäftstätigkeit die Eröffnungsbilanz, danach den aktuellen Jahresabschluss; sofern keine gesetzliche Pflicht zur Aufstellung eines Jahresabschlusses oder einer Eröffnungsbilanz besteht, einen Hinweis darauf;

2. Angabe der Auswahlkriterien für die Zulassung von Emittenten auf der Internetplattform;
3. Angabe der Art, Häufigkeit und Höhe der von Anlegern und Emittenten eingehobenen Entgelte;
4. Informationen gemäß § 4 Abs. 1 Z 1 bis 4 und gemäß § 4 Abs. 4 bis zum Ende des Angebotszeitraums, wobei die Informationen der jeweiligen Emission klar zuordenbar sein müssen.

(4) Für die inhaltliche Richtigkeit der Informationen gemäß § 4 Abs. 1 Z 1 bis 4 und gemäß § 4 Abs. 4 sind die jeweiligen Emittenten verantwortlich. Sofern keine Prüfung nach § 4 Abs. 9 erfolgt, hat der Betreiber einer Internetplattform jedoch die vom Emittenten gemäß § 4 Abs. 1 Z 1 bereitgestellten Informationen hinsichtlich ihrer Vollständigkeit, Verständlichkeit und Kohärenz mit den Informationen nach § 4 Abs. 1 Z 2 bis 4 zu prüfen und, sofern diese Kriterien erfüllt sind, über die erfolgte Prüfung eine Bestätigung auszustellen. Betreiber einer Internetplattform sind hinsichtlich der nach Abs. 3 Z 4 zu veröffentlichenden Informationen Auftragsverarbeiter im Sinne des Art. 4 Z 8 der Verordnung (EU) 2016/679 zum Schutz natürlicher Personen bei der Verarbeitung personenbezogener Daten, zum freien Datenverkehr und zur Aufhebung der Richtlinie 95/46/EG (Datenschutz-Grundverordnung), ABl. Nr. L 119 vom 04.05.2016 S.1, in der Fassung der Berichtigung ABl. Nr. L 314 vom 22.11.2016 S.72.

(5) Betreiber einer Internetplattform dürfen für den Zugang zu den Informationen nach Abs. 3 Z 1 bis 3, den Informationen nach § 4 Abs. 1 Z 1 und 4 und den Aktualisierungen dieser Informationen nach § 4 Abs. 4 weder eine Registrierung, noch die Akzeptanz einer Haftungsbegrenzungsklausel, noch die Entrichtung einer Gebühr verlangen.

(6) Sonstige für Betreiber einer Internetplattform nach anderen Bundesgesetzen bestehende Informationspflichten bleiben unberührt.

(7) Betreibern einer Internetplattform ist es untersagt, auf ihrer Internetplattform selbst als Emittent zu agieren. Das Agieren als Anleger auf der eigenen Internetplattform ist nur zulässig, wenn es sich um eine geringfügige Beteiligung handelt, die ausschließlich dazu dient, den Informationsfluss zwischen Emittenten und Anlegern zu erleichtern und darauf ausdrücklich hingewiesen wird.

(8) Der Plattformbetreiber hat die Anleger in geeigneter Weise darauf hinzuweisen, dass der Erwerb von Wertpapieren oder Veranlagungen mit Risiken verbunden ist und Anleger daher die Risikohinweise im Informationsblatt gemäß § 4 Abs. 1 Z 1 beachten sollten.

Strafbestimmung

§ 6. Wer gegen die §§ 3a, 4 oder 5 oder gegen die aufgrund von § 3b erlassene Verordnung verstößt, begeht, sofern die Tat nicht nach anderen Verwaltungsstrafbestimmungen mit strengerer Strafe bedroht ist, eine Verwaltungsübertretung und ist von der Bezirksverwaltungsbehörde mit Geldstrafe bis zu 30 000 Euro zu bestrafen.

Verweise

§ 7. Soweit in diesem Bundesgesetz auf Bestimmungen anderer Bundesgesetze verwiesen wird, sind diese in ihrer jeweils geltenden Fassung anzuwenden.

Sprachliche Gleichbehandlung

§ 8. Soweit in diesem Bundesgesetz personenbezogene Bezeichnungen nur in männlicher Form angeführt sind, beziehen sie sich auf Frauen und Männer in gleicher Weise. Bei der Anwendung auf bestimmte Personen ist die jeweils geschlechtsspezifische Form zu verwenden.

Übergangsbestimmung

§ 8a. Für Angebote, die vor dem Ablauf des Tages der Kundmachung veröffentlicht wurden, gilt bis zum 31. Dezember 2018 dieses Bundesgesetz in der Fassung des Bundesgesetzes BGBl. I Nr. 17/2018.

Vollziehung

§ 9. (1) Mit der Vollziehung dieses Bundesgesetzes ist hinsichtlich des § 3b der Bundesminister für Digitalisierung und Wirtschaftsstandort im Einvernehmen mit dem Bundesminister für Arbeit, Soziales, Gesundheit und Konsumentenschutz betraut.

(2) Im Übrigen ist mit der Vollziehung dieses Bundesgesetzes der Bundesminister für Digitalisierung und Wirtschaftsstandort betraut.

Inkrafttreten

§ 10. (1) Dieses Bundesgesetz tritt mit dem ersten Tag des der Kundmachung folgenden Monats in Kraft.

(2) Verordnungen auf Grund dieses Bundesgesetzes und seiner Novellen können ab dem Tage der Kundmachung dieses Bundesgesetzes oder der betreffenden Novelle erlassen werden. Die Verordnungen treten frühestens mit dem Tag in Kraft, mit dem die betreffende Verordnungsermächtigung in Kraft tritt.

(3) § 1 Abs. 2, § 5 Abs. 1 und § 5 Abs. 2 Z 1 in der Fassung des Bundesgesetzes BGBl. I Nr. 107/2017 treten mit 3. Jänner 2018 in Kraft.

(4) § 1 Abs. 2 und § 5 Abs. 1 in der Fassung des Bundesgesetzes BGBl. I Nr. 17/2018 treten mit 1. Juni 2018 in Kraft.

(5) § 1, § 2 Z 1 bis 5, §§ 3 bis 6, § 8a und § 9 in der Fassung des Bundesgesetzes BGBl. I Nr. 48/2018, treten mit Ablauf des Tages der Kundmachung in Kraft.

Umsetzungshinweis

Artikel 1. (Anm.: aus BGBl. I Nr. 107/2017, zu den §§ 1 und 5, BGBl. I Nr. 114/2015)

Mit diesem Bundesgesetz werden folgende Rechtsakte der Europäischen Union umgesetzt:

1. die Richtlinie 2014/65/EU über Märkte für Finanzinstrumente sowie zur Änderung der Richtlinien 2002/92/EG und 2011/61/EU, ABl. Nr. L 173 vom 12.06.2014 S. 349, zuletzt geändert durch die Richtlinie (EU) 2016/1034, ABl. Nr. L 175 vom 23.06.2016 S. 8, in der Fassung der Berichtigung, ABl. Nr. L 64 vom 10.03.2017 S. 116 und
2. die delegierte Richtlinie (EU) 2017/593 zur Ergänzung der Richtlinie 2014/65/EU im Hinblick auf den Schutz der Finanzinstrumente und Gelder von Kunden, Produktüberwachungspflichten und Vorschriften für die Entrichtung beziehungsweise Gewährung oder Entgegennahme von Gebühren, Provisionen oder anderen monetären oder nicht-monetären Vorteilen, ABl. Nr. L 87 S. 500.

Weiters dient dieses Bundesgesetz dem wirksamen Vollzug folgender Rechtsakte der Europäischen Union:

1. der Verordnung (EU) Nr. 600/2014 über Märkte für Finanzinstrumente und zur Änderung der Verordnung (EU) Nr. 648/2012, ABl. Nr. L 173 vom 12.06.2014 S. 84, zuletzt geändert durch die Verordnung (EU) 2016/1033, ABl. Nr. L 175 vom 23.06.2016 S. 1,

2. der delegierten Verordnung (EU) 2017/565 zur Ergänzung der Richtlinie 2014/65/EU in Bezug auf die organisatorischen Anforderungen an Wertpapierfirmen unEG/d die Bedingungen für die Ausübung ihrer Tätigkeit sowie in Bezug auf die Definition bestimmter Begriffe für die Zwecke der genannten Richtlinie, ABl. Nr. L 87 S. 1, und
3. der delegierten Verordnung (EU) 2017/567 zur Ergänzung der Verordnung (EU) Nr. 600/2014 im Hinblick auf Begriffsbestimmungen, Transparenz, Portfoliokomprimierung und Aufsichtsmaßnahmen zur Produktintervention und zu den Positionen, ABl. Nr. L 87 S. 90.

Umsetzungshinweis

Artikel 1. (Anm.: aus BGBl. I Nr. 17/2018, zu den §§ 1 und 5, BGBl. I Nr. 114/2015)

Mit diesem Bundesgesetz wird die Richtlinie (EU) 2015/2366 über Zahlungsdienste im Binnenmarkt, zur Änderung der Richtlinien 2002/65/EG, 2009/110/EG und 2013/36/EU und der Verordnung (EU) Nr. 1093/2010 sowie zur Aufhebung der Richtlinie 2007/64/EG, ABl. Nr. L 337 vom 23.12.2015 S. 35, umgesetzt.

264. Verordnung: Änderung der Alternativfinanzierungs-Informationsverordnung

264. Verordnung der Bundesministerin für Digitalisierung und Wirtschaftsstandort, mit der die Alternativfinanzierungs-Informationsverordnung geändert wird

Aufgrund des § 3b des Alternativfinanzierungsgesetzes, BGBl. I Nr. 114/2015, zuletzt geändert durch das Bundesgesetz BGBl. I Nr. 48/2018, wird im Einvernehmen mit der Bundesministerin für Arbeit, Soziales, Gesundheit und Konsumentenschutz verordnet:

Die Verordnung über die von Emittenten nach dem Alternativfinanzierungsgesetz zur Verfügung zu stellenden Informationen (Alternativfinanzierungs-Informationsverordnung - AltF-InfoV), BGBl. II Nr. 242/2015, wird wie folgt geändert:

1. Der Titel der Verordnung lautet:

„Verordnung der Bundesministerin für Digitalisierung und Wirtschaftsstandort über die von Emittenten nach dem Alternativfinanzierungsgesetz zur Verfügung zu stellenden Informationen (Alternativfinanzierungs-Informationsverordnung - AltF-InfoV)“

2. § 1 lautet:

„**§ 1.** Emittenten haben ihren Informationsverpflichtungen gegenüber Anlegern gemäß § 4 Abs. 1 Z 1 des Alternativfinanzierungsgesetzes – AltFG, BGBl. I Nr. 114/2015, in der Fassung BGBl. I Nr. 48/2018 nachzukommen, indem sie diesen ein Informationsblatt gemäß der **Anlage** zur Verfügung stellen.“

3. § 2 lautet:

„**§ 2.** § 1 und die Anlage in der Fassung der Verordnung BGBl. II Nr. 264/2018 treten mit Ablauf des Tages der Kundmachung in Kraft. Jedoch ist auf Angebote, die vor dem Ablauf des Tages der Kundmachung veröffentlicht wurden, bis zum 31.12.2018 weiterhin die Stammfassung dieser Verordnung anzuwenden.“

Anlage

Informationsblatt für Anleger

Risikowarnung:

(a) Dieses öffentliche Angebot von Wertpapieren oder Veranlagungen wurde weder von der Finanzmarktaufsicht (FMA) noch einer anderen österreichischen Behörde geprüft oder genehmigt.
(b) Investitionen in Wertpapiere oder Veranlagungen sind mit Risiken verbunden, einschließlich des Risikos eines teilweisen oder vollständigen Verlusts des investierten Geldes oder des Risikos, möglicherweise keine Rendite zu erhalten.
(c) Ihre Investition fällt nicht unter die gesetzlichen Einlagensicherungs- und Anlegerentschädigungssysteme.
(d) Es handelt sich nicht um ein Sparprodukt. Sie sollten nicht mehr als 10 % Ihres Nettovermögens in solche Wertpapiere oder Veranlagungen investieren.
(e) Sie werden die Wertpapiere oder Veranlagungen möglicherweise nicht nach Wunsch weiterverkaufen können.

Teil A: Informationen über den Emittenten und das geplante Projekt

(a) Identität, Rechtsform, Eigentumsverhältnisse, Geschäftsführung und Kontaktangaben;	
(b) Haupttätigkeiten des Emittenten; angebotene Produkte oder Dienstleistungen;	
(c) Beschreibung des geplanten Projekts, einschließlich seines Zwecks und seiner Hauptmerkmale.	

Teil B: Hauptmerkmale des Angebots-Verfahrens und Bedingungen für die Kapitalbeschaffung

(a) Mindestziel der Kapitalbeschaffung im Rahmen des öffentlichen Angebots sowie Zahl der vom Emittenten bereits nach dem AltFG durchgeführten Angebote;	
(b) Frist für die Erreichung des Ziels der Kapitalbeschaffung;	
(c) Informationen über die Folgen für den Fall, dass das Ziel der Kapitalbeschaffung nicht fristgerecht erreicht wird;	
(d) Höchstangebotssumme, wenn diese sich von dem unter Buchstabe a genannten Zielbetrag der Kapitalbeschaffung unterscheidet;	
(e) Höhe der vom Emittenten für das geplante Projekt bereitgestellten Eigenmittel oder Hinweis darauf, dass vom Emittenten keine Eigenmittel bereit gestellt werden;	
(f) Änderung der Eigenkapitalquote des Emittenten im Zusammenhang mit dem öffentlichen Angebot.	

Teil C: Besondere Risikofaktoren

Risiken im Zusammenhang – mit der rechtlichen Ausgestaltung des Wertpapiers oder der Veranlagung und dem Sekundärmarkt, einschließlich Angaben zur Stellung des Anlegers im Insolvenzfall und zur Frage, ob der Anleger das Risiko trägt, für zusätzliche Verpflichtungen über das angelegte Kapital hinaus aufkommen zu müssen (Nachschussverpflichtung); – mit der finanziellen Lage des Emittenten: Liegt negatives Eigenkapital vor? Liegt ein Bilanzverlust vor? Wurde in den vergangenen drei Jahren ein Insolvenzverfahren eröffnet?	

Teil D: Informationen über das Angebot von Wertpapieren oder Veranlagungen

(a) Gesamtbetrag und Art der anzubietenden Wertpapiere oder Veranlagungen;	
(b) gegebenenfalls Angaben zu – Laufzeit, – Zinssatz und sonstigen Vergütungen für den Anleger, – Tilgungsrate und Zinszahlungsterminen, – Maßnahmen zur Risikobegrenzung, soweit diese nicht unter Buchstabe f angeführt sind;	
(c) gegebenenfalls Zeichnungspreis;	
(d) gegebenenfalls Angaben dazu, ob Überzeichnungen akzeptiert werden und wie sie zugeteilt werden;	
(e) gegebenenfalls Angaben zur Verwahrung der Wertpapiere und zur Lieferung der Wertpapiere an Investoren;	
(f) Wenn die Investition durch einen Garantie- oder einen Sicherungsgeber besichert ist:	
i) Angabe dazu, ob es sich bei dem Garantie- oder Sicherungsgeber um eine juristische Person handelt;	
ii) Identität, Rechtsform und Kontaktdaten dieses Garantie- oder Sicherungsgebers;	
iii) Informationen über Art und Bedingungen der Garantie oder Sicherheit;	
(g) gegebenenfalls feste Verpflichtung zum Rückkauf von Wertpapieren oder Veranlagungen und Frist für einen solchen Rückkauf.	

Teil E: Anlegerrechte, die über die in Teil D Beschriebenen hinausgehen

(a) Mit den Wertpapieren oder den Veranlagungen verbundene Rechte;	
(b) Beschränkungen, denen die Wertpapiere oder Veranlagungen unterliegen;	
(c) Beschreibung etwaiger Beschränkungen hinsichtlich der Übertragung der Wertpapiere oder Veranlagungen;	
(d) Ausstiegsmöglichkeiten;	
(e) für Dividendenwerte: Kapital- und Stimmechtsverteilung vor und nach der sich aus dem Angebot ergebenden Kapitalerhöhung (unter der Annahme, dass alle Wertpapiere gezeichnet werden).	

Teil F: Kosten, Informationen und Rechtsbehelfe

(a) Den Anlegern im Zusammenhang mit der Investition entstehende Kosten;	
(b) Dem Emittenten im Zusammenhang mit der Investition entstehende einmalige und laufende jährliche Kosten, jeweils in Prozent der Investition;	
(c) Angaben dazu, wo und wie zusätzliche Informationen über das geplante Projekt und den Emittenten unentgeltlich angefordert werden können;	
(d) Stelle, bei der Verbraucher im Falle von Streitigkeiten Beschwerde einlegen können.	

Prüfungsvermerk:

Geprüft iSd § 4 Abs. 9 oder des § 5 Abs. 3 AltFG	am [Datum] von [Name, Funktion, Anschrift]

Hinweis:

Gemäß § 4 Abs. 1 Z 2 bis 4 und Abs. 4 AltFG haben Emittenten neben diesem Informationsblatt noch folgende weitere Informationen zur Verfügung zu stellen:

1. während des ersten Jahres der Geschäftstätigkeit die Eröffnungsbilanz, danach den aktuellen Jahresabschluss; sofern keine gesetzliche Pflicht zur Aufstellung eines Jahresabschlusses oder einer Eröffnungsbilanz besteht, einen Hinweis darauf;
2. den Geschäftsplan;
3. im Zusammenhang mit den angebotenen Wertpapieren oder Veranlagungen erstellte allgemeine Geschäftsbedingungen oder sonstige für den Anleger geltende Vertragsbedingungen;
4. Änderungen gegenüber diesem Informationsblatt sowie Änderungen gegenüber den in den Punkten 1. bis 3. genannten Dokumenten.

Diese Informationen finden Sie auf: [Link zur Homepage des Emittenten / der Internetplattform]

Stichwortverzeichnis

Notizen